"十三五"国家重点出版物出版规划项目

先进制造理论研究与工程技术系列

铸造工艺设计及案例分析

李 莉 李向明 卢德宏 编著

哈爾濱工業大學出版社
HITP HARBIN INSTITUTE OF TECHNOLOGY PRESS

内 容 简 介

本书主要探讨铸造工艺设计的基本概念、铸造工艺方案的确定、浇注系统设计、冒口及冷铁设计、Pro-CAST 铸造模拟仿真软件介绍及案例应用、铸造工艺装备设计和典型铸件工艺设计案例分析。本书力求深入浅出,重视理论基础及实际应用,注重培养学生分析问题、归纳问题和解决问题的能力。

本书可作为高等院校材料成型及控制工程专业铸造方向的本科生、专科生教材,亦可供铸造行业相关的工程技术人员学习、参考。

图书在版编目(CIP)数据

铸造工艺设计及案例分析/李莉,李向明,卢德宏
编著.—哈尔滨:哈尔滨工业大学出版社,2022.10
ISBN 978-7-5603-9933-1

Ⅰ.①铸… Ⅱ.①李… ②李… ③卢… Ⅲ.①铸造—
工艺设计 Ⅳ.①TG24

中国版本图书馆 CIP 数据核字(2022)第 075326 号

策划编辑 王桂芝
责任编辑 李长波 谢晓彤 周轩毅
出版发行 哈尔滨工业大学出版社
社 址 哈尔滨市南岗区复华四道街 10 号 邮编 150006
传 真 0451—86414749
网 址 http://hitpress.hit.edu.cn
印 刷 哈尔滨市石桥印务有限公司
开 本 787 mm×1 092 mm 1/16 印张 21.75 字数 543 千字
版 次 2022 年 10 月第 1 版 2022 年 10 月第 1 次印刷
书 号 ISBN 978-7-5603-9933-1
定 价 68.00 元

前　言

铸造业是制造业发展的重要基础工业。目前,我国是世界第一制造业大国,而且正在向制造业强国发展,这对铸造业提出了更高要求。因此,我国铸造业正在向智能铸造、绿色铸造、高性能铸造方向快速发展。但是,当前我国铸造业却面临着铸造人才缺乏的现状,这对铸造专业学生的培养提出了迫切的要求。由于我国大学专业整合,原来的铸造专业并入材料成型及控制工程专业,铸造方向的课时被严重压缩,因此急需将铸造基础理论和工艺设计课程进行整合的教程。同时,很多非专业人员也在铸造业从业,他们有着在短时间内学习并掌握铸造基础理论和铸造工艺设计技术的需求。由于铸造理论涉及的知识面广,包括材料、机械、物理、化学、计算机等学科,缺乏基础的非专业人士想在短时间内掌握铸造基础理论并加以应用是非常困难的,因此也急需实用的学习资料。

本书由李莉教授、李向明教授、卢德宏教授共同撰写,研究生周旭也为本书的撰写贡献了很多科研成果。本书从实际应用出发,将铸造工艺设计基础知识与具体铸件的工艺设计实践有机结合,阐述深入浅出,内容详尽,分析透彻,力求让读者能够根据书中知识和案例顺利学习和掌握铸造工艺设计全过程。书中的案例融入了计算机铸件充型及凝固过程的数值模拟,以验证铸造工艺方案的合理性。计算机铸造模拟技术及软件已经日益成熟,并在铸造企业、研究机构得到广泛应用,本书力求使读者基本学会使用先进的计算机铸造模拟方法,以适应当前铸造行业的需求和智能铸造发展的要求。

本书可作为高等院校材料成型及控制工程专业铸造方向的本科生、专科生教材,亦可供铸造行业相关的工程技术人员学习、参考。相信本书会对推动我国铸造业人才培养发挥重要作用。

本书中的铸造工艺设计案例都源于作者指导学生参加"中国大学生机械工程创新创意大赛专业赛项:铸造工艺设计赛"的获奖作品。该比赛由中国机械工程学会铸造分会主办,至今已经举办13届,对全国高校铸造方向师生学习及设计能力的提升、交流,以及对我国铸造人才的培养都具有重要意义。这里,作者要表达对中国机械工程学会铸造分会、相关赞助单位及承办单位的深深谢意。此外,本书还引用了其他书籍中的一些资料,这里也对这些书籍的作者表示感谢。

由于铸件的工艺设计结果与设计者的知识和经验、企业生产现场条件甚至生产所处的地域等都密切相关,没有绝对正确和不正确的铸造工艺,只有合适的铸造工艺,因此本书案例的工艺设计可能未必尽善尽美,还望读者见谅。

限于作者水平,书中难免存在不足之处,敬请广大读者批评指正。

作　者

2022 年 6 月

目　　录

第1章　铸造工艺设计概述 ……………………………………………………… 1

1.1　铸造工艺设计的概念、依据、内容及程序 ……………………………… 1

1.2　铸造工艺图 ………………………………………………………………… 3

1.3　铸造工艺卡 ………………………………………………………………… 7

课后练习 ………………………………………………………………………… 9

第2章　铸造工艺方案的确定 ………………………………………………… 11

2.1　零件的特点及铸造工艺性分析 ………………………………………… 11

2.2　砂型铸造方法 …………………………………………………………… 12

2.3　浇注位置的确定 ………………………………………………………… 14

2.4　分型面的选择 …………………………………………………………… 15

2.5　砂箱中铸件数量及排列的确定 ………………………………………… 24

2.6　铸造工艺设计参数 ……………………………………………………… 28

2.7　砂芯设计 ………………………………………………………………… 41

课后练习 ………………………………………………………………………… 57

第3章　浇注系统设计 ………………………………………………………… 60

3.1　浇注系统的组成和作用 ………………………………………………… 60

3.2　浇注系统的基本分类 …………………………………………………… 69

3.3　浇注系统结构尺寸的设计 ……………………………………………… 74

3.4　各种合金铸件浇注系统特点 …………………………………………… 80

课后练习 ………………………………………………………………………… 95

第4章　冒口及冷铁设计 ……………………………………………………… 97

4.1　冒口的种类及补缩原理 ………………………………………………… 97

4.2　铸钢件冒口设计 ………………………………………………………… 102

4.3　铸铁件冒口设计 ………………………………………………………… 112

4.4　冷铁 ……………………………………………………………………… 123

4.5　铸筋 ……………………………………………………………………… 128

课后练习 ………………………………………………………………………… 130

第5章　ProCAST铸造模拟仿真软件介绍及案例应用 …………………… 133

5.1　ProCAST模拟软件简介 ………………………………………………… 133

5.2　ProCAST铸造模拟仿真流程 …………………………………………… 136

5.3　ProCAST铸造模拟仿真应用实例 ……………………………………… 137

第6章　铸造工艺装备设计 …………………………………………………… 176

6.1　模样设计 ………………………………………………………………… 176

6.2　模板设计 ………………………………………………………………… 180

6.3 砂箱设计 ·· 200

6.4 芯盒设计 ·· 215

6.5 其他铸造工装设计 ··· 224

课后练习 ·· 225

第7章 典型铸件工艺设计案例分析 ·· 226

7.1 灰铸铁件工艺设计案例分析 ·· 226

7.2 球墨铸铁件工艺设计案例分析 ·· 256

7.3 铸钢件工艺设计案例分析 ·· 285

7.4 铝合金件工艺设计案例分析 ·· 318

参考文献 ·· 341

第1章 铸造工艺设计概述

在生产铸件之前,首先应编制控制该铸件生产工艺过程的科学技术文件,这就是铸造工艺规程设计,简称铸造工艺设计。本章主要介绍铸造工艺设计的概念、依据、内容及程序,以及铸造工艺图、铸造工艺卡表达的内容和铸造工艺图绘制程序,以便读者了解铸造生产及铸件的基本定义、历史及发展趋势,掌握铸件的基本成型过程、铸造工艺设计的主要内容和设计方法。

1.1 铸造工艺设计的概念、依据、内容及程序

1.1.1 铸造工艺设计概念

铸造是指熔炼金属、制造铸型,并将熔融金属浇入铸型,使其凝固后变成获得一定形状、尺寸和性能的金属零件毛坯的方法。

现代科学技术的发展,要求金属铸件具有高力学性能、高尺寸精度、低表面粗糙度和某些特殊性能(如耐热、耐蚀、耐磨等),同时还要求生产周期短、成本低。因此,在生产铸件之前,首先应进行铸造工艺设计,使生产铸件的整个工艺过程都能实现科学操作,以有效地控制铸件的形成过程,达到优质、高产的效果。

铸造工艺设计就是根据铸造零件的结构特点、技术要求、生产批量和生产条件等,确定铸造方案和工艺参数,绘制铸造工艺图、编制铸造工艺卡等技术文件的过程。铸造工艺设计的有关文件是生产准备、管理和铸件验收的依据,并用于直接指导生产操作。因此,铸造工艺设计对铸件品质、生产率和成本有着重要影响。

1.1.2 铸造工艺设计依据

在进行铸造工艺设计前,设计者应掌握生产任务和要求,熟悉工厂和车间的生产条件,这些是铸造工艺设计的基本依据。此外,设计者还应有一定的生产经验和设计经验,并应对铸造先进技术有所了解。具有经济观点和发展观点,才能更好地完成设计任务。

(1)生产任务和要求。

①铸造零件图样。提供的铸造零件图样必须清晰无误,有完整的尺寸和各种标记。设计者应仔细审查图样,注意零件的结构是否符合铸造工艺性,若认为有必要修改图样,需与原设计单位或订货单位共同研究,取得一致意见后以修改后的图样作为设计依据。

②零件的技术要求。零件的技术要求包括金属材质牌号、金相组织、力学性能、铸件尺寸、重量公差及其他特殊性能要求(如是否经水压、气压试验,零件在机器上的工作条件等)。在铸造工艺设计时应注意满足这些要求。

③产品数量及生产期限。产品数量是指批量大小,生产期限是指交货期的长短。对于

批量大的产品,应尽可能采用先进技术;对于应急的单件产品,则应考虑使工艺装备尽可能简单,以缩短生产周期,并获得较大的经济效益。

（2）生产条件。

①设备能力,包括起重运输机的吨位和最大起重高度,熔炉的形式、吨位和生产率,造型和制芯机种类、机械化程度,烘干炉和热处理炉的能力,地坑尺寸,厂房高度和大门尺寸等。

②车间原材料的应用情况和供应情况。

③工人技术水平和生产经验。

④模具等工艺装备制造车间的加工能力和生产经验。

（3）考虑经济性。

对各种原材料、炉料等的价格、每吨金属液的成本、各级工种工时费用、设备每小时费用等,都应有所了解,以便考核工艺的经济性。

1.1.3 铸造工艺设计内容及程序

铸造工艺设计内容的复杂程度主要取决于批量、生产要求和生产条件。其一般包括下列内容:铸造工艺图、铸件(毛坯)图、铸型装配(合箱)图、铸造工艺卡及操作工艺规程。广义地讲,铸造工艺装备的设计也属于铸造工艺设计的内容,例如模样图、芯盒图、砂箱图、压铁图、专用量具图、样板图和组合下芯夹具图等。

大量生产的定型产品、特殊或重要的单件生产的铸件等铸造工艺设计一般更加细致,内容涉及较多。单件、小批量生产的一般性产品,设计内容可以简化。在最简单的情况下,可以只绘一张铸造工艺图。

铸造工艺设计内容及程序见表1.1。

表 1.1　铸造工艺设计内容及程序

项目	内容	用途及应用范围	设计程序
铸造工艺图	在零件图上,用《铸造工艺符号及表示方法》(JB/T 2435—2013)规定的红、蓝色符号表示出浇注位置和分型面、加工余量、铸造收缩率(说明)、起模斜度、模样的反变形量、分型负数、工艺补正量、浇注系统和冒口、内外冷铁、铸肋、砂芯形状、数量和芯头大小等	用于制造模样、模板、芯盒等工艺装备,也是设计金属模具的依据,还是生产准备和铸件验收的根据,适用于各种批量的生产	①零件的技术条件和结构工艺性分析 ②选择铸造及造型方法 ③确定浇注位置和分型面 ④选用工艺参数 ⑤设计浇冒口、冷铁和铸肋 ⑥砂芯设计
铸件图	反映铸件实际形状、尺寸和技术要求。用标准规定符号和文字标注,表示出加工余量、工艺余量、不铸出的孔槽、铸件尺寸公差、加工基准、铸件金属牌号、热处理规范、铸件验收技术条件等	是铸件检验和验收、机械加工夹具设计的依据,适用于成批、大量生产或重要的铸件	⑦在完成铸造工艺图的基础上,画出铸件图

续表 1.1

项目	内容	用途及应用范围	设计程序
铸型装配图	表示出浇注位置、分型面、砂芯数目、固定和下芯顺序、浇注系统、冒口和冷铁布置、砂型结构和尺寸等	是生产准备、合箱、检验、工艺调整的依据,适用于成批、大量生产的重要件或单件生产的重型件	⑧通常在完成砂箱设计后画出
铸造工艺卡	说明造型、造芯、浇注、开箱、清理等工艺操作过程及要求	用于生产管理和经济核算。依据批量大小,填写必要内容	⑨综合整个设计内容

1.2　铸造工艺图

铸造工艺图是在零件图上用各种工艺符号表明铸造工艺方案的图形。

铸造工艺图是铸造行业所特有的一种图样。它规定了铸件的形状和尺寸,也规定了铸件的基本生产方法和工艺过程。铸造工艺图是生产过程的指导性文件,它为设计和制造铸造工艺装备提供了基本依据。

1.2.1　铸造工艺图表达的内容

(1)浇注位置、分型面、分模面、活块。

(2)模样类型和分型负数、加工余量、起模斜度、不铸出孔和槽。

(3)砂芯个数和形状、芯头形式及尺寸、间隙。

(4)分盒面、芯盒填砂方向、砂芯负数。

(5)砂型的出气孔,砂芯出气方向,起吊方向,下芯顺序、芯撑的位置、数目和规格。

(6)工艺补正量,反变形量,收缩肋(割肋)和拉肋形状、尺寸、数量,铸件同时铸造的试样,铸造(件)收缩率。

(7)浇口和冒口的形状及尺寸、冷铁的形状及数量。

(8)砂箱规格、铸件在砂箱内的布置。

上述内容并非在每一张铸造工艺图上都要绘制,而是与铸件的生产批量、产品性质、造型和制芯方法、材质和结构尺寸、废品倾向等具体情况有关。

1.2.2　铸造工艺图绘制程序

(1)根据产品图、技术条件、产品价格、生产批量及交货日期,结合工厂实际条件选择铸造方法。

(2)分析铸件结构的铸造工艺性,判断缺陷的倾向,提出结构的改进意见和确定铸件的凝固原则。

(3)标出浇注位置和分型面。

(4)绘出各视图上的加工余量及不铸孔、沟槽等工艺符号。

(5)标出特殊的拔模斜度。

(6)绘出砂芯形状、分芯线(包括分芯负数)、芯头间隙、压紧环和防压环、积砂槽及有关尺寸,标出砂芯负数。

(7)绘出分盒面、填砂(射砂)方向、砂芯出气方向、起吊方向等符号。

(8)计算并绘出浇注系统、冒口的形状和尺寸,绘出本体试样的形状、位置和尺寸。

(9)计算并绘出冷铁和铸肋的形状、位置、尺寸、数量、固定组合方法及冷铁间距大小等。

(10)绘出并标明模样的分型负数、分模面及活块形状、位置、非加工壁厚的负余量、工艺补正量的加设位置和尺寸等。

(11)绘出并标明大型铸件的吊柄、某些零件上所加的机械加工用夹头或加工基准台等。

(12)说明浇注要求、压重、冒口切割残留量、冷却保温处理、拉肋处理要求、热处理要求等。

注意事项:

(1)工艺符号按 JB/T 2435—2013 规定的画法用红、蓝(或彩色)铅笔绘制。浇冒口系统最好具有直观性。

(2)在某一视图或剖面图上表示清楚了的工艺符号,可以不按投影原理在其他视图上重复绘制,以免符号遍布图纸,相互重叠;反之,不能完全表达清楚的地方,可以增加视图来表示,但不应增加过多。

(3)铸造尺寸(如加工余量、芯头尺寸等)应集中标注在一个或几个视图上,不要分散标注或重复标注。

(4)砂芯边界线如果和零件轮廓线或加工余量线、冷铁线等重合,则省去砂芯边界线重合段。砂芯用蓝线标注。

(5)在剖面图上芯子线与加工余量线相交时,被砂芯遮住的加工余量线不绘出,加工余量用红线标注。

(6)工艺图上所注尺寸一律不包括缩尺(缩尺另写在工艺图的右上角)。比例与零件图相同,但有时为了图面清晰,某些部分(如砂芯间隙)可以放大画出。

(7)绘制工艺符号时,应注意空出零件图上所注的尺寸和不遮盖加工符号,零件图上某些线条因被工艺符号(如砂芯)遮盖而由看得见变为看不见时,可保留原线条,无须擦去,也不必改为虚线。

1.2.3 铸造工艺图示实例

图 1.1 所示为实际应用中红、蓝铅笔绘制的铸造工艺图,应该用红笔绘出分型分模面、铸造加工余量、起模斜度、浇注系统等工艺参数,用蓝笔绘出砂芯的位置和形状。

图 1.1(a)所示为一个飞轮的铸造工艺图,该类零件采用端面分型。浇注系统采用弧形横浇道、多个内浇道,并在浇注系统的远端设置冒口和出气口,以保证铸件的内部致密性和轮廓的完整性。飞轮的三个圆孔和中心轴孔利用砂芯直接铸出。

图 1.1(b)所示为一个接盘的铸造工艺图,该类零件采用顶面分型,整个铸件全部位于下箱。浇注系统采用一个直浇道和一个内浇道。$\phi11$ mm 的孔和上端的槽均不铸出,中心轴孔利用砂芯直接铸出。

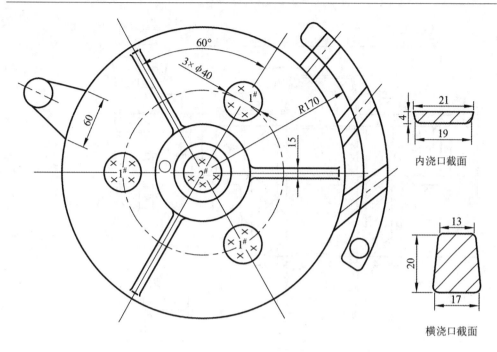

内浇口截面

横浇口截面

横浇道弦长240

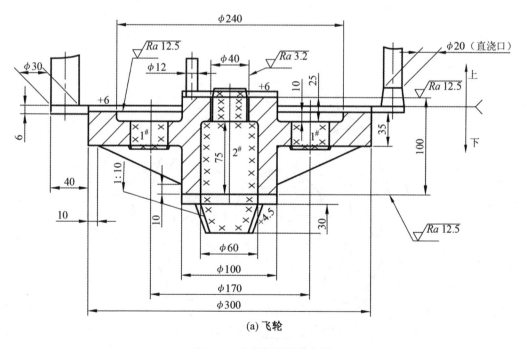

(a) 飞轮

图 1.1　典型的铸造工艺图

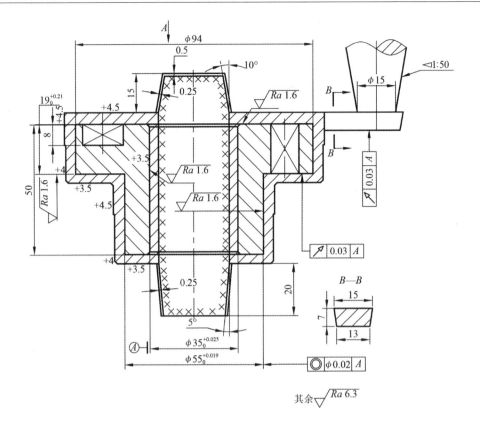

其余 $\sqrt{Ra\,6.3}$

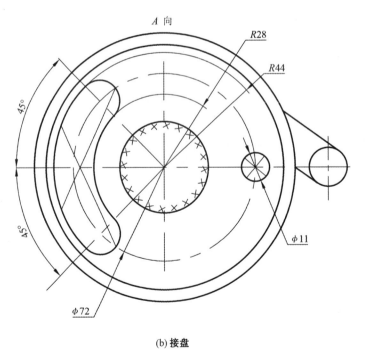

(b) 接盘

续图 1.1

1.3 铸造工艺卡

铸造工艺卡是铸造工艺设计的重要文件之一,也是生产管理的重要文件。铸造工艺卡一般以表格形式表示,说明所用金属牌号及各种非金属材料(如型砂、芯砂)的要求,造型、造芯操作等注意事项,浇注规范,砂箱参数(如内部尺寸、质量),各种原材料消耗及工时定额等。

铸造工艺卡无固定形式,根据各工厂生产性质制订。一般大批量生产的工艺卡内容更全面,形式更正规一些。各种工艺卡可参见表1.2～1.4。

表1.2 铸铁件工艺卡(适用于单件小批量生产手工造型)

厂名				铸造工艺卡		工艺卡编号		号
产品代号				零件编号		合金牌号		
产品名称				零件名称		铸件质量		kg
				每台件数		铁液总重		kg
砂箱内部尺寸/mm			砂箱质量/kg	造型		模样		
长	宽	高		型砂类别		模样类别		
				砂型类别		活动块数		
				涂料类别		拖板块数		
				烘干规范		轮廓尺寸		
造芯								
芯盒数量				芯盒材料		芯骨数量		
砂芯编号				砂芯类别		芯骨材料		
芯板数量				涂料类别		冷铁数量		
样板数量				烘干规范		冷铁材料		
合箱和浇注								
样板数量				出炉温度	℃	浇注时间		s
压箱方法				浇注温度	℃	冷却时间		h
浇冒口系统尺寸/mm								
编号	浇口杯		直浇道		横浇道	内浇道		冒口
数量								
技术要求					工艺简图			
操作注意事项:								
批准		审核		编制		日期		

表 1.3　铸钢件工艺卡

_____工艺卡

名称		图号		材料牌号		净重		数量		炉号/编号
铸造工艺设计质量		浇注系统				型砂工艺及制作选择			模型设计及制作方式与方法	
设计毛重/kg		形状	尺寸	数量	外模	面砂		模型	种类	
浇冒口质量/kg		包孔				背砂			数量	
补贴铸筋等质量/kg		直浇口			泥芯	面砂		芯盒	种类	
浇注总质量/kg		横浇口				背砂			数量	
收缩率/%		内浇口			砂箱尺寸			造型方法（机器、手工、3D打印等）		
铸件缩尺		出钢温度			冷铁（数量）	外冷铁		铸筋（数量）	外模	
熔炼工艺		浇注温度				内冷铁			泥芯	
熔炼设备		其他			涂料应用			其他		
					保温时间（浇注后至打箱）					

一、模型制作要求（简要对模型质量、材料、制造注意事项等提出要求）

二、熔炼工艺操作要求（简要对原辅材料、合金、炉料配比及工艺技术和安全操作提出要求）

三、造型工艺操作要求（对造型操作过程、质量、材料、安全、注意事项等进行描述）

四、清理技术工艺及操作要求（对清理操作过程、质量、温度控制、安全、注意事项等进行描述）

五、性能热处理要求（对铸件的性能热处理工艺、过程、注意事项等进行描述）

六、铸件粗加工（对铸件的粗加工工艺、过程、注意事项等进行描述）

七、精整技术要求（对铸件精整过程的无损检测、缺陷清除、温度、焊补工艺、焊条与焊丝及最终除应力热处理工艺和注意事项等进行描述）

表1.4 铝合金铸件工艺卡

				_____工艺卡					
零件名称				零件号				版次	
材质				配料单号					
净重/kg		浇注系统			型砂种类		收缩率/%		
毛重/kg		形状	尺寸	数量	面砂		模型	种类	
		浇口杯			砂型				
浇冒口质量/kg					背砂			数量	
熔化总质量/kg		直浇口			面砂		芯盒	种类	
工艺出品率/%		横浇口			砂芯			数量	
					背砂				
熔化总时间		内浇口			砂箱尺寸		造型方法		
浇注温度/℃		精炼温度			精炼时间				
保温时间/h （浇注后到打箱）						其他			

一、模型要求（简要对模型质量、材料、制造注意事项等提出要求）

二、造型制芯操作要求（对造型操作过程、质量、材料、安全、注意事项等（如砂型紧实度、干燥、出气、尺寸控制、下芯精度控制、冷铁、芯撑、涂料等）进行描述）

三、组合、浇注方案（对浇注操作过程、温度、安全、注意事项等进行描述）

四、后处理（落砂、清理、焊接、热处理）技术要求（对清理操作过程、质量、温度、安全、注意事项等进行描述）

课 后 练 习

一、判断题（A 正确，B 错误）

1.砂型铸造由于采用内部砂芯、活块模样、气化模及其他特殊的造型技术等有利条件，可以生产结构形状比较复杂的铸件。（ ）

2.绘制铸件图时，需要画出浇冒系统、工艺肋等。（ ）

3.如果砂芯边界线和零件线或加工余量线、冷铁线等重合，则可省去砂芯边界线。（ ）

4.在剖视图上，若认为砂芯是"非透明体"，则被砂芯遮住的加工余量线不绘出。（ ）

二、单项选择题

1.铸造工艺图中,在加工平面上用( )表示加工余量。

A、红色平行线　　　　　B、绿色平行线

C、紫色平行线　　　　　D、黄色平行线

2.在零件图上用规定的工艺符号把分型面位置、浇注位置、浇冒口系统、砂芯结构尺寸和工艺参数等绘制出来的工艺文件是( )。

A、铸造工艺图　　　　　B、铸型装配图

C、铸件图　　　　　　　D、探伤图

三、填空题

1.铸造工艺图是在 _____ 上用各种工艺符号表示出铸造工艺方案的图。

2.画分型面时,需要使用 _____ 色线画。

3.铸造业的主要环境问题是 _____ 和 _____ 。

四、简答题

1.什么是铸造工艺设计?

2.铸造工艺设计的内容是什么?

3.铸造工艺设计的依据是什么?

4.铸造工艺选择的原则是什么?

第 2 章　铸造工艺方案的确定

铸造工艺方案通常包括造型、制芯方法、铸型种类的选择、浇注位置和分型面的确定、砂芯设计、铸造工艺设计参数的确定及浇注系统、补缩系统的设计等。要正确制订铸造工艺方案,首先应对零件的结构设计有透彻的铸造工艺性分析。本章主要介绍:零件结构和铸造工艺性的关系;砂型铸造中手工和机器造型、制芯方法及铸型类型的选择;浇注位置和分型面的定义、作用及对铸件质量的影响;砂芯的作用及其设计内容和设计方法;铸件工艺设计参数的定义和确定。本章的目的是使读者具备分析铸件结构、金属性质、造型材料与铸件性能之间关系的基本能力,能运用铸造工艺学的基本原理,借助文献分析铸造过程的影响因素,针对设计复杂铸件的特定需求完成铸造工艺方案的确定。

2.1　零件的特点及铸造工艺性分析

2.1.1　零件分析

要了解和熟悉铸造零件图纸,通过阅读图纸,应着重了解以下几点:

(1)了解铸造零件的结构形状及各投影间的关系,建立零件形状明确完整的立体概念,以保证工艺设计及各项设计制图工作的顺利进行。

(2)了解零件图的各项尺寸,并着重记录铸造零件的质量、主要壁厚及最大壁厚、零件最大尺寸(长宽高轮廓尺寸),以供工艺设计使用。

(3)零件各项公差要求、零件加工位置及零件各项加工要求(包括边面粗糙度),并对加工方法进行初步了解。

(4)零件材质及性能要求,以及图纸上指出的各项特殊技术要求。

首先,零件图上如有不合理结构和尺寸,必要时可以提出结构的修改意见,此时需要与客户商量处理。修改意见应在设计说明书中予以论证,设计方可按修改后的结构进行铸造工艺设计。

其次,了解和分析铸造零件在机器中的位置和作用。进一步了解其负载情况及其工作条件,如了解零件所受载荷性质(静载荷、交变载荷、冲击载荷等)和载荷大小,并对受力情况进行初步了解。

再次,确定铸件技术条件。铸造技术条件包括铸件的材质、牌号、化学成分、金相组织、机械性能与加工要求、铸件质量与质量偏差、零件在机器上的工作条件、铸件质量检查的方法等。例如:是否要做水压测验与超声探伤;铸造缺陷的限制程度与允许焊补的条件;铸件热处理的要求等。这些技术条件通常在零件设计部门的零件图纸上已经确定,而在工艺设计时除加以研究分析(包括适当调整)外,不需要重新规定,但有时设计部门只提出标号而未做出详细规定,则在工艺设计时,应根据图纸标号加以确定,以便对铸件生产工艺进行控制。

最后,预见零件可能产生的铸造缺陷,并在选择工艺方案时采取相应措施。

2.1.2 零件结构的铸造工艺性

零件结构的铸造工艺性指的是零件的结构应符合铸造生产的要求,易于保证铸件品质,简化铸造工艺过程和降低成本。

考察零件结构铸造工艺性的依据分为两个方面。

(1)避免缺陷方面。

壁厚不能有急剧变化;设计铸件时应避免出现冷却时会使铸件收缩受阻的形状;铸件应避免设计成大的水平平面;设计铸件窗口时不得削弱铸件强度;铸件不应设计成清砂困难的形状;设计需加工的铸件时不要忘记设计加工时的装卡部位;设计有加工面的铸件时应尽量减少加工面积。

(2)简化铸造工艺方面。

设计重而大的铸件时不应忘记在铸件上设计吊运措施;设计铸件时肋的布置不应妨碍起模;设计铸件内腔肋时不得妨碍清砂或削弱型芯强度;设计铸件凸台时不得妨碍起模和造型;设计铸件时应注意尽量不采用多个分型面;设计铸件时应尽量减少采用型芯;设计的铸件应尽量避免采用孤悬的型芯;设计的铸件不应引起型芯支撑不稳定。

2.2 砂型铸造方法

砂型铸造的特点:

①生产周期短,产品成本低。

②产品批量、大小不受限制。

③劳动强度大,劳动条件较差。

④铸件质量不稳定,易产生缺陷。

(1)常用的砂型。

常用砂型的主要特点和适用范围见表2.1。

表 2.1 常用砂型的主要特点和适用范围

铸型种类	铸型特征	主要特点	适用范围
湿砂型	以黏土做黏结剂,不经烘干可直接进行浇注的砂型	生产周期短、效率高,易于实现机械化、自动化,设备投资和能耗低;但铸型强度低、发气量大,易于产生铸造缺陷	单件、批量生产,尤其是大批量生产。广泛用于铝合金、镁合金和铸铁件
干砂型	经过烘干的高黏土含量的砂型	铸型强度和透气性较高,发气量小,故铸造缺陷较少;但生产周期长,设备投资较大,能耗较高,且难以实现机械化和自动化	单件、小批量生产质量要求较高、结构复杂的中、大型铸件

续表 2.1

铸型种类	铸型特征	主要特点	适用范围
表面烘干型	浇注前用适当方法将型腔表层进行干燥的砂型	兼具湿砂型和干砂型的优点	单件、小批量生产中、大型铝合金铸件和铸铁件
自硬砂型	常用水玻璃或合成树脂做黏结剂,靠型砂自身的化学反应硬化,一般无须烘烤或只需低温烘烤的砂型	铸型强度高,能耗低,生产效率高,粉尘少;但成本较高,有时易产生黏砂等缺陷	单件、批量生产各类铸件,尤其是大、中型铸件

(2)常用的造型方法。

按使用的工具不同,分为手工造型和机器造型。

①手工造型:指全部用手工或手动工具完成的造型工序。

特点:操作灵活,适应性强,成本低,生产准备时间短,铸件质量差,劳动强度大,生产率低。

应用:单件、小批量生产各种大、小型铸件。

手工造型可按砂箱特征和模型特征分类。按砂箱特征分类见表 2.2,按模型特征分类见表 2.3。

表 2.2　按砂箱特征分类

砂箱特征	适用范围
两箱造型	用于各种批量的大、小型铸件
三箱造型	用于有两个分型面的单件、小批量生产
脱箱造型	用于小型铸件
地坑造型	用于小生产批量的大、中型铸件

表 2.3　按模型特征分类

模型特征	适用范围
整模造型	用于铸件最大截面靠一端且为平面的铸件,不会错箱
挖砂造型	用于分型面是曲面的单件、小批量生产的铸件
假箱造型	用于成批生产需要挖砂的铸件
活块造型	用于单件、小批量生产带有凸出部分、难以起模的铸件
刮板造型	用于有等截面或回转体的大、中型铸件的单件、小批量生产

②机器造型:指用机器至少完成紧砂操作的造型工序。

特点:提高了生产率,铸件尺寸精度较高;节约金属,降低成本;改善了劳动条件;设备投资较大。

应用:大批量生产各种铸件。

机器造型方法有以下几种。

　　a.震压造型。先震击紧实,再用较低的比压(0.15～0.4 MPa)压实。紧实效果好,噪声大,生产率不够高。

　　b.微震压实造型。对型砂压实的同时进行微震。紧实度高且均匀,生产率高,噪声较大。

　　c.高压造型。用较高的比压(0.7～1.5 MPa)紧实型砂。紧实度高,噪声小,灰尘少,生产率高,但设备造价高。

　　d.抛砂造型。利用离心力抛出型砂,完成填砂和紧实。紧实度均匀,噪声小,但生产率低。

　　e.先进的造型方法。

　　(a)负压造型(真空密封造型)。采用无水无黏结剂的型砂,用高弹性的塑料薄膜将砂箱密封后抽成真空,利用抽真空后形成的压差使型砂紧实、成型,并在负压状态下起模、下芯、合型浇注,冷凝后恢复常压,砂即自行溃散,可取出铸件。

　　(b)气冲造型。通过特殊的快开阀将低压空气迅速引入填满型砂的砂箱上部,使型砂获得冲击紧实。紧实度高,透气性好,铸件精度高,表面光洁,噪声低,粉尘少,生产率高。

2.3　浇注位置的确定

　　铸件的浇注位置是指浇注时铸件在型内所处的状态和位置。确定浇注位置是铸造工艺设计中重要的一环,关系到铸件的内在质量、铸件的尺寸精度及造型工艺过程的难易程度,因此往往需制订出几种方案加以分析、对比,择优选用。浇注位置与造型(合箱)位置、铸件冷却位置可以不同。生产中常以浇注时分型面是处于水平、垂直或倾斜位置将其分别称为水平浇注、垂直浇注或倾斜浇注,但这不代表铸件的浇注位置的含义。

　　浇注位置一般于选择造型方法之后确定。根据合金种类、铸件结构和技术要求,结合选定的造型方法,先确定铸件上质量要求高的部位(如重要加工面、受力较大的部位、承受压力的部位等),结合生产条件估计主要废品倾向和容易发生缺陷的部位(如厚大部位容易出现收缩缺陷,大平面上容易产生夹砂结疤,薄壁部位容易发生浇不到、冷隔,薄厚相差悬殊的部位应力集中且容易发生裂纹等)。在确定浇注位置时,应使重要部位处于有利的状态,并针对容易出现的缺陷,采取相应的工艺措施予以防止。

　　应指出,确定浇注位置在很大程度上着眼于控制铸件的凝固。实现顺序凝固的铸件可消除缩孔、缩松,保证获得致密的铸件;在这种条件下,浇注位置的确定应有利于安放冒口。实现同时凝固的铸件内应力小、变形小,金相组织比较均匀一致,不用或很少采用冒口,节约金属,减小热裂倾向;铸件内部可能有缩孔或轴线缩松存在,因此多应用于薄壁铸件或内部出现轻微轴线缩松但不影响使用的情况下;这时,如果铸件有局部肥厚部位,可置于浇注位置的底部,利用冷铁或其他激冷措施实现同时凝固。灰铸铁件、球墨铸铁件常利用凝固阶段的共晶体积膨胀来消除收缩缺陷,因此,可不遵守顺序凝固条件而获得健全铸件。

　　根据对合金凝固理论的研究和生产经验,确定浇注位置时应考虑以下原则。

　　(1)铸件的重要部位应尽量置于下部。

　　铸件下部金属在上部金属的静压力下凝固并得到补缩,组织致密。

（2）重要加工面应朝下或呈直立状态。

经验表明，气孔、非金属夹杂物等缺陷多出现在朝上的表面，而朝下的表面或侧立面通常比较光洁，出现缺陷的可能性小。个别加工表面必须朝上时，应适当放大加工余量，以保证加工后不出现缺陷。

各种机床床身的导轨面是关键表面，不允许有砂眼、气孔、渣孔、裂纹和缩松等缺陷，而且要求组织致密、均匀，以保证硬度值在规定范围内。因此，尽管导轨面比较肥厚，但对于灰铸铁件而言，床身的最佳浇注位置是导轨面朝下。缸筒和卷筒等圆筒形铸件的重要表面是内、外圆柱面，要求加工后金相组织均匀、无缺陷，其最优浇注位置应是内、外圆柱面呈直立状态。

（3）使铸件的大平面位置朝下，避免夹砂结疤类缺陷。

对于大的平板类铸件，可采用倾斜浇注，以便增大金属液面的上升速度，防止夹砂结疤类缺陷。倾斜浇注时，依砂箱大小，倾斜高度一般控制在 200～400 mm 范围内。

（4）应保证铸件能充满。

对具有薄壁部分的铸件，应把薄壁部分放在下半部或置于内浇道以下，避免出现浇不到、冷隔等缺陷。

（5）应有利于铸件的补缩。

对于因合金体收缩大或铸件结构上厚薄不均匀而易于出现缩孔、缩松的铸件，浇注位置的选择应优先考虑实现顺序凝固的条件，要便于安放冒口和发挥冒口的补缩作用。

（6）避免使用吊砂、吊芯或悬臂式砂芯，便于下芯、合箱及检验。

经验表明，吊砂在合箱、浇注时容易塌箱。向上半型上安放吊芯很不方便，悬臂砂芯不稳固，在金属浮力作用下易偏斜，故应尽力避免。此外，要照顾到下芯、合箱和检验的方便。

（7）应使合箱位置、浇注位置和铸件冷却位置一致。

这样可以避免在合箱后或于浇注后再次翻转铸型。翻转铸型不仅劳动量大，而且易引起砂芯移动、掉砂甚至跑火等缺陷。

只在个别情况下，如单件、小批量生产较大的球墨铸铁曲轴时，为了造型方便和加强冒口的补缩效果，常采用横浇竖冷方案。于浇注后将铸型竖起来，让冒口在最上端进行补缩。当浇注位置和冷却位置不一致时，应在铸造工艺图上注明。

此外，应注意浇注位置、冷却位置与生产批量密切相关。同一个铸件（例如球铁曲轴），在单件、小批量生产的条件下采用横浇竖冷是合理的，而在大批量生产时则应采用造型、合箱、浇注和冷却位置一致的卧浇卧冷方案。

2.4　分型面的选择

分型面（parting plan）是指两半型相互接触的表面。

除了地面软床造型、明浇的小件、实型铸造法及熔模铸造以外，都要选择分型面。

（1）分型面的选择原则。

①应使铸件全部或大部分置于同一半型内。分型面主要是为了取出模样而设置的，但其会对铸件精度造成损害。

a.砂箱对准时的误差会使铸件产生错偏。

b. 砂箱不严会使铸件在垂直分型面方向上的尺寸增加,因此,为了保证铸件精度,如果做不到上述要求,也应尽可能把铸件的加工面和加工基准面放在同一半型内。

②应尽量减少分型面的数目。分型面少,铸件精度就容易保证,且砂箱数目少。但这不是绝对的。

③机器造型的中、小型铸件一般只允许有一个分型面,以便充分发挥造型机的生产率。凡不能出砂的部位均采用砂芯,而不允许采用活块或多分型面。但在下列情况下,往往采用多分型面的劈箱造型。

a. 铸件高大而复杂,采用单分型面会使模样很高,起模斜度会使铸件形状有较大的改变。

b. 砂箱很深,造型不方便。

c. 砂芯多而型腔深且窄,下芯困难。

选择分型面时总的原则应该是尽量减少分型面,但针对具体条件,有时采用多分型面也是有利的。

④分型面应尽量选用平面。平直的分型面可简化造型过程和模底板的制造,易于保证铸件精度。在机器造型中,如铸件形状必须采用不平分型面,则应尽量选用规则的曲面(如圆柱面或折面),因为只有上、下模底板表面曲度精确一致时才能合箱严密,不规则曲面会给模底板的加工带来困难。

手工造型时,曲面分型面是用手工切挖型砂来实现的,只是增加了切挖的步骤,却减少了砂芯的的数目。因此,手工造型中有时采用挖砂造型形成的不平分型面。

⑤应便于下芯、合箱和检查型腔尺寸。在手工造型时,模样及芯盒尺寸精度不高,在下芯、合箱时,造型工需要检查型腔尺寸并调整砂芯位置,才能保证壁厚均匀。为此,应尽量把主要砂芯放在下半型中。

⑥不使砂箱过高。分型面通常选在铸件最大截面上,以使砂箱不至于过高。砂箱过高会导致造型困难,填砂、紧实、起模、下芯都不方便。几乎所有的造型机都对砂箱高度有限制。手工铸造大型铸件时,一般选多分型面,即用多箱造型来控制每节砂箱的高度,使其不至于过高。

⑦受力件分型面的选择不应削弱铸件结构强度。

⑧注意减轻铸件清理和机械加工量。

以上简要介绍了选择分型面的原则,这些原则有的相互矛盾、相互制约。一个铸件应以哪几项原则为主来选择分型面,这需要进行多个方案的对比,根据实际生产条件,结合经验做出正确的判断,最后选出最佳方案,付诸实施。

(2)分型面的绘制方法。

①铸型的分型面用红色线表示,并用红色写出"上、中、下"字样,表示上、中、下砂箱。在标注"上、中、下"时,字不必倒写,如图 2.1(a)所示。分模面用"<"表示,如图 2.1(b)所示。

②分型线只要在一个主视图上画出即可。如果分模面与分型面重合(大多是这种情况),只要在分型线的端头用红色线画"<"即可,如图 2.1(c)所示。

③曲面分型时(上、下型接触面为非平面)需用红色线绘出分型线和砂垛,在有关投影上标出曲面分型线与砂垛的尺寸(包括过渡圆角)。下型砂垛有间隙时,应标出并注明尺寸。

④当分型面上有芯头时,分型线符号应留出芯头长度,标在芯头长度外 15～30 mm 处。

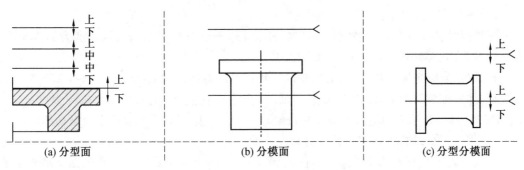

图 2.1　分型面的绘制

例 2.1　飞轮零件铸造工艺

飞轮零件材料为 HT200,质量为 18.2 kg,轮廓尺寸为 ϕ300 mm×100 mm,生产批量为单件、小批量生产。飞轮零件二维图和三维图分别如图 2.2 和图 2.3 所示。

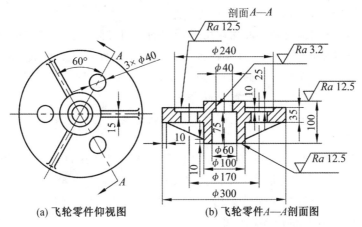

(a) 飞轮零件仰视图　　　　(b) 飞轮零件A—A剖面图

图 2.2　飞轮零件二维图

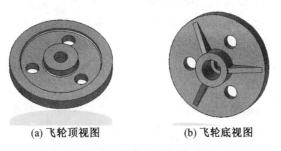

(a) 飞轮顶视图　　　　(b) 飞轮底视图

图 2.3　飞轮零件三维图

(1)飞轮零件结构分析。

飞轮零件外形结构为旋转体,辐板下有三根加强筋并与 ϕ40 mm 孔形成六等分均布,外形较为简单,轮廓尺寸为 ϕ300 mm×100 mm,质量为 18.2 kg,主要壁厚为 35 mm,最小壁厚为 20 mm,最大孔径为 ϕ60 mm,最小孔径为 ϕ40 mm。虽然轮缘略厚,但主要热节处是轮毂。另外,轮毂部位 ϕ40 mm 的孔加工精度高,轮毂孔需下一个型芯。该铸件应注意防止轮毂部位产生缩孔和气孔。

（2）飞轮零件材质。

零件材质为 HT200。灰铸铁 HT200 表示 ϕ30 mm 试样的最低抗拉强度为 200 MPa，参考标准为《灰铸铁件》(GB/T 9439—2010)。

HT200 为珠光体类灰铸铁，碳主要以片状石墨形态存在，熔点低(1 145～1 250 ℃)，流动性好，体收缩和线收缩小，缺口敏感性低，综合机械性能低，抗压强度比抗拉强度高 3～4 倍，吸震性好，常用来铸造汽车发动机汽缸、汽缸套、车床床身等承受压力及振动部件。

（3）飞轮零件结构的铸造工艺性分析。

铸造飞轮所用材料为 HT200，零件轮廓尺寸为 ϕ300 mm×100 mm，根据文献可以查出，该灰铸铁件砂型铸造时铸件最小允许壁厚为 4～5 mm。飞轮零件壁厚较均匀，最小壁厚为 20 mm。故该铸件的壁厚满足铸件最小允许壁厚的要求。

读零件图可得该铸件的最大壁厚为 35 mm，最小壁厚为 20 mm，则其临界壁厚可按最小壁厚的 3 倍来考虑，即 60 mm。由此可知，该铸件的最大壁厚小于其临界壁厚，故该铸件壁厚满足铸造工艺要求。

飞轮零件各个壁的连接和过渡均运用了合理的圆角过渡，避免了接头处产生应力集中、缩孔、缩松等铸造缺陷的可能。并且其辐板下有 3 根加强筋均匀分布，铸筋的合理安排不仅加强了零件在设计上的强度，同时有利于防止辐板发生变形和产生铸造裂纹。筋的布置没有妨碍起模，因此，该零件铸筋的设置位置合理。

以上对飞轮零件结构的铸造工艺性分析可知满足其铸造工艺性要求。

（4）造型方法。

由于飞轮外形尺寸不大，形状较为简单，铸件也无特殊要求，因此采用砂型铸造。飞轮零件质量约为 18.2 kg，生产批量为单件。飞轮铸件采用手工两箱造型。辐板上三个通孔由 1# 砂芯和上型吊砂形成，中间轮毂孔由 2# 砂芯形成，采用手工芯盒制芯，10T 中频感应电炉熔炼，浇注温度为 1 280～1 350 ℃。

飞轮零件外形较为简单，单件、小批量生产，故造型、制芯材料采用黏土砂湿型(面、背砂兼用)，这样既可简化工艺过程、缩短制作周期，又能保障质量。

（5）飞轮铸件浇注位置的确定。

对于飞轮铸件选取了三种浇注位置，如图 2.4～2.6 所示。分析比较各种浇注位置之间的优缺点如下。

首先，由于浇注位置方案三中筋板的位置不利于起模，并且容易使轮缘和轮毂组织及性能不均匀，因而方案三排除。浇注位置方案一虽然大平面朝下，但该件的最大壁厚是轮缘，并且主要热节处在轮毂上。因此为了按放冒口进行补缩，选择方案二。

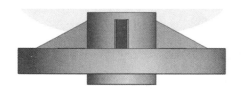 

图 2.4　飞轮铸件浇注位置方案一　　　　　图 2.5　飞轮铸件浇注位置方案二

图 2.6　飞轮铸件浇注位置方案三

(6)飞轮铸件分型方案的确定。

选取以下两种飞轮铸件分型方案进行对比,如图 2.7 所示。

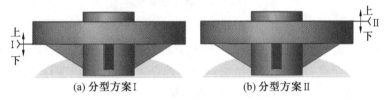

(a) 分型方案 I　　　　　　　　　(b) 分型方案 II

图 2.7　飞轮铸件分型方案

分型面位置选择方案 II。整个铸件的大部分都处于下型,上型只是 ϕ240 mm×15 mm 的凸砂型和 ϕ100 mm×30 mm 的轮毂凹砂型。这样分型既便于下芯,又便于开设浇冒口。

例 2.2　支座铸件分型方案

支座零件图如图 2.8 所示。

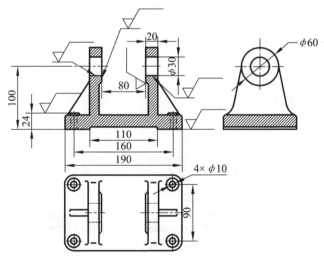

图 2.8　支座零件图

(1)支座铸件可采用以下几种分型方案,如图 2.9 所示。

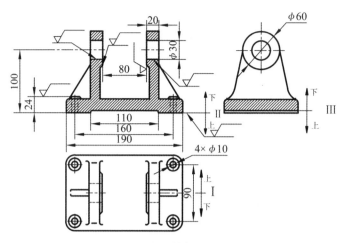

图 2.9　支座铸件分型方案

①方案Ⅰ。沿底板中心线分型,即采用分模造型。

优点:底面上 110 mm 凹槽容易铸出,轴孔下芯方便,轴孔内凸台不妨碍起模。

缺点:底板上四个凸台必须采用活块,同时,铸件易产生错型缺陷,飞翅清理的工作量大。此外,若采用木模,则加强筋处过薄,木模易损坏。

②方案Ⅱ。沿底面分型,铸件全部位于下箱,为铸出 110 mm 凹槽必须采用挖砂造型。

方案Ⅱ克服了方案Ⅰ的缺点,但轴孔内凸台妨碍起模,必须采用两个活块或下型芯。当采用活块造型时,φ30 mm 轴孔难以下芯。

③方案Ⅲ。沿 110 mm 凹槽底面分型。

优缺点与方案Ⅱ类同,仅是将挖砂造型改用分模造型或假箱造型,以适应不同的生产条件。

可以看出,方案Ⅱ、Ⅲ的优点多于方案Ⅰ。

(2)支座铸件分型方案的选择。

①单件、小批量生产。由于轴孔直径较小、无须铸出,而手工造型便于进行挖砂和活块造型,因此此时采用方案Ⅱ分型较为经济合理。单件、小批量生产支座铸件分型方案如图 2.10 所示。

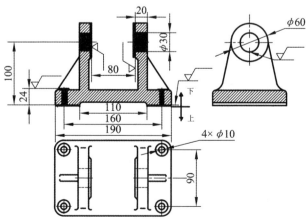

图 2.10　单件、小批量生产支座铸件分型方案

②大批量生产。机器造型难以使用活块,故应采用型芯制出轴孔内凸台。采用方案Ⅲ从 110 mm 凹槽底面分型,以降低模板制造费用。方型芯的宽度大于底板,以便使上箱压住该型芯,防止浇注时上浮。若轴孔需要铸出,采用组合型芯即可实现。大批量生产支座铸件分型方案如图 2.11 所示。

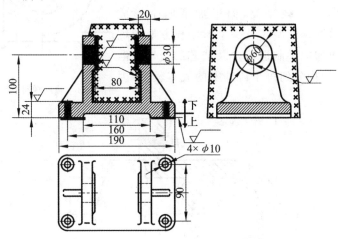

图 2.11　大批量生产支座铸件分型方案

例 2.3　轴座铸件分型方案

轴座零件图如图 2.12 所示。

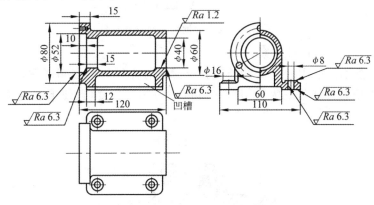

图 2.12　轴座零件图

(1)工艺分析。

该零件的主要作用是支承轴件,故 $\phi40$ mm 内孔表面是应当保证质量的重要部位。此外,底板平面也有一定的加工及装配要求,底板上的四个 $\phi8$ mm 的螺钉孔可不铸出,留待钻削加工成形。

从对轴座结构的总体分析来看,该件适用于采用水平位置的造型、浇注方案,此时 $\phi40$ mm 内孔处只要加大加工余量即可保证该处的质量。

(2)单件、小批量生产分型方案。

轴座单件、小批量生产分型方案如图 2.13 所示,采用两个分型面、三箱造型,浇注位置为底板朝下。这样做可使底板上的长方形凹槽用下型的砂堆形成。如将轴孔朝下而底板向上,则凹槽就要用吊砂,使造型操作变得麻烦。该方案只需制造一个圆柱形内孔型芯,有利于减少制模费用。

（3）大批量生产分型方案。

轴座大批量生产分型方案如图 2.14 所示，采用一个分模面、两箱造型，轴孔处于中间的浇注位置。该方案造型操作简便，生产效率高，但增加了四个形成 $\phi16$ mm 圆形凸台的 1# 外型芯及一个形成长方形凹坑的 3# 外型芯，因而增加了制造芯盒及造芯的费用。但由于批量大，该费用均分到每个铸件上的成本较低，因此是合算的。

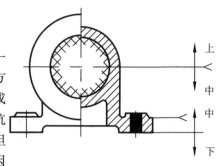

图 2.13 轴座单件、小批量生产分型方案

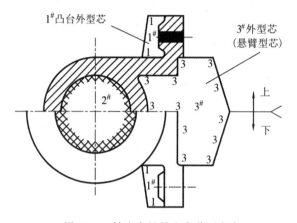

图 2.14 轴座大批量生产分型方案

（4）轴座铸件的一箱两件方案。

3# 型芯是悬臂型芯，其型芯头的长度较长。大批量生产时，还可考虑一箱两件方案，如图 2.15 所示。使悬臂型芯成为挑担型芯可以缩短芯头长度，且使下芯定位更简便，成本更低。

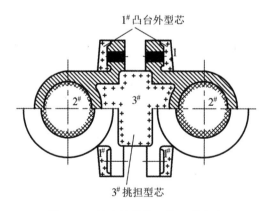

图 2.15 轴座铸件的一箱两件方案

例 2.4 车床进给箱体铸件分型方案

车床进给箱体零件图如图 2.16 所示。

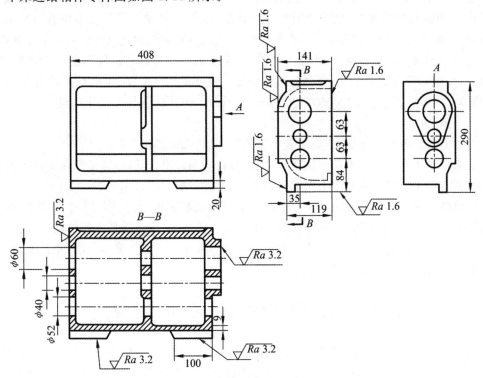

图 2.16 车床进给箱体零件图

（1）车床进给箱体分型方案如图 2.17 所示。

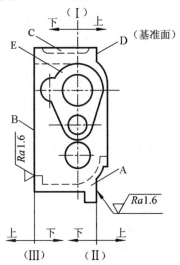

图 2.17 车床进给箱体分型方案

①分型方案Ⅰ。分型面在轴孔的中心线上。此时凸台 A 因距分型面较近，又处于上箱，若采用活块，型砂易脱落，故只能用型芯来形成；但槽 C 用型芯或活块均可制出。本方案的主要优点是便于铸出九个轴孔，铸后飞翅少，便于清理。同时，下芯头尺寸较大，型芯稳

定性好,不易产生偏芯缺陷。其主要缺点是型芯数量较多。

②分型方案Ⅱ。从基准面 D 分型,铸件绝大部分位于下箱。此时,凸台 A 不妨碍起模,但凸台 E 和槽 C 妨碍起模,也需要用活块或型芯来克服。其缺点是轴孔难以直接铸出。若铸出轴孔,由于无法制出型芯头,必须增大型芯与型壁的间隙,因此飞翅的清理工作量增大。

③分型方案Ⅲ。从 B 面分型,铸件全部位于下箱。其优点是铸件不会产生错型缺陷;同时,铸件最薄处在铸型下部,金属液易于填充。缺点是凸台 E、A 和槽 C 都需要采用活块或型芯,而内腔型芯上大下小,稳定性差;若铸出轴孔,则其缺点与方案Ⅱ相同。

(2)分型方案的选择。

上述方案虽各有其优缺点,但结合具体条件,仍可找出最佳方案。

①大批量生产。为减少切削加工量,九个轴孔应当铸出。此时,为了简化造型工艺只能采用分型方案Ⅰ分型。为便于采用机器造型,凸台和凹槽均应采用型芯。

②单件、小批量生产。因采用手工造型,故活块比型芯更为经济。同时,因铸件的尺寸偏差较大,九个轴孔不必铸出,留待直接切削加工。此外,应尽量降低上箱的高度,以便利用现有砂箱。显然,在单件生产条件下,宜采用分型方案Ⅱ或分型方案Ⅲ分型;小批量生产时,三个方案均可考虑,视具体条件而定。

2.5 砂箱中铸件数量及排列的确定

当铸件的造型方法、浇注位置和分型面确定以后,应当初步确定一箱中放几个铸件,作为进行浇、冒口等设计的依据。一箱中的铸件数量应该是在保证质量的前提下越多越好。确定数量时应考虑铸件尺寸大小、砂箱尺寸、吃砂量和车间起吊能力等。

(1)砂箱中铸件数量的确定原则。

砂箱中铸件数量一般要根据工艺要求和生产条件(生产批量及相关设备的相互要求和配合等)来确定。例如,合理的吃砂量和浇注系统的布局、采用单一砂箱时箱带的位置与高低等都会影响砂箱中的铸件数量。

在机械流水生产线上,为了便于机械浇注线的配合,要求所有铸件直浇道的位置一致;又比如在采用具有压头的造型机时,为了避免通气针与压头相碰,对所有铸件的通气针位置也有一定的要求。这些都影响一箱中铸件的数量与排列。这种现象在单件、小批量生产中可以比较灵活地处理。因此,在工艺设计中必须根据各种条件综合考虑,以确定砂箱中的铸件数量。

(2)吃砂量的确定。

模样与砂箱壁、箱顶(底)和相带之间的距离称为吃砂量。吃砂量太小,则砂型紧实困难,易引起胀砂、包砂、掉砂、跑火等缺陷;吃砂量太大,又不经济和合理。影响吃砂量的因素是多方面的,故在设计时应综合考虑。吃砂量推荐值见表 2.4~2.7。

表 2.4　按模样平均轮廓尺寸确定的推荐吃砂量　　　　单位:mm

模样平均轮廓尺寸	a	b 和 c	d	示意图
滑脱砂箱	≥20	30～50	箱中模样高度的一半	
≤400	30～50	40～70		
400～700	50～70	70～90		
700～1 000	70～100	91～120	箱中模样高度的 0.5～1.5倍	
1 000～2 000	100～150	121～150		
2 000～3 000	150～200	151～200		
3 000～4 000	200～250	201～250		
>4 000	250～500	>250		

模样平均轮廓尺寸计算式为

$$A=\frac{L+B}{2} \tag{2.1}$$

式中　A——模样平均轮廓尺寸(mm);

　　　L——模样在分型面的最大长度(mm);

　　　B——模样在分型面的最大宽度(mm)。

表 2.5　按铸件质量确定的推荐吃砂量　　　　单位:mm

铸件质量/kg	a	b	c	d	e	f	示意图
<5	40	40	30	30	30	30	
5～10	50	50	40	40	40	30	
10～20	60	60	40	50	50	30	
20～50	70	70	50	50	60	40	
50～100	90	90	50	60	70	50	
100～250	100	100	60	70	100	60	
250～500	120	120	70	80	—	70	
500～1 000	150	150	90	90	—	120	
1 000～2 000	200	200	100	100	—	150	
2 000～3 000	250	250	125	125	—	200	
3 000～4 000	275	275	150	150	—	225	
4 000～5 000	300	300	175	175	—	250	
5 000～10 000	350	350	200	200	—	250	
>10 000	400	400	250	250	—	250	

表2.6　手工造型的推荐吃砂量　　　　　　　　　　单位:mm

砂型分类	砂箱内框平均尺寸 (长＋宽)/2	模样至砂箱内壁尺寸	浇冒口至 砂箱内壁尺寸	模样顶部至 砂箱带底部尺寸
干型	≤500	40～60	≥30	15～20
	500～1 000	60～100	≥60	20～25
	1 000～2 000	100～150	≥100	25～30
	2 000～3 000	150～200	≥120	30～40
	>3 000	≥250	≥150	>40
湿型	≤300	>30	≥40	≥20
	300～800	≥60	≥100	≥50
	>800	≥100	≥100	≥70

表2.7　高压造型模样的推荐吃砂量　　　　　　　　单位:mm

模样高度	模样间距	模样与砂箱壁距离	备注
≤25	25～30	40～50	薄壁件取下限 值,厚实件取上 限值
25～50	30～50	45～60	
>50	50～70	50～70	

在实际生产中,吃砂量应根据具体生产条件(如紧实方法、加砂方式、模样几何形状等)对表中数值进行适当调整。例如,高压造型的吃砂量比其他造型方法的大一些,静压造型的吃砂量比其他造型方法的小一些。高压造型砂箱边缘的模样高度与吃砂量的比为1.5:1,而静压造型为3:1。

树脂砂型吃砂量比普通砂型小,模样与砂箱壁距离可取20～50 mm,上、下面距离取50～100 mm。

此外,还必须对上箱顶面到铸件顶面的吃砂量进行认真核对。此距离过小则容易冲砂、跑火;过大则容易产生气孔、浇不到或冷隔等缺陷。

(3)铸件在砂箱中的排列。

一箱中有多件同种铸件时,最好对称排列,这样做可以使金属液作用于上箱型的抬型力均匀,也有利于浇注系统的安排,同时可充分利用砂箱面积。

在同一型内有两种或两种以上铸件的模板称为混合模板。

在采用混合模板时,要注意以下几点:

①铸件的壁厚相近,高度的差异小。

②要满足铸件最小吃砂量的要求,不应影响浇注系统的正确布置。

③在满足生产纲领的要求下,混合模板的几种铸件所需的箱数应相近,以便组织生产。

例 2.5　飞轮铸件砂箱布局

对于砂箱尺寸,可从两方面考虑:车间已有的砂箱满足不了要求,需设计新砂箱时,应根据造型方法、铸件尺寸大小、车间起吊能力及吃砂量,大致确定砂箱尺寸。若不要求设计新砂箱,就利用车间原有的砂箱的尺寸规格;若是机器造型,还应根据选用的造型机所允许的最大砂箱内尺寸来确定砂箱尺寸。确切地设计砂箱尺寸,还应考虑到芯头、浇冒口、模样在模底板上的布置等因素。

根据飞轮铸件的质量查表 2.5,得飞轮铸件的吃砂量,见表 2.8。

表 2.8　飞轮铸件的吃砂量

铸件质量/kg	a (上吃砂量)/mm	b (下吃砂量)/mm	c (模样至箱壁)/mm	d (浇道至箱壁)/mm	f (浇道至模样)/mm
11~20	60	60	40	50	30

飞轮轮廓尺寸为 ϕ300 mm×100 mm,计划将内浇道开设在分型面上,沿轮缘外周边并分散切向引入,故确定一箱中放一个铸件。飞轮铸件重 11~20 kg,查表 2.8 得:模样与砂箱顶(底)的吃砂量均为 60 mm,模样与砂箱内壁的吃砂量为 40 mm,浇注系统与砂箱内壁的吃砂量为 50 mm,浇注系统与模样的吃砂量为 30 mm。

初步确定砂箱尺寸,上箱为 450 mm×450 mm×100 mm,下箱为 450 mm×450 mm×150 mm。飞轮铸件砂箱布局如图 2.18 所示。

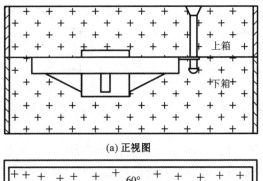

(a) 正视图

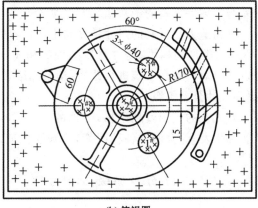

(b) 俯视图

图 2.18　飞轮铸件砂箱布局

2.6 铸造工艺设计参数

铸造工艺设计参数(简称工艺参数)通常是指铸造工艺设计时需要确定的某些数据,这些数据一般都与模样及芯盒尺寸有关(即与铸件的精度密切相关),同时也与造型、制芯、下芯及合箱的工艺过程有关。

铸造工艺设计参数主要有铸件尺寸公差、铸件重量公差、机械加工余量、铸造收缩率、起模斜度、最小铸出孔及槽、工艺补正量、分型负数、反变形量、砂芯负数、非加工壁厚的负余量、分芯负数等。

(1)铸件尺寸公差。

我国有关铸件尺寸公差的国家标准为《铸件 尺寸公差、几何公差与机械加工余量》(GB/T 6414—2017),该标准适用于各种铸造方法生产的铸件,是设计和检验铸件尺寸公差的通用依据。

铸件公称尺寸是机械加工前的毛坯铸件的设计尺寸,铸件图上的标注如图 2.19 所示。铸件公称尺寸包括必要的机械加工余量(RMA),尺寸公差与极限尺寸如图 2.20 所示。

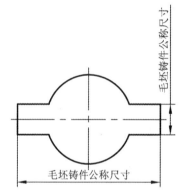

图 2.19 铸件图上的标注

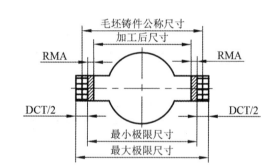

图 2.20 尺寸公差与极限尺寸

铸件尺寸公差是指铸件尺寸的允许变动量。公差等于最大极限尺寸与最小极限尺寸之差的绝对值,也等于上偏差与下偏差之差的绝对值。在这两个允许极限尺寸之间可满足加工、装配和使用的要求。一种铸造方法得到的尺寸精度与生产过程的许多因素有关,其中包括:铸件结构的复杂性;模具的类型和精度;铸件材质的种类和成分;造型材料的种类和品质;技术和操作水平。可以通过对设备和工装进行改进、调整和维修,严格工艺过程的管理,提高操作水平等措施来提高尺寸公差等级。

铸件的尺寸精度越高,对工艺的控制就越严格,铸件的生产成本就越高。因此,在规定铸件尺寸公差时,必须从实际出发,综合考虑各种因素,达到既保证铸件的质量又不过多增加生产成本的目的。

按照国家标准,铸件尺寸公差等级共分为 16 级,标记为 DCTG1~DCTG16。铸件尺寸公差见表 2.9。

表 2.9　铸件尺寸公差（GB/T 6414—2017）　　　　　单位:mm

公称尺寸		铸件尺寸公差等级 DCTG 及相应的线性尺寸公差值															
大于	至	DCTG 1	DCTG 2	DCTG 3	DCTG 4	DCTG 5	DCTG 6	DCTG 7	DCTG 8	DCTG 9	DCTG 10	DCTG 11	DCTG 12	DCTG 13	DCTG 14	DCTG 15	DCTG 16
—	10	0.09	0.13	0.18	0.26	0.36	0.52	0.74	1	1.5	2	2.8	4.2	—	—	—	—
10	16	0.1	0.14	0.2	0.28	0.38	0.54	0.78	1.1	1.6	2.2	3	4.4	—	—	—	—
16	25	0.11	0.15	0.22	0.3	0.42	0.58	0.82	1.2	1.7	2.4	3.2	4.6	6	8	10	12
25	40	0.12	0.17	0.24	0.32	0.46	0.64	0.9	1.3	1.8	2.6	3.6	5	7	9	11	14
40	63	0.13	0.18	0.26	0.36	0.5	0.7	1	1.4	2	2.8	4	5.6	8	10	12	16
63	100	0.14	0.2	0.28	0.4	0.56	0.78	1.1	1.6	2.2	3.2	4.4	6	9	11	14	18
100	160	0.15	0.22	0.3	0.44	0.62	0.88	1.2	1.8	2.5	3.6	5	7	10	12	16	20
160	250	—	0.24	0.34	0.5	0.7	1	1.4	2	2.8	4	5.6	8	11	14	18	22
250	400	—	—	0.4	0.56	0.78	1.1	1.6	2.2	3.2	4.4	6.2	9	12	16	20	25
400	630	—	—	—	0.64	0.9	1.2	1.8	2.6	3.6	5	7	10	14	18	22	28
630	1 000	—	—	—	0.72	1.0	1.4	2	3	4	6	8	11	16	20	25	32
1 000	1 600	—	—	—	0.80	1.1	1.6	2.2	3.2	4.6	7	9	13	18	23	29	37
1 600	2 500	—	—	—	—	—	2.6	3.8	5.4	8	10	15	21	26	33	42	
2 500	4 000	—	—	—	—	—	—	—	4.4	6.2	9	12	17	24	30	38	49
4 000	6 300	—	—	—	—	—	—	—	—	7	10	14	20	28	35	44	56
6 300	10 000	—	—	—	—	—	—	—	—	—	11	16	23	32	40	50	64

注:①在等级 DCTG1~DCTG15 中对壁厚采用粗一级的公差。
②对于不超过 16 mm 的尺寸,不采用 DCTG13~DCTG16 的一般公差,对于这些尺寸应标注个别公差。
③等级 DCTG16 仅适用于一般公差规定为 DCTG15 的壁厚。

　　在默认条件下,铸件尺寸公差应相对于公称尺寸对称设置,即一半为正,另一半为负。如尺寸为 20 mm、DCTG10 级的铸件尺寸公差为 ±1.2 mm。铸件尺寸公差也可以不对称,不对称公差应按《产品几何技术规范（GPS）　线性尺寸公差 ISO 代号体系 第 1 部分:公差、偏差和配合的基础》（GB/T 1800.1—2020）和《产品几何技术规范（GPS）　线性尺寸公差 ISO 代号体系 第 2 部分:标准公差带代号和孔、轴的极限偏差表》（GB/T 1800.2—2020）的规定在铸件公称尺寸后面单独标出。

　　不同生产规模和生产方式的铸件尺寸公差等级不同,大批量生产的毛坯铸件的尺寸公差等级见表 2.10,小批量生产或单件生产的毛坯铸件的尺寸公差等级见表 2.11。

表 2.10　大批量生产的毛坯铸件的尺寸公差等级（GB/T 6414—2017）

方法	铸件尺寸公差等级 DCTG								
	钢	灰铸铁	球墨铸铁	可锻铸铁	铜合金	锌合金	轻金属合金	镍基合金	钴基合金
砂型铸造 手工造型	11~13	11~13	11~13	11~13	10~13	10~13	9~12	11~14	11~14

续表 2.10

方法	铸件尺寸公差等级 DCTG								
	钢	灰铸铁	球墨铸铁	可锻铸铁	铜合金	锌合金	轻金属合金	镍基合金	钴基合金
砂型铸造机器造型和壳型	8～12	8～12	8～12	8～12	8～10	8～10	7～9	8～12	8～12
金属型铸造（重力铸造或低压铸造）	—	8～10	8～10	8～10	8～10	7～9	7～9	—	—
压力铸造					6～8	4～6	4～7		
熔模铸造 水玻璃	7～9	7～9	7～9		5～8	—	5～8	7～9	7～9
熔模铸造 硅溶胶	4～6	4～6	4～6		4～6		4～6	4～6	4～6

注：①表中所列出的尺寸公差等级是在大批量生产下铸件通常能够达到的尺寸公差等级。

②本标准还适用于经供需双方商定的本表未列出的其他铸造工艺和铸件材料。

表 2.11　小批量生产或单件生产的毛坯铸件的尺寸公差等级(GB/T 6414—2017)

方法	造型材料	铸件尺寸公差等级 DCTG							
		钢	灰铸铁	球墨铸铁	可锻铸铁	铜合金	轻金属合金	镍基合金	钴基合金
砂型铸造手工造型	黏土砂	13～15	13～15	13～15	13～15	13～15	11～13	13～15	13～15
砂型铸造手工造型	化学黏结剂砂	12～14	11～13	11～13	11～13	10～12	10～12	12～14	12～14

注：①表中所列出的尺寸公差等级是砂型铸造小批量或单件生产下铸件通常能够达到的尺寸公差等级。

②本表中的数值一般适用于公称尺寸大于 25 mm 的铸件。对于尺寸较小的铸件，通常能保证下列尺寸公差：

a. 公称尺寸≤10 mm，精度等级提高三级。

b. 10 mm＜公称尺寸≤16 mm，精度等级提高二级。

c. 16 mm＜公称尺寸≤25 mm，精度等级提高一级。

③本标准也适用于经供需双方商定的本表未列出的其他铸造工艺和铸件材料。

错型：除非另有规定，错型值应在表 2.9 所规定的公差范围内，如图 2.21 所示。如需限定错型量，则应按《产品几何技术规范(GPS)技术产品文件(TPD)中模制件的表示法》(GB/T 24744—2009)的规定，在图样上单独注明允许的最大错型量。

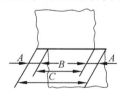

图 2.21　错型

A—错型量；B—最小尺寸；C—最大尺寸

壁厚公差：除非另有规定，否则 DCTG1～DCTG15 的壁厚公差应比其他尺寸的一般公差粗一级。例如：在通用公差等级为 DCTG10 的图样上，壁厚的公差应为 DCTG11。

DCTG16 仅适用于一般定义为 DCTG15 的铸件壁厚。

铸件一般尺寸公差应按下列方式标注在图样上:

① 用公差代号统一标注,如 GB/T 6414—DCTG12。

② 如果需要进一步限制错型,则如 GB/T 6414—DCTG12—SMI±1.5。

③ 如果需要在公称尺寸后面标注个别公差,则如"93±3"或"200^{+5}_{-3}"。

(2)铸件重量公差。

我国有关铸件重量公差的国家标准为《铸件重量公差》(GB/T 11351—2017),该标准适用于各种铸造方法生产的铸件。

铸件公称质量是根据铸件图计算的质量或根据供需双方认定合格的铸件质量或按照一定方法确定的被检铸件的基准质量,包括铸件机械加工余量及其他工艺余量等因素引起的铸件质量的变动量。

铸件重量公差是铸件实际质量与公称质量的差与铸件公称质量的比值(用百分率表示)。铸件重量公差的代号用字母"MT"表示。铸件重量公差等级和铸件尺寸公差等级相对应,由精到粗也分为 16 级,即 MT1~MT16。铸件重量公差数值见表 2.12。

表 2.12　铸件重量公差数值(GB/T 11351—2017)

公称质量/kg	铸件重量公差等级 MT															
	1	2	3	4	5	6	7	8	9	10	11	12	13	14	15	16
	铸件重量公差数值/%															
≤0.4	4	5	6	8	10	12	14	16	18	20	24	—	—	—	—	—
0.4~1	3	4	5	6	8	10	12	14	16	18	20	24	—	—	—	—
1~4	2	3	4	5	6	8	10	12	14	16	18	20	24	—	—	—
4~10	—	2	3	4	5	6	8	10	12	14	16	18	20	24	—	—
10~40	—	—	2	3	4	5	6	8	10	12	14	16	18	20	24	—
40~100	—	—	—	2	3	4	5	6	8	10	12	14	16	18	20	24
100~400	—	—	—	—	2	3	4	5	6	8	10	12	14	16	18	20
400~1 000	—	—	—	—	—	2	3	4	5	6	8	10	12	14	16	18
1 000~4 000	—	—	—	—	—	—	2	3	4	5	6	8	10	12	14	16
4 000~10 000	—	—	—	—	—	—	—	2	3	4	5	6	8	10	12	14
10 000~40 000	—	—	—	—	—	—	—	—	2	3	4	5	6	8	10	12
>40 000	—	—	—	—	—	—	—	—	—	2	3	4	5	6	8	10

注:①一般情况下,铸件重量公差按对称公差选取。

②有特殊要求的铸件重量公差,应在图样或技术文件中注明。

(3)机械加工余量。

在毛坯铸件上,为了可用机械加工方法去除铸造对金属表面的影响,并使之达到所要求的表面特征和必要的尺寸精度而留出的金属余量称为机械加工余量。加工余量过大,会浪费金属和加工工时;加工余量过小,会降低刀具寿命,不能完全去除铸件表面缺陷,甚至会露出铸件表皮。

影响加工余量的主要因素有:铸造合金种类;铸造工艺方法;生产批量;设备及工装的水

平;加工表面所处的浇注位置(顶、底、侧面);铸件基本尺寸的大小和结构。

《铸件 尺寸公差、几何公差与机械加工余量》(GB/T 6414—2017)标准规定的机械加工余量等级(RMAG)适用于整个成品铸件,所有加工表面的加工余量应按机械加工后铸件的最大公称尺寸对应的范围选取。铸件某一部位的最大尺寸应不超过加工尺寸与加工余量及铸造公差之和。当有斜度时,斜度应另外考虑。对于砂型铸造,其上表面和铸孔比其他表面需要更大的加工余量。

铸件的机械加工余量等级分为10级,分别为RMAG A~RMAG K。要求的加工余量代号用字母RMA表示,铸件机械加工余量见表2.13。推荐用于各种铸造合金及铸造方法的机械加工余量等级见表2.14。

表 2.13　铸件机械加工余量(GB/T 6414—2017)　　　　　单位:mm

铸件公称尺寸①		铸件的机械加工余量等级 RMAG 及对应的机械加工余量 RMA									
大于	至	A②	B②	C	D	E	F	G	H	J	K
—	40	0.1	0.1	0.2	0.3	0.4	0.5	0.5	0.7	1	1.4
40	63	0.1	0.2	0.3	0.3	0.4	0.5	0.7	1	1.4	2
63	100	0.2	0.3	0.4	0.5	0.7	1	1.4	2	2.8	4
100	160	0.3	0.4	0.5	0.8	1.1	1.5	2.2	3	4	6
160	250	0.3	0.5	0.7	1	1.4	2	2.8	4	5.5	8
250	400	0.4	0.7	0.9	1.3	1.8	2.5	3.5	5	7	10
400	630	0.5	0.8	1.1	1.5	2.2	3	4	6	9	12
630	1 000	0.6	0.9	1.2	1.8	2.5	3.5	5	7	10	14
1 000	1 600	0.7	1	1.4	2	2.8	4	5.5	8	11	16
1 600	2 500	0.8	1.1	1.6	2.2	3.2	4.5	7	9	13	18
2 500	4 000	0.9	1.3	1.8	2.5	3.5	5	7	10	14	20
4 000	6 300	1	1.4	2	2.8	4	5.5	8	11	16	22
6 300	10 000	1.1	1.5	2.2	3	4.5	6	9	12	17	24

注:①最终机械加工后铸件的最大轮廓尺寸。

　　②等级 A 和等级 B 只适用于特殊情况,如带有工装定位面、夹紧面和基准面的铸件。

表 2.14　铸件的机械加工余量等级(GB/T 6414—2017)

方法	机械加工余量等级								
	钢	灰铸铁	球墨铸铁	可锻铸铁	铜合金	锌合金	轻金属合金	镍基合金	钴基合金
砂型铸造 手工造型	G~J	F~H	F~H	F~H	F~H	F~H	F~H	G~K	G~K

续表 2.14

方法	机械加工余量等级								
	钢	灰铸铁	球墨铸铁	可锻铸铁	铜合金	锌合金	轻金属合金	镍基合金	钴基合金
砂型铸造机器造型和壳型	F~H	E~G	E~G	E~G	E~G	E~G	E~G	F~H	F~H
金属型（重力铸造和低压铸造）	—	D~F	D~F	D~F	D~F	D~F	D~F	—	—
压力铸造	—	—	—	—	B~D	B~D	B~D	—	—
熔模铸造	E	E	E	—	E	—	E	E	E

注:本表也适用于经供需双方商定的本表未列出的其他铸造工艺和铸件材料。

机械加工余量应按以下方式标注在图样上。

①用公差和机械加工余量代号统一标注。例如:对于最大尺寸大于 400 mm、小于或等于 630 mm、机械加工余量为 6 mm(加工余量等级为 H)的铸件,铸件的一般公差采用 GB/T 6414－DCTG12 的通用公差,可以标注为 GB/T 6414－DCTG12－RMA6(RMAG H)。允许在图样上直接标注出加工余量值。

②在铸件的表面需要局部的加工余量时,则应单独标注在图样的特定表面上,标注应符合《产品几何技术规范(GPS)　技术产品文件中表面结构的表示法》(GB/T 131—2006)的规定,个别表面上机械加工余量的标注如图 2.22 所示。

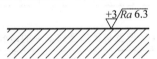

图 2.22　个别表面上机械加工余量的标注

剖面或非剖面上的加工余量均由红色线按比例画出,带斜度的加工余量可用分数表示,分子表示薄处的余量,分母表示厚处的余量。

加工余量的轮廓线被其他工艺符号(如砂芯)遮住时,不必画出;如不画出不足以表明情况时,则画为红色虚线。

(4)铸造收缩率。

为保证铸件尺寸要求,需在模样(芯盒)上加一个收缩的尺寸。增加的这部分尺寸称为收缩量,一般根据铸造收缩率确定。

铸造收缩率 K 定义如下:

$$K = \frac{L_M - L_J}{L_J} \times 100\% \qquad (2.2)$$

式中　L_M—— 模样(或芯盒)工作面的尺寸;

　　　L_J—— 铸件尺寸。

铸造收缩率的影响因素有:合金的种类及成分;铸件冷却、收缩时受到阻力的大小;冷却条件的差异等。因此,要十分准确地给出铸造收缩率是很困难的。

正确选择铸造收缩率的方法如下。

对于大量生产的铸件,一般应在试生产过程中,对铸件多次划线,测定铸件各部分的实际收缩率,反复修改木模,直至铸件尺寸符合铸件图样要求,然后再以实际铸造收缩率设计制造金属模。

对于单件、小批量生产的大型铸件,铸造收缩率的选取必须有丰富的经验,同时要结合使用工艺补正量、适当放大加工余量等措施来保证铸件尺寸合格。常用铸造合金铸件的线收缩率见表 2.15~2.17。

表 2.15　铸铁件的线收缩率　　　　　　　　　　单位:%

铸件的种类			线收缩率	
			受阻收缩	自由收缩
灰铸铁	中小型铸件		0.8~1.0	0.9~1.1
	中大型铸件		0.7~0.9	0.8~1.0
	特大型铸件		0.6~0.8	0.7~0.9
	特殊的圆筒形铸件	长度方向	0.7~0.9	0.8~1.0
		直径方向	0.5~0.6	0.6~0.8
球墨铸铁	珠光体球墨铸铁		0.8~1.2	1.0~1.3
	铁素体球墨铸铁		0.6~1.2	0.8~1.2
可锻铸铁	珠光体可锻铸铁		1.2~1.8	1.5~2.0
	铁素体可锻铸铁		1.0~1.3	1.2~1.5
白口铸铁	—		1.5	1.75

表 2.16　湿型机器造型铸钢件的线收缩率

模样长度/mm	砂型阻力	线收缩率/%
≤650		2.00
650~1 850	自由收缩时	1.50
>1 850		1.25
≤500		2.0
500~1 200		1.5
1 200~1 700	受阻收缩时	1.25
>1 700		1.0

表 2.17　有色合金铸件的线收缩率　　　　　　单位:%

合金种类	铸件线收缩率	
	受阻收缩	自由收缩
锡青铜	1.2	1.4
无锡青铜	1.6~1.8	2.0~2.2

续表 2.17

合金种类	铸件线收缩率	
	受阻收缩	自由收缩
锌黄铜	1.5~1.7	1.8~2.0
硅黄铜	1.6~1.7	1.7~1.8
锰黄铜	1.8~2.0	2.0~2.3
铝硅合金	0.8~1.0	1.0~1.2
铝铜合金($w(Cu)=7\%~12\%$)	1.4	1.6
铝镁合金	1.0	1.3
镁合金	1.2	1.6

(5)起模斜度。

为使模样容易从铸型中取出或型芯自芯盒脱出,平行于起模方向在模样或芯盒壁上的斜度称为起模斜度。

起模斜度应在铸件上没有结构斜度的、垂直于分型面(分盒面)的表面上应用。其大小应依模样的起模高度、表面粗糙度以及造型(芯)方法而定。起模斜度可采取增加铸件壁厚、增减铸件壁厚和减少铸件壁厚三种方法来形成,起模斜度的三种形式如图 2.23 所示。

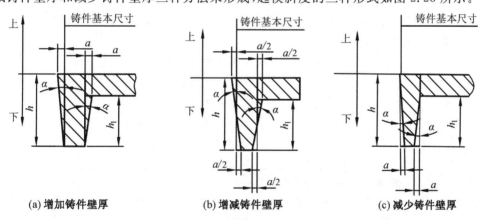

(a) 增加铸件壁厚　　　　(b) 增减铸件壁厚　　　　(c) 减少铸件壁厚

图 2.23　起模斜度的三种形式

在铸件加工表面上,可采用增加铸件壁厚法;在铸件不与其他零件配合的非加工表面上,可采用增加、增减或减少铸件壁厚法;在铸件与其他零件配合的非加工表面上,可采用减少或增减铸件壁厚法。原则上,在铸件上加放的起模斜度不应超出铸件的壁厚公差。

使用起模斜度时应注意:

①起模斜度应小于或等于产品图上所规定的起模斜度值,以防止零件在装配或工作中与其他零件相妨碍。

②尽量使铸件内、外壁的模样和芯盒斜度取值相同,方向一致,以使铸件壁厚均匀。

③在非加工面上留起模斜度时,要注意与相配零件的外形一致,以保持整台机器的美观。

④同一铸件的起模斜度应尽可能只选用一种或两种斜度,以免加工金属模时频繁地

换刀。

⑤加工表面上的起模斜度应在加工余量的基础上再给出斜度数值。

起模斜度用红色线画出,用角度数(机械加工的金属模)或毫米数(手工制造的木模)表示其大小。对于加工面上的斜度,将加工余量的红轮廓线画斜即可。

垂直于分型面的孔,当其孔径大于高度时,可在模样上挖孔,造型起模后,在砂型上形成吊砂或自带型芯,并由此形成铸件孔,此为"自来砂芯",如图2.24所示。

适用于用"自来砂芯"铸出的铸件内腔尺寸,原则上规定如下:

①机器造型:上箱 $h_1 \leqslant 0.3D$;下箱 $h_2 \leqslant D$。

②手工造型:上箱 $h_1 \leqslant 0.15D$;下箱 $h_2 \leqslant 0.5D$。

(6)最小铸出孔及槽。

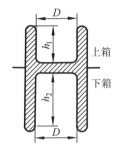

图2.24 "自来砂芯"示意图

零件上的孔、槽、台阶等,是铸出来好,还是机械加工出来好?这应从品质及经济角度等方面全面考虑。一般来说,较大的孔、槽等应铸出来,以便节约金属和加工工时,同时还可以避免铸件局部过厚所造成的热节,提高铸件质量。若孔、槽比较小或者铸件壁很厚,则不宜铸出孔,直接依靠机械加工反而更方便。有特殊要求的孔(如弯曲孔)无法实行机械加工,则一定要铸出。可用钻头加工的受制孔(有中心线位置精度要求)最好不铸出,铸出后很难保证铸孔中心位置准确,再用钻头扩孔也无法纠正中心位置。当孔深与孔径比 $L/D > 4$ 时,也最好不铸出。正方孔、矩形孔或气路孔深且直径小则一般不铸出,正方孔、矩形孔的最短加工边必须大于30 mm才能铸出。灰铁、铸钢件最小铸出孔见表2.18。

表2.18 灰铁、铸钢件最小铸出孔 单位:mm

生产批量	最小铸出孔直径	
	灰铸铁件	铸钢件
大批量生产	12～15	—
成批生产	15～30	30～50
单件、小批量生产	30～50	50

注:最小铸出孔直径指的是毛坯孔直径。

凡不铸出孔、槽,一律在孔槽的各视图上画一红色"×"或全部涂红,不铸出孔、槽表示方法如图2.25所示。若孔槽的轮廓线为虚线,则不必表示。

示例

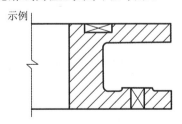

图2.25 不铸出孔、槽表示方法

(7)工艺补正量。

在单件、小批量生产中,若选用的收缩率与铸件的实际收缩率不符,或铸件产生了变形、操作中出现不可避免的误差(如工艺上允许的错型偏差、偏芯误差)等,会使得加工后的铸件某些部分的厚度小于图样要求尺寸,严重时会因强度不足而报废。

因工艺需要,在铸件相应非加工面上增加的金属层厚度称为工艺补正量。工艺补正量用红色线表示,注明正、负工艺补正量的数值。工艺补正量表示方法如图 2.26 所示。

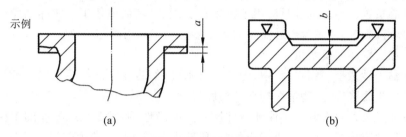

图 2.26　工艺补正量表示方法

（8）分型负数。

干砂型、表面烘干型及尺寸很大的湿型分型面由于烘烤、修整等原因一般都不十分平整,上下型接触面很不严密。为了防止浇注时跑火,合箱前需要在分型面之间垫石棉绳、泥条或油灰条等,这样就在分型面处明显地增大了铸件的尺寸。为了保证铸件尺寸精确,在拟定工艺时,为抵消铸件在分型面部位的增厚（垂直于分型面的方向）,在模样上相应减去的尺寸称为分型负数。

分型负数的大小和砂箱尺寸、铸件大小有关。一般大件,起模后分型面容易损坏,修型烘干后变形量大,所以合型时垫的石棉绳等厚度也大些,故分型负数也应增大。此外,分型负数的大小还和工厂习惯、垫用材料有关,一般在 0.5～6 mm 之间。干砂型、表面烘干型、自硬砂型及砂箱尺寸超过 2 m 的湿型才应

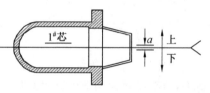

图 2.27　分型负数表示方法

用分型负数。湿型分型负数一般较小。分型负数用红色线表示,并注明减量数值。分型负数表示方法如图 2.27 所示。

（9）反变形量。

铸造较大的平板类、床身类铸件时,由于冷却速度的不均匀性,铸件冷却后常出现变形。为了解决挠曲变形问题,在制造模样时,按铸件可能产生变形的相反方向做出反变形模样,使铸件冷却后变形的结果正好将反变形抵消,得到符合设计要求的铸件。这种在模样上做出的预变形量称为反变形量（又称反挠度、反弯势、假曲率）。反变形量用红色双点画线表示,并注明反变形量的数值。反变形量表示方法如图 2.28 所示。

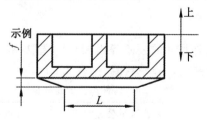

图 2.28　反变形量表示方法

(10)砂芯负数(砂芯减量)。

大型黏土砂芯在舂砂过程中砂芯向四周胀开,刷涂料及在烘干过程中发生的变形使砂芯四周尺寸增加。为了保证铸件尺寸准确,将芯盒的长、宽尺寸减去一定量,这个被减去的尺寸称为砂芯负数。砂芯负数只应用于大型黏土砂芯,其数值依工厂实际经验而定。流态砂芯、自硬砂芯、壳芯、热芯盒砂芯及小的黏土砂芯均不采用砂芯负数。

(11)非加工壁厚的负余量。

在手工黏土砂造型、制芯过程中,为了取出木模(如芯盒中的筋板)要进行敲模,或者木模受潮时将发生膨胀等,这些情况均会使型腔尺寸扩大,从而造成非加工壁厚增加,使铸件尺寸和质量超过公差要求。为了保证铸件尺寸的准确性,形成非加工壁厚的木模或芯盒内的肋板厚度尺寸应该减小,即小于图样尺寸,所减小的厚度尺寸称为非加工壁厚的负余量。

(12)分芯负数。

对于分段制造的长砂芯或分开制造的大砂芯,在接缝处应留出分芯间隙量,即在砂芯的分开面处将砂芯尺寸减去间隙尺寸,被减去的尺寸称为分芯负数。

分芯负数是为了砂芯的拼合及下芯方便而采用的。不留分芯负数,就必须用手工磨出间隙量,这将延长工时并恶化劳动条件。分芯负数可以留在相邻的两个砂芯上,每个砂芯各留一半;也可留在指定的一侧的砂芯上。根据砂芯接合面的大小一般留1~3 mm。分芯负数多用于手工造芯的大砂芯。

例 2.6 飞轮铸件铸造工艺设计参数

(1)铸件尺寸公差。

铸件尺寸公差等级分为16级,表示为DCTG1~DCTG16。根据表2.11,砂型铸造手工造型,造型材料为黏土砂湿型的灰铸铁件尺寸公差等级为DCTG13~DCTG15,故取飞轮铸件的尺寸公差等级为DCTG14,即GB/T 6414—DCTG14。查表2.9可得铸件尺寸公差数值,见表2.19。

表 2.19 铸件尺寸公差数值

公称尺寸/mm	铸件尺寸公差等级	铸件尺寸公差数值/mm
63~100	DCTG14	11(高度方向)
250~400		16(径向方向)

飞轮铸件的轮廓尺寸为 ϕ300 mm×100 mm,选取的尺寸公差等级为DCTG14,查表2.19得铸件的尺寸公差数值为:径向方向尺寸公差数值为16 mm,高度方向尺寸公差数值为11 mm。

(2)铸件重量公差。

铸件重量公差等级与铸件尺寸的公差等级相对应选取,故飞轮铸件的重量公差等级应为MT14,查表2.12可得铸件重量公差数值,见表2.20。

表 2.20 铸件重量公差数值

公称质量/kg	铸件重量公差等级	铸件重量公差数值/%
10~40	MT14	20

飞轮零件的质量为 18.2 kg,其铸件质量为 10～40 kg,查表 2.20 得该铸件重量公差数值为 20%。

（3）机械加工余量。

机械加工余量等级由精到粗分为 A、B、C、D、E、F、G、H、J 和 K 共 10 个等级。查表 2.14 可得铸件的机械加工余量等级,见表 2.21。

表 2.21　铸件的机械加工余量等级

方法	灰铸铁
砂型铸造手工造型	F～H

飞轮为灰铸铁件,采用砂型铸造手工造型,由表 2.21 可知,机械加工余量等级选 F～H 级。根据铸件的"浇注位置",对铸件不同部位设置不同的加工余量等级,其上表面和铸孔比其他表面需要的加工余量更大。飞轮铸件需要进行机械加工的表面包括:轮缘、轮毂上表面,轮毂部位 $\phi40$ mm 的孔,如图 2.29(a)所示;轮毂下表面,如图 2.29(b)所示。

(a)轮缘、轮毂上表面　　　　(b)轮毂下表面

图 2.29　飞轮铸件加工余量设置位置

机械加工余量值应根据铸件各部位的机械加工余量等级及最终机械加工后成品零件的最大轮廓尺寸和相应的尺寸范围选取。本零件的最大轮廓尺寸为 300 mm,查表 2.13 可得飞轮铸件需要进行机械加工的各表面的加工余量,见表 2.22。

表 2.22　飞轮铸件机械加工余量

位置	加工余量等级	加工余量数值/ mm
轮缘、轮毂上表面,轮毂部位 $\phi40$ mm 的孔	H	5
轮毂下表面	F	3

注:加工余量的数值要取整,尽量不要有小数。

（4）铸造收缩率（或模样放大率）。

金属液在凝固之后的冷却过程中的收缩介于自由收缩与受阻收缩之间,影响铸件线收缩率的主要因素是铸件的结构复杂程度和尺寸的大小。通常简单的厚实铸件中可视为自由收缩,其余铸件中均视为受阻收缩。

根据表 2.15 可得不同大小的灰铸铁件的线收缩率,见表 2.23。

表 2.23　灰铸铁件的线收缩率　　单位:%

铸件的种类		线收缩率	
		受阻收缩	自由收缩
灰铸铁	中小型铸件	0.8～1.0	0.9～1.1
	中大型铸件	0.7～0.9	0.8～1.0
	特大型铸件	0.6～0.8	0.7～0.9

飞轮铸件材质为 HT200,属于中小型铸件,查表 2.23 得灰铸铁中小型铸件的铸造收缩率通常为 0.8%～1.0%,取 0.9%。

(5)起模斜度。

当铸件本身没有足够的结构斜度时,应在铸件设计或铸造工艺设计时给出铸件的起模斜度,以保证铸型的起模。起模斜度可采增加铸件壁厚、增减铸件壁厚、减少铸件壁厚的方式来形成。在铸件上添加起模斜度,原则上不应超出铸件的壁厚公差要求。

根据文献得,黏土砂造型时,木模样外表面的起模斜度见表 2.24。飞轮铸件起模斜度面位置如图 2.30 所示。

表 2.24　黏土砂造型时,木模样外表面的起模斜度

测量面高度/mm	起模斜度	
	起模斜度 α	起模斜度 a/mm
≤10	≤2°55′	≤0.6
10～40	≤1°25′	≤1.0
40～100	≤0°40′	≤1.2
100～160	≤0°30′	≤1.4

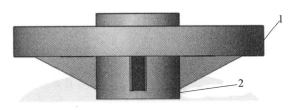

图 2.30　飞轮铸件起模斜度面位置示意图

飞轮铸件采用黏土砂造型,模样材质选用木模。其轮缘(1 号位置)高 40 mm(包括加工余量 5 mm),由表 2.24 可得其起模斜度为 1.0 mm。飞轮铸件下型轮毂部分(2 号位置)总高度为 53 mm,其起模斜度为 1.2 mm,取整为 1.0 mm。故本铸件外表面起模斜度均选取 1.0 mm。

因飞轮铸件起模面均为非加工面,所以起模斜度采用减少铸件壁厚的方式来形成。

(6)最小铸出孔及槽。

在确定零件上的孔和槽是否铸出时,必须既考虑到铸出这些孔或槽的可能性,又考虑到铸出这些孔或槽的必要性和经济性。

最小铸出孔和槽的尺寸与铸件的生产批量、合金种类、铸件大小、孔处铸件壁厚、孔的长

度和直径有关。根据表 2.18 可得灰铸铁件最小铸出孔直径,见表 2.25。

表 2.25　灰铸铁件最小铸出孔直径　　　　单位:mm

生产批量	最小铸出孔直径
大批量生产	12～15
成批生产	15～30
单件、小批量生产	30～50

飞轮为灰铸铁单件、小批量生产,最小铸出孔直径为 30～50 mm。飞轮铸件辐板上三个通孔及中间轮毂孔的直径均大于 30 mm,故都用砂芯铸出。

2.7　砂　芯　设　计

砂芯是用来形成铸件的内腔、孔和铸件外形不能出砂的部位的,砂型局部要求特殊性能的部分有时也用砂芯。

砂芯应满足以下要求:

①符合铸件的形状、尺寸及位置要求。

②具有足够的强度和刚度。

③在铸件形成过程中砂芯所产生的气体能及时排出型外。

④铸件收缩时阻力小,容易清砂。

2.7.1　砂芯工艺设计主要内容

①砂芯轮廓和数目,砂芯制造的难易程度,砂芯的装配和固定,砂芯的通气条件等。

②砂芯的种类、结构和尺寸。

③砂芯通气系统的设计。

④芯骨和芯撑的形状、尺寸、数量。

⑤砂芯的填砂(或射砂)方向、起吊方向和下芯顺序等。

在铸造工艺图中,砂芯边界用蓝色线表示,不同的砂芯按下芯顺序用 1#、2# 等标注,同一砂芯在不同的视图上均采用同一符号。砂芯边界线如果和零件线或加工余量线、冷铁线等重合,则省去砂芯边界线,只画出芯头边界线即可。砂芯边界符号可用与砂芯编号相同的小号数字或打叉表示(芯头斜度等使芯头投影出两条轮廓线时,砂芯边界符号只沿最外轮廓线绘制),铁芯须写出"铁芯"字样,如图 2.31 所示。用蓝色线表示并注明芯头斜度与间隙数值,如图 2.32 所示。用蓝色线表示并注明砂芯增减量及芯间间隙数值,或在工艺说明中注明,如图 2.33 所示。用蓝色线表示捣砂、出气和紧固方向,箭头表示方向,箭尾画出不同符号,如图 2.34 所示。

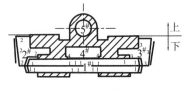

图 2.31 砂芯

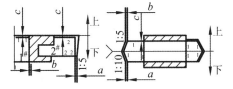

图 2.32 芯头斜度与间隙

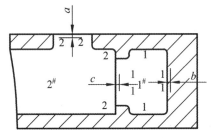

图 2.33 砂芯增减量及芯间间隙

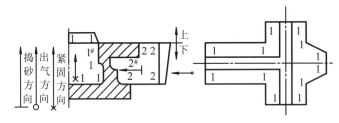

图 2.34 捣砂、出气和紧固方向

2.7.2 设置砂芯的基本原则

总原则:使造芯到下芯的整个过程方便;不致造成气孔等缺陷;使铸件内腔尺寸精确;使芯盒结构简单。

(1)保证铸件内腔尺寸精确。

铸件内腔尺寸要求较严的部分应由同一半砂芯形成,避免被分盒面所分割,更不宜分为几个砂芯。图 2.35 所示的内燃机缸体内腔中,汽缸筒中心线和曲轴轴承中心线之间的偏心距要求严格,为此不宜将这个砂芯分开制成 1# 和 2# 两块砂芯,因为这样较难保证偏心距 e 的尺寸公差。合理的方法是制成整芯装入铸型内。

但手工造型中、大型砂芯时,为保证某一部位精度,有时需将砂芯分块。图 2.36 所示的铸件要求 500 mm×400 mm 方孔四周壁厚均匀,有时需将砂芯分块。

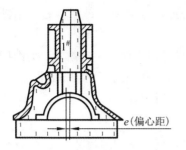
图 2.35　内燃机缸体砂芯

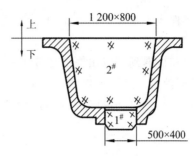
图 2.36　为保证铸件精度将砂芯分块实例

(2)保证操作方便。

复杂的大砂芯、细而长的砂芯可分为几个小而简单的砂芯。细而长的砂芯易变形,应分成数段,并设法使芯盒通用。在划分砂芯时要防止液体金属钻入砂芯分割面的缝隙,堵塞砂芯通气道。

图 2.37 所示为空气压缩机大活塞的砂芯,为了便于操作将砂芯分为三块,这样可以简化造芯和芯盒结构。

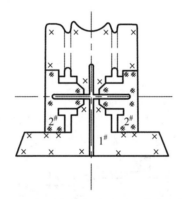
图 2.37　为便于操作将砂芯分块实例

(3)保证铸件壁厚均匀。

使砂芯的分盒面与分型面一致,能使砂芯的起模斜度和模样的起模斜度大小、方向一致,保证铸件壁厚均匀。分盒面与分型面一致的实例如图 2.38 所示。

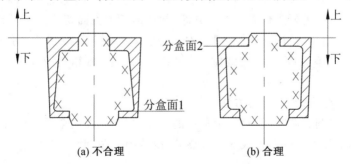
(a)不合理　　　　　　(b)合理

图 2.38　分盒面与分型面一致的实例

(4)应尽量减少砂芯数目。

增加砂芯数量不仅增加了制芯费用,而且也增加了下芯工时、制造芯盒的工作量和费用,从而导致铸件成本增加。用砂胎(自带砂芯)或吊砂可减少砂芯数量。用砂胎代替砂芯的实例如图 2.39 所示。

在手工造型时,遇到难以出模的地方,一般尽量用模样活块来解决,即用活块取代砂芯,从而减少砂芯的数量。这样虽然增加了造型工时,但却节省了芯盒、制芯工时及费用,是行之有效的方法。用活块代替砂芯的实例如图 2.40 所示。

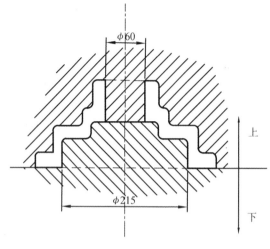
图 2.39　用砂胎代替砂芯的实例

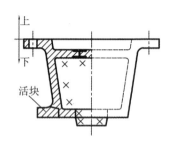
图 2.40　用活块代替砂芯的实例

(5)填砂面应宽敞,烘干支撑面是平面。

阀盖砂芯如图 2.41 所示,从砂型的分型面将砂芯分成两半,这样,每个砂芯的填砂面较大,支撑面为大平面,通气也较方便,便于造芯和烘干砂芯。

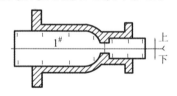
图 2.41　阀盖砂芯

普通黏土砂干砂芯、油砂芯及合脂砂芯常需入炉烘干,烘干砂芯可以采取不同的支撑方式,如图 2.42 所示。需要进炉烘干的大砂芯,常被沿最大截面切分为两半制作,采用平面烘干板烘干,其结构简单,通用性强,如图 2.42(a)所示。采用图 2.42(b)的方式烘干,既不能保证尺寸精度,又不方便。用成型烘干器烘干砂芯,虽然精确又简单,但费用昂贵,如图2.42(c)所示。

(6)砂芯形状适应造型、制芯方法。

高速造型线限制下芯时间,对一型多铸的小铸件,不允许逐个下芯,因此,划分砂芯形状时,常把几个到十几个小砂芯连成一个大砂芯,以节约下芯、制芯时间,适应机器造型节拍的要求。

对壳芯、热芯和冷芯盒砂芯,要从便于射紧砂芯方面来考虑改进砂芯形状。

除上述的原则外,还应使每块砂芯有足够的断面,保证其有一定的强度和刚度,并能顺利排出砂芯中的气体,使芯盒结构简单,便于制造和使用等。

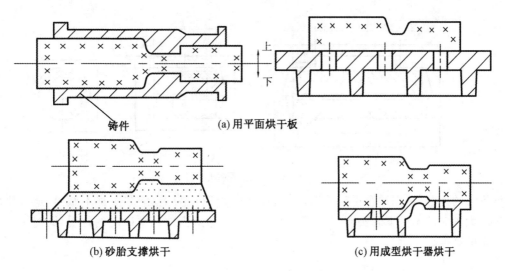

铸件　　　　　　(a)用平面烘干板

(b)砂胎支撑烘干　　　　　　　　　(c)用成型烘干器烘干

图 2.42　烘干砂芯的几种方法

2.7.3　芯头设计

芯头是伸出铸件以外不与金属接触的砂芯部分,是砂芯的定位、固定和排气部分。

设计芯头时需考虑:保证定位准确,能承受砂芯自身重量和液态合金的冲击、浮力等外力的作用,浇注时砂芯内部产生的气体能顺畅引出铸型等。

(1)芯头的分类。

芯头可分为垂直芯头和水平芯头(包括悬臂式芯头)两大类,分别如图 2.43 和图 2.44 所示。

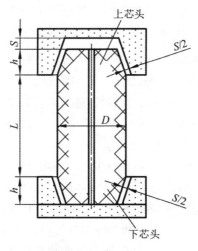

图 2.43　垂直芯头

①垂直芯头的形式。垂直芯头有上、下都做出芯头,不做上芯头只做下芯头,上、下芯头都不做出,只做上芯头不做下芯头四种形式。

图 2.45(a)为上、下都做出芯头,可使砂芯定位准确、支撑可靠,一般常用这种形式。其尤其适合高度大于直径的砂芯。图 2.45(b)为不做上芯头只做下芯头,适合横截面较大而

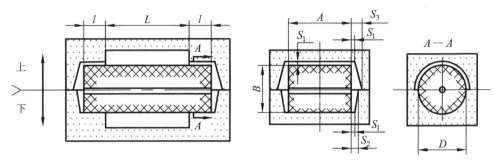

图 2.44　水平芯头

高度不大的砂芯,特别适合手工造型的砂芯。图 2.45(c)为上、下芯头都不做出,适合比较稳定的大砂芯。不做下芯头便于下芯时根据型腔尺寸适当地调整砂芯的位置,同时也可降低砂箱的高度。

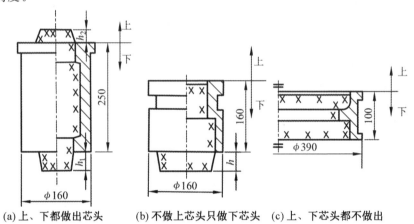

(a)上、下都做出芯头　(b)不做上芯头只做下芯头　(c)上、下芯头都不做出

图 2.45　垂直芯头的形式

只能做上芯头而无其他芯头的砂芯,为了使砂芯仍然有可靠的固定,可采取下列措施:

a.加长上芯头,并且在芯头与芯座之间不留间隙或过盈配合,砂芯下在上型中并挤紧。

b.预埋砂芯。将芯头做成上大下小的形状,造型时将砂芯事先放在模样上对应位置的备用孔内,只露出芯头,填砂舂砂后芯头被埋在砂型中。这种预埋砂芯方式只适用于质量不大的小砂芯。

c.盖板砂芯,如图 2.46(a)所示。将芯头扩大,下在下箱中。操作方便,有利于保证铸件尺寸精度及组织流水生产。但砂芯尺寸大,成本高。

d.吊芯,如图 2.46(b)所示。砂芯用铁丝或螺栓吊在上箱。吊芯操作麻烦,翻箱时容易损坏,只适合单件、小批量生产。吊芯有利于砂芯排气,芯头可以做得较短。

e.使用芯撑,如图 2.46(c)所示。大型复杂铸件砂芯较多,难以采用吊芯,只得用芯撑支撑砂芯。由于砂芯的位置不准确,合箱前必须注意防护砂芯上端面的通气孔,以防浇注时金属液钻入,影响砂芯的排气。

②水平芯头的形式。通常,具有两个水平芯头的砂芯在砂型中是稳固的,如图 2.47(a)所示,这也是水平芯头的一般形式。将两个或几个铸件中的砂芯串连起来共用芯头,如图 2.47(b)所示,称为联合芯头,这种方法一般适用于中、小型铸件,铸造小型弯管接头就常常

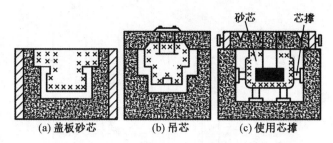

图 2.46　只做上芯头的砂芯

采用这种砂芯。将砂芯重心移入芯头的支撑面内,如图 2.47(c)所示,称为悬臂芯头,用加长、加大芯头的方法提高悬臂砂芯稳定性,常用于中、小型铸件。有芯撑的悬臂合芯头形式如图 2.47(d)所示。

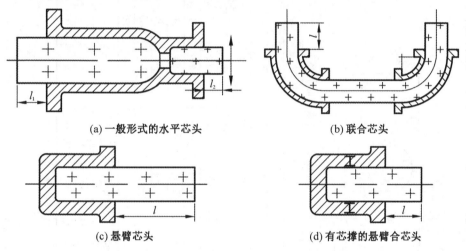

图 2.47　水平芯头的形式

(2)芯头的组成。

芯头结构包括芯头长度、芯头斜度与间隙、压环、防压环和积砂槽等。

①芯头长度。芯头长度指砂芯伸入铸型部分的长度,也是露出铸件外部的长度。垂直芯头的长度通常称为芯头高度。芯头长度只要满足芯头的基本要求即可,不应太长,过长的芯头会增加砂箱的尺寸和填砂量,过高的芯头不便于合箱。垂直芯头高度和水平芯头长度的具体数值见表 2.26 和表 2.27。

②芯头斜度与间隙。对垂直芯头来说,上、下芯头和芯座都应设有斜度。为合箱方便,避免上芯头和铸型相碰,上芯头和上芯头座的斜度应大些,见表 2.28。

对水平芯头来说,如果造型时芯头不留斜度而能顺利从芯盒中取出,那么芯头可以不留斜度,否则就应留有斜度。芯座模样总是留有斜度的,至少在端面上要留有斜度。上箱斜度应比下箱斜度大,以免合箱时与砂芯相碰。水平芯头的斜度见表 2.29。

为了下芯方便,通常在芯头和芯座之间留有间隙。间隙的大小取决于砂芯的大小和精度及芯座本身的精度。因此,机械造型、制芯时间隙一般较小,而手工造型、制芯时间隙较大。芯头与芯座之间的间隙见表 2.29 和表 2.30。

单位:mm

表 2.26　垂直芯头的高度 h 和 h_1

L	当 D 或 $(A+B)/2$ 为下列数值时的高度 h									
---	≤30	31~60	61~100	101~150	151~300	301~500	501~700	701~1000	1001~2000	>2000
≤30	15	15~20	—	—	—	—	—	—	—	—
31~50	20~25	>20~25	20~25	20~25	20~25	—	—	—	—	—
51~100	25~30	25~30	25~30	25~30	25~30	30~40	40~60	50~70	50~70	—
101~150	30~35	30~35	30~35	30~35	30~40	40~60	40~60	50~70	60~80	60~80
151~300	35~45	35~45	35~45	35~45	35~55	40~60	40~60	50~70	80~100	80~100
301~500	—	40~60	40~60	35~55	35~55	40~60	50~70	60~80	80~100	80~100
501~700	—	60~80	60~80	45~65	45~65	50~70	60~80	80~100	80~100	100~150
701~1000	—	—	—	70~90	70~90	60~80	60~80	80~100	80~120	100~150
1001~2000	—	—	—	100~120	100~120	80~100	80~100	80~120	80~120	100~150
>2000	—	—	—	—	—	—	—	—	—	150

由 h 查 h_1

下芯头高度 h	15	20	25	30	35	40	45	50	55	60	65	70	80	90	100	120	150
上芯头高度 h_1	15	15	15	20	20	25	25	30	30	35	35	40	45	50	55	65	80

注:确定垂直芯头高度时,要注意以下几个问题:

①一般采用的砂芯的上、下芯头采用相同的高度,尤其是大批量生产时。

②如有必要采取不同高度的上、下芯头,可先查出 h 值,然后查出 h_1 值。

③对于大而瘦的直立砂芯,通常不用上芯头,此时下芯头可适当加长。

表 2.27 水平芯头的长度 l

单位:mm

L＼D或(A+B)/2	≤25	26~50	51~100	101~150	151~200	201~300	301~400	401~500	501~700	701~1000	1001~1500	1501~2000	>2000
≤100	20	25~35	30~40	35~45	40~50	50~70	60~80	80~100	—	—	—	—	—
101~200	25~35	30~40	35~45	45~55	50~70	60~80	70~90	90~110	—	—	—	—	—
201~400	—	35~45	40~60	50~70	60~80	70~90	80~100	100~120	120~140	130~150	—	—	—
401~600	—	40~60	50~70	60~80	70~90	80~100	90~110	110~130	130~150	140~160	150~170	180~200	—
601~800	—	—	60~80	70~90	80~100	90~110	100~120	120~140	140~160	150~170	160~180	200~220	220~260
801~1000	—	—	—	80~100	90~110	100~120	110~130	130~150	150~170	160~180	180~200	220~240	260~300
1001~1500	—	—	—	90~110	100~120	110~130	120~140	150~170	160~180	180~200	200~220	240~260	280~320
1501~2000	—	—	—	—	110~130	120~140	140~160	180~200	200~220	220~240	240~260	260~300	320~360
2001~2500	—	—	—	—	130~150	150~170	160~180	220~240	240~260	260~280	280~320	300~360	360~420
>2500	—	—	—	—	—	180~200	200~220	260~280	280~320	300~360	320~360	360~420	—

注:① 直径 D>600 mm 的环状砂芯在制造时,若沿圆周方向分片制造,则每片砂芯的 L 应以外圆弧长为基准,即等于弧长。

② 具有浇注系统的芯头长度可适当增加。

表 2.28 垂直芯头的斜度

单位：mm

芯头高 h	15	20	25	30	35	40	50	60	70	80	90	100	120	150	用 a/h 表示时	用角度 α 表示时
上芯头	2	3	4	5	6	7	9	11	12	14	16	19	22	28	1/5	10°
下芯头	1	1.5	2	2.5	3	3.5	4	5	6	7	8	9	10	13	1/10	5°

表 2.29 水平芯头的斜度及间隙

单位：mm

铸型种类		D 或 $(A+B)/2$											
		≤50	51~100	101~150	151~200	201~300	301~400	401~500	501~700	701~1000	1001~1500	1501~2000	>2000
湿型	S_1	0.5	0.5	1.0	1.0	1.5	1.5	2.0	2.0	2.5	2.5	3.0	3.0
	S_2	1.0	1.5	1.5	1.5	2.0	2.0	3.0	3.0	4.0	4.0	4.5	4.5
	S_3	1.5	2.0	2.0	2.0	3.0	3.0	4.0	4.0	5.0	5.0	6.0	6.0
干型	S_1	1.0	1.5	1.5	1.5	2.0	2.0	2.5	2.5	3.0	3.0	4.0	5.0
	S_2	1.5	2.0	2.0	3.0	3.0	4.0	4.0	5.0	5.0	6.0	8.0	10.0
	S_3	2.0	3.0	3.0	4.0	4.0	6.0	6.0	8.0	8.0	9.0	10.0	12.0

表 2.30　垂直芯头与芯座之间的间隙

单位：mm

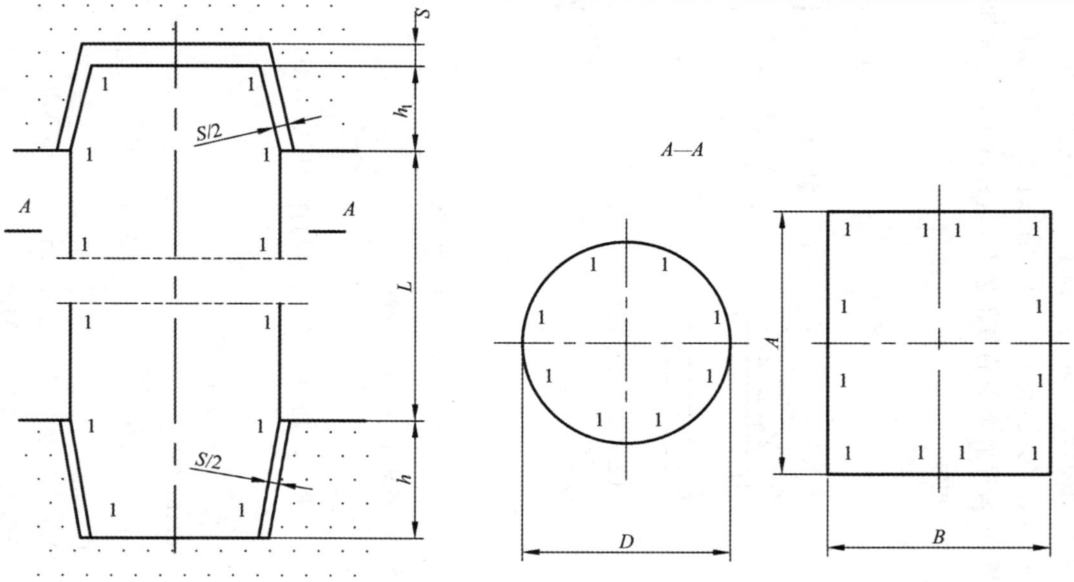

铸型种类	D 或 (A+B)/2

铸型种类	≤50	51~100	101~150	151~200	201~300	301~400	401~500	501~700	701~1 000	1 001~1 500	1 501~2 000	>2 000
湿型	0.5	0.5	1.0	1.0	1.5	1.5	2.0	2.0	2.5	2.5	3.0	3.0
干型	0.5	1.0	1.5	1.5	2.0	2.5	3.0	3.5	4.0	5.0	6.0	7.0

注：①影响芯头与芯座之间间隙的因素很多，如模样与芯盒的尺寸偏差，砂型和砂芯在制造，运输，烘干过程中的变形等。因此，表中数据仅供参考。

②一般情况下，机器造型、湿型，生产量较大时，常用间隙为 0.5~1 mm。对于干型、大件，常用间隙为 2~4 mm。

③当上芯头或芯头多于一个时，可将其中定位作用大的芯头的侧面间隙加大。

④树脂砂造型的间隙可比干型的间隙小 50% 左右。

③压环、防压环和积砂槽。压环(压紧环)在上模样芯头上车削一道半圆凹沟($r=2\sim5$ mm),造型后在上芯座上凸起一环型砂,合箱后它能把砂芯压紧,避免液体金属沿间隙钻入芯头,堵塞通气道。这种方法只适用于机器造型的湿型。

防压环在水平芯头靠近模样的根部设置凸起圆环,高度为 $0.5\sim2$ mm,宽度为 $5\sim12$ mm,称为防压环。造型后,相应部位形成下凹的一环状缝隙,下芯、合箱时,它可防止此处砂型被压塌,防止掉砂缺陷。

积砂槽常因为有砂粒存于下芯座中而使砂芯放不到底面上。手工造型时可人工仔细清除这些砂粒,但机器造型中不可能这样做。为此,在下芯座模样的边缘上设一道凸环,造型后砂型内形成一环凹槽,称为积砂槽,用来存放个别的散落砂粒,这样就可以大大加快下芯速度。积砂槽一般深 $2\sim5$ mm,宽 $3\sim6$ mm。

压环、防压环和积砂槽示意图如图 2.48 所示。

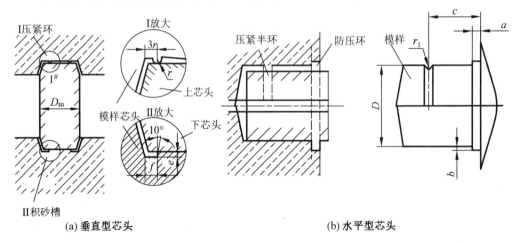

(a) 垂直型芯头　　　　　　　　　　　(b) 水平型芯头

图 2.48　压环、防压环和积砂槽

(3)芯头承压面积的核算。

由于砂芯的强度通常都大于铸型的强度,因此只核算铸型的许用压应力即可。芯头的承压面积 A 应满足下式:

$$A \geqslant kF_{芯}/\sigma \tag{2.3}$$

式中　A——每个上芯头的横截面积(mm^2);

　　　$F_{芯}$——计算的最大芯浮力(N);

　　　k——安全系数,$k=1.3\sim1.5$;

　　　σ——芯座的许用抗压强度(MPa),一般湿型,σ 可取 $0.13\sim0.15$ MPa;活化膨润土砂型,σ 可取 $0.6\sim0.8$ MPa;干砂型,σ 可取 $2\sim3$ MPa。

如果实际承压面积不能满足上式要求,则说明芯头尺寸过小,应适当放大芯头。若受砂箱等条件限制,不能增加芯头尺寸,则可以采用提高芯座抗压强度(许用压应力)的方法,如在芯座部分附加砂块、铁片、耐火砖等。在允许的情况下,附加芯撑也等于增加了承压面积。

小砂芯和中等尺寸的砂芯,作用在芯头上的重力和浮力不大,因此不必验算芯头的尺寸。

（4）特殊定位芯头。

有的砂芯有特殊的定位要求，如防止砂芯在型内绕轴线转动、不允许轴向位移偏差过大或下芯时搞错方位，这时就应采用特殊定位芯头。特殊定位芯头如图 2.49 所示。

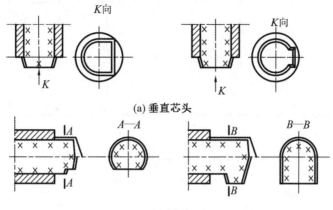

（a）垂直芯头

（b）水平芯头

图 2.49　特殊定位芯头

2.7.4　芯骨的结构与选用

为了保证砂芯在制造、运输、装配和浇注过程中不变形、开裂或折断，砂芯应具有足够的强度与刚度。生产中通常在砂芯中埋置芯骨，以提高其强度和刚度。对于小砂芯或砂芯的细薄部分，通常采用易弯曲成形、回弹性小的退火铁丝制作芯骨，这样可防止砂芯在烘干过程中变形或开裂。对于大、中型砂芯，一般采用铸铁芯骨或用型钢焊接而成的芯骨，这类芯骨由芯骨框架和芯骨齿组成，可反复使用。对于一些大型的砂芯，为了便于吊运，在芯骨上应做出吊攀。

铸铁芯骨示意图如图 2.50 所示。芯骨框架截面尺寸、芯骨齿直径及芯骨吊攀直径见表 2.31～2.33。

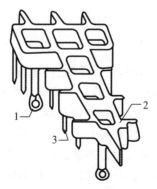

图 2.50　铸铁芯骨示意图
1—芯骨吊攀；2—芯骨框架；3—芯骨齿

表 2.31　芯骨框架截面尺寸(高×宽)　　　　单位:mm

砂芯尺寸(长×宽)	砂芯高度				
	≤100	100～200	200～500	500～1 500	>1 500
<500×500	25×20	25×20	30×25	45×35	55×40
(500×500)～(1 000×1 000)	30×25	30×25	30×25	45×35	55×40
(1 000×1 000)～(1 500×1 500)	30×25	45×35	45×35	45×35	55×40
(1 500×1 500)～(2 500×2 500)	45×30	45×35	45×35	55×40	70×50
≥2 500×2 500	45×30	45×35	55×40	55×40	70×50

表 2.32　芯骨齿直径　　　　单位:mm

砂芯高度	芯骨齿直径
<300	10～15
300～500	15～20
500～800	20～25
800～1 200	25～30

表 2.33　芯骨吊攀直径　　　　单位:mm

砂芯尺寸(长×宽)	砂芯高度				
	≤100	100～200	200～500	500～1 500	>1 500
<500×500	3	5	8	8	12
(500×500)～(1 000×1 000)	8	8	10	12	12
(1 000×1 000)～(1 500×1 500)	8	8	12	12	15
(1 500×1 500)～(2 500×2 500)	8	12	12	15	15
≥2 500×2 500	12	12	15	15	15

选择芯骨时要满足下列要求:

(1)保证砂芯具有足够的强度和刚度,以防止产生变形和断裂,而且还要注意芯骨不能阻碍铸件的收缩,因此芯骨应有适当的吃砂量。芯骨的吃砂量见表 2.34。

(2)芯骨不应妨碍在砂芯中安放冷铁、冒口和砂芯排气。

(3)在组芯及坚固砂芯需要时,应在芯骨上铸出吊攀。

(4)如果是组合砂芯,芯骨应考虑组合砂芯的连接和紧固方法。

(5)中、小型砂芯用铸铁做芯骨;当用水玻璃砂和树脂砂做小砂芯时,可考虑用圆钢做芯骨;大型砂芯用铸钢做芯骨。

表 2.34　芯骨的吃砂量　　　　　　　　　　　　　　　　　单位:mm

砂芯尺寸(长×宽)	吃砂量
<300×300	15～25
(300×300)～(500×500)	20～40
(500×500)～(1 000×1 000)	25～40
(1 000×1 000)～(1 500×1 500)	30～50
(1 500×1 500)～(2 000×2 000)	40～60
(2 000×2 000)～(2 500×2 500)	50～70

2.7.5　砂芯的排气

　　砂芯在高温金属液的作用下,由于水分蒸发及有机物的挥发、分解和燃烧,在浇注后短时间内会产生大量气体。当砂芯排气不良时,这些气体会浸入金属液,使铸件产生气孔缺陷。因此,在设计、制造砂芯及下芯、合箱的整个过程中,要注意砂芯的排气,保证砂芯中产生的气体能够及时地从芯头排出。

　　为此,在制芯方法上应采用透气性好的芯砂制作砂芯,砂芯中应开设排气道,砂芯的芯头尺寸要足够大,以便气体排出。在下芯时,应注意不要堵塞芯头的出气孔,在铸型中与芯头出气孔对应的位置应开设排气通道,以便将砂芯中产生的气体引出型外。对于一些砂芯多而复杂的薄壁箱体类铸件,尤其要改善砂芯的排气条件。对于形状复杂的大砂芯,应开设纵横交叉的排气道。排气道必须通至芯头端面,不得与砂芯工作面相通,以免金属液钻入。

　　形状简单的砂芯,用通气针扎出通气孔排气,如图 2.51(a)所示。分两半制作的大砂芯,为提高排气能力,需要在截面再扎出一些通气孔,如图 2.51(b)所示。A—A 截面,孔距约为50 mm,距砂芯表面10～15 mm,孔径为3～5 mm。

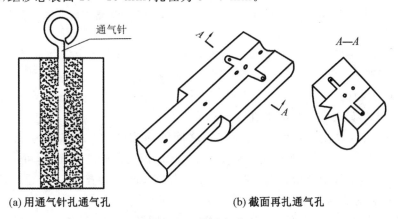

(a)用通气针扎通气孔　　　　　　　　(b)截面再扎通气孔

图 2.51　扎通气孔

　　在形状复杂且弯曲的小型砂芯中埋入蜡线,砂芯受热烘烤时蜡线会熔化形成通气孔,如图 2.52 所示。

　　大、中型砂芯中放焦炭或炉渣块(10～40 mm),同时用钢管或挖通气道的方式引出气体,排气方式如图 2.53 所示。形状复杂且尺寸较大的砂芯,应该开设纵横沟通的通气道,通气道必须通至芯头端面。

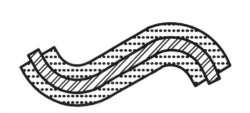
图 2.52　用蜡线做通气孔

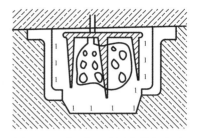
图 2.53　大、中型砂芯的排气方式

例 2.7　飞轮铸件砂芯设计

(1)砂芯方案的确定。

根据飞轮铸件的结构来确定需要的砂芯,砂芯位置示意图如图 2.54 所示。根据最小铸出孔原则得出:辐板上三个通孔由 1# 砂芯形成,中间轮毂孔由 2# 砂芯形成。为了减少砂芯数量,中间部位利用吊砂形成砂胎来铸出。采用此工艺可减少砂芯的发气量,节约生产成本。但是由于砂胎遇高温易形成黏砂缺陷,因此在造型过程中砂胎需喷涂涂料,防止黏砂。

根据以上对飞轮铸件的分析,需要设置两个垂直砂芯,砂芯三维图如图 2.55 和图 2.56 所示。为了下芯的准确和方便,根据砂芯的形状结构特征,在每一块砂芯上都设有下芯头。

图 2.54　砂芯位置示意图　　　　图 2.55　1# 砂芯三维图　图 2.56　2# 砂芯三维图

下芯时,根据铸件的结构特点以及芯头的设计位置,取整个下芯流程为:砂芯 1# → 砂芯 2#。

(2)芯头的设计。

1# 砂芯和 2# 砂芯芯头均为垂直芯头。

1# 砂芯芯头的高度、斜度、芯头与芯座之间的间隙:①1# 砂芯长为 25 mm,直径为 40 mm。查表 2.26 得,下芯头的高度为 15~20 mm,因为此砂芯粗而矮,可不用上芯头,这样有利于其造型,也便于合箱。取下芯头的高度为 20 mm。②查表 2.28 得,斜度为 1∶10。③查表 2.30 得,芯头与芯座之间的间隙 S 为 0.5 mm。

2# 砂芯芯头的高度、斜度、芯头与芯座之间的间隙:①2# 砂芯长为 108 mm,直径为 60 mm。查表 2.26 得,下芯头的高度为 30~35 mm,为了合箱方便,只设计下芯头。取下芯头的高度为 35 mm。②查表 2.28 得,斜度为 1∶10。③查表 2.30 得,芯头与芯座之间的间隙 S 为 0.5 mm。

飞轮铸件 1#、2# 砂芯垂直芯头的尺寸见表 2.35。

表 2.35　飞轮铸件 1#、2# 砂芯垂直芯头的尺寸　　　　单位:mm

砂芯	砂芯长度 L	砂芯直径 D	下芯头高度 h	斜度	间隙 S
1#	25	40	20	1:10	0.5
2#	108	60	35	1:10	0.5

课 后 练 习

一、判断题(A 正确,B 错误)

1. 为防止铸件产生裂纹,在设计零件时力求壁厚均匀。(　　)

2. 选择分型面的第一原则是保证能够起模。(　　)

3. 起模斜度是为便于起模而设置的,并非零件结构所需要。(　　)

4. 机器造型只能采用两箱造型的工艺方法,并要避免活块的使用。(　　)

5. 铸件的壁越厚(大于临界壁厚)则强度越低,其原因是收缩率大。(　　)

6. 铸造收缩率不是一个固定值。(　　)

7. 分型面必须和浇注位置保持一致。(　　)

8. 加工余量的等级由精到粗为 A、B、C、D 四个等级。(　　)

9. 浇注位置一般于选择造型方法之前确定。(　　)

10. 使铸件的大平面朝下,可以避免夹砂结疤类缺陷。(　　)

11. 型内放置冷铁较多时,应避免使用湿型。(　　)

12. 铸件过高,金属静压力超过湿型的抗压力强度时,应考虑使用干砂型或自硬砂型等。(　　)

13. 砂芯应具有良好的吸湿性和发气量。(　　)

14. 砂芯应具有良好的透气性。(　　)

15. 铸件外侧壁上有凹入部分会妨碍起模,需要增加砂芯才能形成铸件形状。(　　)

16. 某些壁厚均匀的细长形铸件、较大的平板形铸件及壁厚不均匀的长形箱体件,在铸造过程中会产生翘曲变形,是因为铸件的分型面没有选择在平面上。(　　)

17. 对于大而复杂的铸件,在铸造时可以进行分体铸造。(　　)

18. 芯头的尺寸与采用的铸造工艺有关,一般取决于铸件相应部位孔、槽的尺寸。(　　)

二、单项选择题

1. 铸件壁厚不均匀,会导致冷却不均匀,引起大的内应力,从而使铸件产生(　　)。

A、毛刺　　　　　B、变形和裂纹　　　C、气孔　　　　　　D、渣孔

2. 为了保证铸件精度,应使铸件全部或大部分放在(　　)中。

A、四个半型　　　B、三个半型　　　　C、两个半型　　　　D、同一半型

3. 两端截面大、中间截面小的铸件,为减少合箱工作的麻烦,可采用外砂芯且改为(　　)造型。

A、两箱　　　　　B、三箱　　　　　　C、假箱　　　　　　D、活块

4.为避免铸件冷却时收缩发生裂痕,铸件的转角应做成( )。

A、尖角 B、圆角 C、钝角 D、直角

5.下列说法中错误的是( )。

A、分型面越多越好

B、铸件的加强肋布置应有利于取模

C、对于复杂、大型铸件,在不影响其性能的要求下,可将其分成几个小铸件进行分铸

D、铸件在拔模方向上最好留有一定的斜度

6.砂芯一般用于形成铸件的( )。

A、内腔 B、浇注系统 C、都可以 D、都不对

7.对细长件或大而薄的平板件,为防止弯曲变形,应采用( )。

A、不均匀的壁厚结构 B、不对称结构

C、对称或加肋结构 D、曲面结构

8.在确定浇注位置时,应尽量使铸件的大平面( )。

A、朝上 B、朝前 C、朝下 D、朝后

9.下列说法中正确的是( )。

A、分型负数就是分芯负数

B、一般中小铸件壁厚差别不大且结构上刚度较大时,不必留反变形量

C、加工余量过大,不能完全除去铸件表面的缺陷,达不到设计要求

D、分型面最好选择曲面

三、填空题

1.铸件上的重要工作面和大平面应尽量 _____ 或 _____ 安放。

2.分型面选择时应尽量做到"四少两便",即:少用 _____ ,少用 _____ ,少用 _____ ,少用 _____ ;便于 _____ ,便于 _____ 。

3.铸造起模斜度一般有: _____ 铸件壁厚, _____ 铸件壁厚, _____ 铸件壁厚三种。

4.砂芯芯头的作用主要有 _____ 、 _____ 、 _____ 。

5.为收集造型或下芯时落下的散砂,以免造成砂芯位置偏斜而增设的结构是 _____ 。

6.芯头设计时,主要确定芯头的 _____ 、 _____ 和 _____ 。

7.芯头可分为 _____ 芯头和 _____ 芯头两大类。

8.标注拔模斜度时,对于木模样,则应标注 _____ ,对于金属模样则应标注 _____ 。

四、概念题

1.什么是机械加工余量?

2.什么是浇注位置?

3.什么是铸件尺寸公差?

4.什么是铸件重量公差?

5.什么是起模斜度?

6.什么是分型面？

7.什么是芯头？

8.什么是铸造的收缩率？

五、简答题

1.砂型铸造时，灰铸铁、球墨铸铁、铸钢、有色金属在铸造生产中，怎样选择造型材料（黏土砂（干型、湿型、表干型）、无机黏结剂砂（水玻璃砂、水泥砂）、有机黏结剂砂（树脂砂、油砂））？为什么？

2.芯头长些好还是短些好？间隙留大些好还是不留好？举例说明。

第3章　浇注系统设计

浇注系统是引导金属液流入型腔的一系列通道的总称,其主要作用是确保液态金属能够平稳而合理地充满型腔。浇注工艺取决于金属本身的性质、铸型的性质和浇注系统的结构。浇注系统设计应根据铸件的结构特点、技术要求、合金种类,选择浇注系统结构类型、确定引入位置、计算断面尺寸等。

浇注系统设计应遵循以下原则:

(1)引导金属液平稳、连续地充型,避免由于湍流过于强烈而夹卷空气、夹杂金属氧化物和冲刷型芯。

(2)充型过程中金属液流动的方向和速度可以控制,保证铸件轮廓清晰、完整。

(3)在合适的时间内充满型腔,避免形成夹砂、冷隔、皱皮等缺陷。

(4)调节铸型内的温度分布,以利于强化铸件补缩、减少铸造应力,防止铸件出现变形、裂纹等缺陷。

(5)浇注系统应具有挡渣、溢渣能力,净化金属液。

(6)浇注系统结构应当简单、可靠,减少金属液的消耗,便于清理。

铸造工艺图上的浇注系统用红线按比例绘制,并标出必要的尺寸,使其具有直观性。浇注系统的工艺符号及表示方法如图3.1所示。浇注系统各单元的截面用红线在工艺图上的空白处画出并标注出必要的尺寸;当浇注系统较复杂时,亦可把它移出,单独画在工艺图空白处。浇冒口系统被零件或其他符号遮住的部分可用红虚线表示。工艺图上可不画浇口杯(但在铸件装配图上必须画出)。直浇口可中断画出。一型多铸而当直浇口、横浇口完全对称时,应画出完整的结构图。当视图不允许画出完整的浇注系统时,可在图纸的适当空白处单独示意。

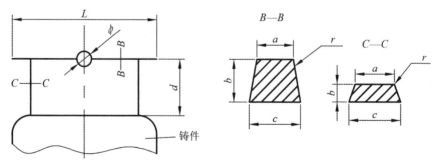

图 3.1　浇注系统的工艺符号及表示方法

3.1　浇注系统的组成和作用

一般铸件的浇注系统由以下四部分(单元)构成:外浇口(如浇口盆、浇口杯)、直浇道、横浇道、内浇道。浇注系统的基本组成如图3.2所示。

图 3.2　浇注系统的基本组成

3.1.1　浇口杯设计

浇口杯的作用是：承接来自浇包的金属液，防止金属液飞溅和溢出，便于浇注；减轻液流对型腔的冲刷；分离渣滓和气泡，阻止其进入型腔；增加充型压力头。

浇口杯分为漏斗形和池形两大类。漏斗形浇口杯挡渣效果差，但结构简单，消耗金属少。池形浇口杯内液体深度大，可阻止水平漩涡的产生而形成垂直旋涡，有助于分离熔渣和气泡。

3.1.2　直浇道和浇口窝设计

（1）直浇道。

直浇道的作用是：从浇口杯引导金属向下进入横浇道、内浇道或直接导入型腔；提供足够的充型压力头，使金属液在重力的作用下能克服各种流动阻力，在规定的时间内充满型腔。

直浇道多为圆形断面，常用的直浇道类型如图3.3所示。在手工造型和一般机器造型中，直浇道通常取斜度为 $2\%\sim4\%$ 的上大下小的锥形，如图3.3(a)所示。这种直浇道拔模方便，金属液能较快充满，在直浇道中金属液呈正压状态流动，能减少吸气和卷渣。但对于阶梯式浇注系统，由于不允许直浇道呈充满状态，故不宜选用图3.3(a)形式的直浇道，而应采用图3.3(b)或图3.3(c)形式的直浇道。在高效率半自动造型生产线上，必须制成图3.3(b)所示的上小下大的倒锥形，才能从砂型中拔出。这时应注意增大横浇道、内浇道中金属液流的阻力，让直浇道呈充满状态。铸钢件（特别是中大型铸钢件）多用耐火材料管形成浇注系统，直浇道则为图3.3(c)所示的没有斜度的圆管形。图3.3(d)所示为蛇形直浇道，用于有色金属铸件，它阻力大，可降低金属液流速，平稳充型，减少卷气。

（2）浇口窝。

金属液对直浇道底部有强烈的冲击作用，并会产生涡流和高度紊流区，常引起冲砂、渣孔和大量氧化物夹杂物等铸造缺陷。设置浇口窝可以改善金属液的流动状况，其作用如下。

①缓冲作用：金属液在直浇道底达到最高流速，且转向。浇口窝能对来自直浇道的金属液起缓冲作用，从而减轻对直浇道底部铸型的冲刷。

②缩短直浇道与横浇道拐弯处的高速紊流区。浇口窝可减轻液流进入横浇道的孔口压缩现象，缩短高速紊流区。这样也改善了横浇道内的压力分布，对减轻金属氧化、阻渣和减

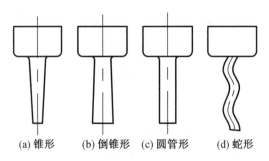

|(a) 锥形|(b) 倒锥形|(c) 圆管形|(d) 蛇形|

图 3.3　常用的直浇道类型

少卷入气体都有利。当内浇道距直浇道较近时,应采用浇口窝。

③改善内浇道的流量分布,减少直浇道与横浇道拐弯处的局部阻力系数和水头损失。

浇口窝的大小、形状应适宜,砂型应坚实。浇口窝常常做成半球形、圆锥台等形状。浇口窝推荐形状和尺寸如图 3.4 所示。浇口窝直径为直浇道下端直径的 1.4～2 倍,高度为横浇道高度的 2 倍,在侧壁能顺利拔模的条件下应尽量垂直,底部做成平面,转角处避免尖角。较大直径的浇口窝适用于要求流动平稳的铸件,如轻合金铸件。浇口窝的底部放置干砂芯片或耐火砖等可防止冲砂。

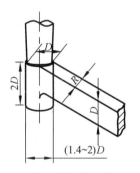

图 3.4　浇口窝推荐形状和尺寸

3.1.3　横浇道设计

将金属液从直浇道引入内浇道所经过的孔道是横浇道。横浇道的主要作用是:向内浇道分配金属液;储存最初浇入的含有气体和夹杂物的低温金属液;使金属液流动平稳。为了节约金属液,中小型铸件经常不用浇口杯,主要靠横浇道挡渣。

(1)横浇道中的液流分配。

金属液进入横浇道后,起初以较大的速度向前流动,一直流动到横浇道末端处,冲击该处型壁,使动能变为位能,横浇道末端处的金属液面升高,形成金属浪并反向移动,直到返回的金属浪与从直浇口流出的液流相遇,横浇道中的液面同时上升到充满横浇道为止。

同一横浇道上有多个等截面的内浇道时,各内浇道的流量不等。一般条件下,远离直浇道的内浇道流量大,靠近直浇道的内浇道流量小。各内浇道的流量主要取决于合金液柱的高度、横浇道的长度、内浇道在横浇道上的位置、各浇道截面积之比。

当直浇道高、横浇道不十分长时,大部分从直浇道流入横浇道的合金液将流入距直浇道较远的内浇道;当直浇道不高、横浇道很长时,大部分液流将流入某几个处于中间位置或靠近直浇道的内浇道。

(2) 横浇道的挡渣作用。

在重力的作用下，进入直浇道的金属液速度较快，可能将悬浮在金属液中的夹杂物带入横浇道。如果横浇道的结构与尺寸不合理，横浇道与直浇道、横浇道与内浇道间的连接与位置关系不恰当，就不能充分发挥横浇道的挡渣作用。夹杂物一旦进入型腔，往往会产生夹渣。提高浇注温度，使金属液凝固时间延长，能够减少夹渣，但提高浇注温度会给熔炼带来困难，增加燃料消耗，引起缩孔、缩松等缺陷。所以，利用横浇道挡渣是经济、简便且必须给予充分重视的方法。

通常，杂质的密度比金属液的密度小，可以逐渐上浮。实践表明，横浇道起挡渣作用应具备的条件为：横浇道必须呈充满状态；液流的流动速度宜低于渣粒的悬浮速度；液流的紊流搅拌作用要尽量小；应使夹杂物有足够的时间上浮到金属液顶面；横浇道的顶面应高出内浇道吸动区一定距离，末端应加长；内浇道和横浇道应有正确的相对位置。

常用横浇道的断面形状有梯形、圆顶梯形及圆形三种如图 3.5 所示。圆形断面散热少但挡渣效果差，主要用于铸钢件，中、大型铸钢件的横浇道多由标准圆孔耐火材料管形成；梯形断面使用最广泛，散热虽比圆形断面的横浇道稍大，但能更好地发挥横浇道的挡渣作用。

(a) 梯形　　　　　(b) 圆顶梯形　　　　　(c) 圆形

图 3.5　常用横浇道的断面形状

(3)横浇道设计应注意的问题。

封闭式浇注系统的横浇道设计应注意如下问题：

① 液态金属在横浇道中流动时紊流作用越小，越有利于夹杂物上浮，低流速有利于夹杂物上浮并保留在横浇道的顶部。故横浇道要平直、断面积应较大，液态金属在横浇道中的流动要平稳、缓慢、接近层流流动。

② 进入横浇道的夹杂物必须浮到液流上表面，并与横浇道顶面接触，因摩擦增大而减慢速度，最后停留下来，不随液流进入型腔，所以横浇道中应充满液态金属。

③ 应使夹杂物到达第一个内浇道之前能上浮到横浇道顶部，这段横浇道的长度应为其高度的 5 倍以上。上浮到横浇道顶部的夹杂物应高于内浇道吸动作用区域，才不致被吸入内浇道，因此横浇道的高度最好是内浇道高度的 4～6 倍。

④ 最后一个内浇道与横浇道末端之间的距离称为横浇道的延长段距离，末端延长段的长度为 75～150 mm，大铸件取上限。延长段的功能是：容纳最初浇入的低温、含有气体和夹杂物的金属液；吸收液流的动能，使金属液平稳地流入型腔。末端延长段呈坡形可阻止金属液流到末端时出现折返现象。为防止聚集在末端延长段的夹杂物回游，应在末端延长段设集渣包。封闭式浇注系统横浇道末端延长段的形式如图 3.6 所示。

⑤ 封闭式浇注系统的内浇道应位于横浇道的下部，且与横浇道具有同一底面，使最初浇入的低温、含较多气体和夹杂物的金属液能靠惯性流过内浇道，收纳于横浇道末端延长段而不进入型腔。封闭式浇注系统横浇道与内浇道的位置关系如图 3.7 所示（封闭式浇注系统的横浇道应高而窄，内浇道宜扁而宽）。

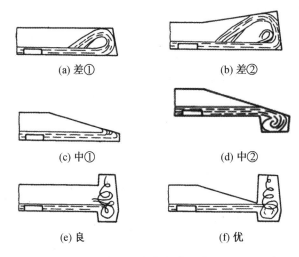

(a) 差①   (b) 差②

(c) 中①   (d) 中②

(e) 良   (f) 优

图 3.6   封闭式浇注系统横浇道末端延长段的形式

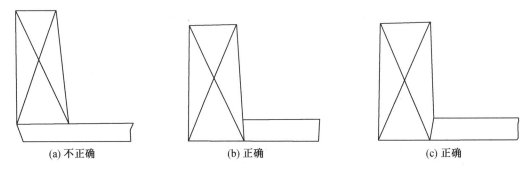

(a) 不正确   (b) 正确   (c) 正确

图 3.7   封闭式浇注系统横浇道与内浇道的位置关系

⑥ 开放式浇注系统的内浇道应位于横浇道之上,且搭接面积要小,但应大于内浇道截面积。开放式浇注系统横浇道与内浇道的位置关系如图 3.8 所示。若将内浇道置于横浇道底部,则横浇道、内浇道都呈非充满状态,无法实现挡渣,故须把内浇道安放在横浇道上方,用横浇道的顶面及末端延长段黏附和储存夹杂物。在这种条件下,为了有效挡渣,横浇道宜宽而矮。

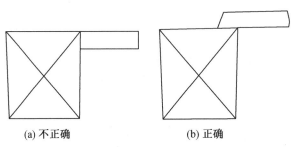

(a) 不正确   (b) 正确

图 3.8   开放式浇注系统横浇道与内浇道的位置关系

(4)提高挡渣能力的措施。

为了提高挡渣能力,通常采取的措施是设置筛网芯、过滤网和集渣包。

① 设置筛网芯、过滤网。设置筛网芯的浇注系统如图 3.9 所示。金属液流过筛网芯时,由于断面突然扩大,在孔眼出口处出现涡流,使渣团上浮并黏附在筛网芯的底部,所以筛

网芯的作用并非为过滤金属液。

为了使筛网芯底部能黏附渣团,其下部空间应被金属液充满,安放筛网芯时应使孔眼呈上小下大的状态。这种带有 φ4～8 mm 锥孔的筛网芯可制成圆形或矩形,安放在浇口杯内、直浇道下端或横浇道内。一般工厂多用油砂制作筛网芯,由于其承受不住金属液长时间冲刷及较高金属液压力头的作用,易出现冲砂缺陷。其主要用于中小铸铁件,对于较大的铸铁件应采用耐火材料烧结的高强度筛网芯。

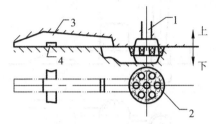

图 3.9 设置筛网芯的浇注系统
1—直浇道;2—筛网芯;3—横浇道;4—内浇道

以过滤金属液为目的的过滤网具有更小的孔眼。铝合金用的过滤网常由薄铁皮经钻孔制成(孔径为 φ2～4 mm),也可应用钢丝或玻璃纤维编织成的过滤网。设置过滤网的浇注系统如图 3.10 所示,一般过滤网孔径越小,过滤效果越好。

(a)过滤网设置在直浇道下端　(b)过滤网设置在横浇道内　(c)过滤网设置在横、内浇道之间

图 3.10 设置过滤网的浇注系统

近年来纤维过滤网、陶瓷过滤器(网格式与泡沫式)在实际生产中被广泛使用,其中陶瓷过滤器(尤其是泡沫式陶瓷过滤器)的孔隙率可达 92%,因此其去除夹渣及非金属杂质的能力强。泡沫式陶瓷过滤器是一种深层过滤器,它以陶瓷为网架,网架之间布满了互相连通的立体小孔,浇注时,大的杂质将在过滤器外表面被截留,微小杂质将吸附在通道的壁面上,且使金属液的流动方式由湍流变为层流,减少过滤后金属进一步氧化的可能。

②设置集渣包。横浇道上局部加高、加大的部分称为集渣包,集渣包分为两类:齿形集渣包和离心集渣包。

齿形集渣包如图 3.11(a)所示。金属液流入集渣包时,因断面突然增大,流速降低并在集渣包内产生漩涡,使密度较小的夹杂物向漩涡中心集中、浮起而滞留在集渣包的顶部。

当采用离心集渣包时,金属液以切线方向进入集渣包。离心集渣包的出口断面应小于入口断面,方向需和液流旋转方向相反,如图 3.11(b)所示,以保证金属液流充满集渣包,且使浮起来的夹杂物不流出集渣包。当离心集渣包兼起冒口作用时,其结构与尺寸应依补缩需要来设计,出口断面积应按冒口颈的大小来确定,而不一定满足离心集渣包出口断面小于入口断面的要求。

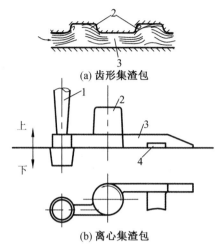

(a) 齿形集渣包

(b) 离心集渣包

图 3.11　设置集渣包的浇注系统
1—直浇道;2—集渣包;3—横浇道;4—内浇道

3.1.4　内浇道设计

内浇道是把金属液直接导入型腔的通道。内浇道的作用为控制充型速度和方向,分配金属,调节铸件各部位的温度和凝固顺序。浇注系统的金属液通过内浇道对铸件进行补缩。

(1)设计内浇道的基本原则。

①内浇道在铸件上的位置和数目应取决于所选定的凝固顺序或补缩方法。为使铸件实现同时凝固,对壁厚均匀的铸件,可选用多个内浇道分散引入金属液;对壁厚不太均匀的铸件,内浇道应开设在薄壁处。

为使铸件实现顺序凝固,内浇道应设在有冒口的厚壁处,从厚壁处引入金属液,形成铸件从薄壁至厚壁最后到冒口的凝固顺序。

对结构复杂的铸件,往往采用顺序凝固和同时凝固相结合的原则安排内浇道,即对每一个补缩区域依顺序凝固原则设置内浇道,而对整个铸件则按同时凝固原则采用多内浇道分散充型。这样,既可使铸件的各个厚大部位得到充分补缩而避免出现缩孔、缩松,又可减少铸件的铸造应力和变形。

当铸件壁厚相差悬殊而又必须从薄壁处引入金属液时,应同时使用冷铁加速厚壁处的凝固,并加放冒口,浇注时采用点冒口等工艺措施,保证铸件的补缩效果。

对于采用实用冒口的铸铁件和球墨铸铁件,则应遵守实用冒口或均衡凝固的原则来布置内浇道和冒口。

② 内浇道与横浇道的连接。为了防止最初被金属液带入横浇道的杂质进入型腔,内浇道应该设置的方向以与铁水流向逆方向成锐角为最好(图 3.12(a));内浇道的位置以底面与横浇道底面平齐为最好(图 3.12(d));内浇道不应开在直浇道下和横浇道的尽头(图 3.12(h))。

对环形或圆形铸件,为防止液流冲击砂芯,保证外表面质量,可采用图 3.13 的切线内浇

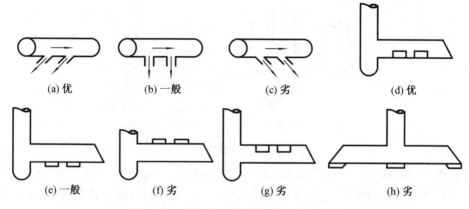

图 3.12　内浇道在横浇道上的位置及方向

道,让金属液顺壁充型并旋转。图 3.13(b)的交接方式可使金属液在横浇道中折回后才进入内浇道,充型平稳且有利于挡渣。金属液在离心力作用下,会将密度小的杂质物推向型腔中心而黏附在砂芯表面,故内壁要求高的铸件不宜采用切线浇口。

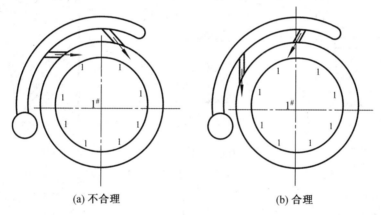

图 3.13　环形铸件切线浇口

③内浇道应尽量薄。薄内浇道能减小内浇道的吸动区,有利于横浇道挡渣,减轻清理工作量;内浇道薄于铸件的壁厚,在去除浇道时不易损害铸件;对球墨铸铁件而言,薄的内浇道能充分利用铸件本身的石墨化膨胀获得致密的铸件。浇注温度越高,内浇道的厚度应越薄。

(2)设计内浇道应注意的其他事项。

①对薄铸件可用多内浇道的浇注系统实现补缩,这时内浇道尺寸应符合冒口颈的要求。

②内浇道应避免开设在对铸件品质要求很高的部位。

③内浇道的金属液流向应力求一致。为了快速而平稳地充型、便于排气和除渣,各个内浇道中金属液的流向应尽量一致,防止金属液在型内碰撞,流向混乱而出现过度紊流。

④ 尽量在分型面上开设内浇道,使造型方便。

⑤ 对收缩大、易裂纹的合金铸件,内浇道的设置不应阻碍收缩。

⑥浇口比对浇注过程的影响。直浇道、横浇道和内浇道截面积之比(即 $F_{直}:F_{横}:F_{内}$)称为浇口比。以内浇道为阻流截面时,金属液流入型腔时喷射严重。以直浇道下端或附近的横浇道为阻流截面时,充型较平稳,$F_{内}/F_{阻}$ 比值越大越平稳。充型时的两种流态如图 3.14所示。

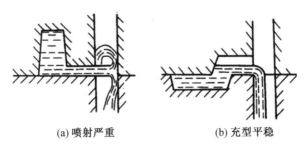

(a) 喷射严重　　　　　　　(b) 充型平稳

图 3.14　充型时的两种流态

常用内浇道的截面形状如图 3.15 所示,具体的形状、大小随铸件情况改变而改变。其中扁平梯形内浇道最为常用,它具有撇渣作用好、不易产生缩松(在与铸件连接处)和易于清除等优点;虽然散热较快,但由于内浇道长度较短(一般为 20～50 mm),因此对金属液流动影响不大。

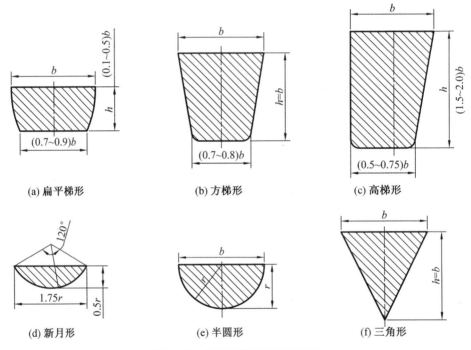

(a) 扁平梯形　　　　　　　(b) 方梯形　　　　　　　(c) 高梯形

(d) 新月形　　　　　　　(e) 半圆形　　　　　　　(f) 三角形

图 3.15　常用内浇道的截面形状

三角形内浇道和新月形内浇道的特点与扁平梯形内浇道相似;方梯形内浇道、半圆形内浇道的优点是散热慢,可起到一定的补缩作用,常用于厚壁铸件;高梯形内浇道常用于从铸件的垂直壁上注入金属液;圆形内浇道常用于铸钢件上,一般用浇口耐火砖管形成。

内浇道的横截面尺寸在整个长度上一般是不变化的,但有时为了缓流也可将其横截面向型腔方向逐渐扩大;为使内浇道能适应铸件的形状或易于清除,也可以做成向型腔方向逐渐缩小的形式。如果连接内浇道处的铸件壁厚与内浇道横截面高度之比小于 1.5,则应设法使其容易清理,比如把内浇道离铸件 2～4 mm 处做成蜂腰状。

3.2　浇注系统的基本分类

浇注系统类型的选择对铸件质量的影响很大,它将影响到液体金属充填铸件型腔的优劣和铸件凝固时的温度分布情况。浇注系统的分类方法有两种:根据浇注系统各单元截面的比例关系分类;根据内浇道在铸件上的相对位置(引入位置)分类。

3.2.1　按浇注系统各单元截面积的比例关系分类

按浇注系统各单元的截面比例关系分类,可分为封闭式、开放式、半封闭式和封闭开放式四种类型,见表 3.1。

表 3.1　按浇注系统各单元截面比例关系分类

类型	截面比例关系	特点及应用
封闭式	$\sum F_{杯} > \sum F_{直} > \sum F_{横} > \sum F_{内}$	阻流截面在内浇道上。浇注开始后,金属液容易充满浇注系统。 挡渣能力较强,但充型液流的速度较快,冲刷力大,易产生喷溅。 一般来说,金属液消耗少,且清理方便,适用于铸铁的湿型小件及干型中、大件。
开放式	$\sum F_{直上} < \sum F_{直下} < \sum F_{横} < \sum F_{内}$	阻流截面在直浇道上口(或浇口杯底孔)。当各单元开放比例较大时,金属液不易充满浇注系统,呈无压流动状态。 充型平稳,对型腔冲刷力小,但挡渣能力较差。 一般来说,金属液消耗多,不利于清理,常用于非铁合金、球墨铸铁及铸钢等易氧化金属铸件,灰铸铁件上很少应用。
半封闭式	$\sum F_{直} < \sum F_{横}$ $\sum F_{横} > \sum F_{内}$ $\sum F_{直} > \sum F_{内}$	阻流截面在内浇道上,横浇道截面为最大。浇注中,浇注系统能充满,但较封闭式晚。 具有一定的挡渣能力。由于横浇道截面大,金属液在横浇道中流速减小,故又称缓流封闭式。充型的平稳性及对型腔的冲刷力都优于封闭式。 适用于各类灰铸铁件及球铁件。

续表 3.1

类型	截面比例关系	特点及应用
封闭开放式	$\sum F_杯 > \sum F_直 < \sum F_横 < \sum F_内$ $\sum F_杯 > \sum F_直 > \sum F_{集渣包出口}$ $\sum F_直 > \sum F_阻 < \sum F_{横后} < \sum F_内$ $\sum F_直 > \sum F_阻 < \sum F_内 < \sum F_{横后}$	阻流截面设在直浇道下端、横浇道中、集渣包出口处或内浇道之前设置的阻流挡渣装置处。 阻流截面之前封闭,其后开放,故既有利于挡渣,又使充型平稳,兼具封闭式与开放式的优点。 适用于各类铸铁件,在中、小件上应用较多,特别是在一箱多件时应用广泛。目前铸造过滤器的使用使这种浇注系统应用更为广泛。

注:表中 $\sum F_杯$、$\sum F_直$、$\sum F_横$、$\sum F_阻$、$\sum F_内$ 等分别指浇口杯、直浇道、横浇道、阻流片、内浇道等各单元最小处的总截面面积。

传统理论把金属液视为理想流体,因此封闭式就是充满式,开放式就是不充满式。而液体金属是实际流体,有黏度和阻力,浇道截面积比值只是表示了浇注系统的一个特征:或者朝着铸件方向总的截面积缩小,产生一种阻流效应,使浇注系统容易充满;或者朝着铸件方向总的截面积增加,使浇注系统中的金属液流动趋于平缓。

在封闭式浇注系统中,金属液进入型腔,易产生喷射效应;而在开放式浇注系统中,易于形成非充满流动及吸入气体。因此,应按照被浇注的合金种类、铸件的具体情况来选择浇注系统各单元的比例关系。理想的浇注系统应刚好建立起保证金属液充满全部浇道的压力,又能避免吸气。

3.2.2 按内浇道在铸件上的相对位置分类

在铸型内开设浇注系统时,内浇道总是要处于铸件浇注位置高度方向的某一位置,按照金属液引入部位所在铸件的高度情况,可分为顶注式、底注式、中间注入式和分层注入式四种类型。

(1)顶注式浇注系统。

以浇注位置为基准,内浇道开设在铸件顶部。顶注式浇注系统有如下特点:

① 型腔易于充满,可减少薄壁铸件浇不足、冷隔等缺陷;浇注系统的结构简单而紧凑,便于造型,金属消耗量少。

② 型腔充满后,铸件的上部温度高于底部,有利于铸件以自下而上的顺序凝固和冒口的补缩,可以减少轴向缩松倾向,缩小冒口体积。

③ 液流对铸型底部的冲击力较大,流股与空气接触面积大,金属液会产生激溅、氧化,易造成砂眼、铁豆、气孔、氧化夹渣等缺陷。

顶注式浇注系统如图 3.16 所示。

① 一般浇口。适用于要求不高的简单铸件。

② 楔形浇口。浇道窄而长,断面积大,适用于薄壁容器类铸件。

③ 搭边浇口。金属液沿型壁流入,充型快而平稳,适用于薄壁铸铁件和铝合金铸件。

④ 压边浇口。金属液经压边窄缝进入型腔,充型慢,有一定补缩和挡渣作用,结构简单、易于清除,多用于中小型厚壁铸铁件。

⑤ 淋式浇口。金属液经型腔顶部许多小内浇道进入型腔,与其他顶注式浇注系统相比,对型腔的冲击力小,适用于要求较高的筒类铸件,如缸套、机床卡盘、柴油机缸体等。

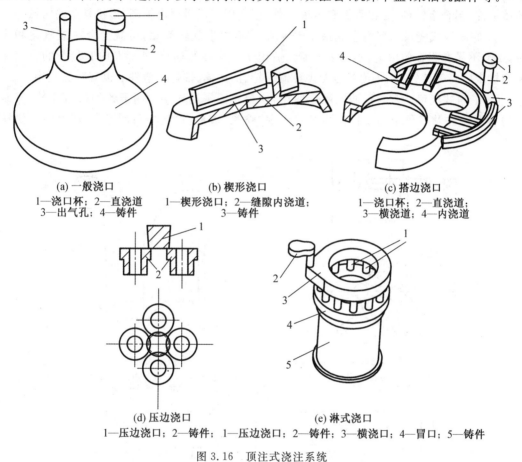

(a) 一般浇口
1—浇口杯;2—直浇道
3—出气孔;4—铸件

(b) 楔形浇口
1—楔形浇口;2—缝隙内浇道;
3—铸件

(c) 搭边浇口
1—浇口杯;2—直浇道;
3—横浇道;4—内浇道

(d) 压边浇口
1—压边浇口;2—铸件;

(e) 淋式浇口
1—压边浇口;2—铸件;3—横浇口;4—冒口;5—铸件

图 3.16 顶注式浇注系统

(2)底注式浇注系统。

内浇道开设在铸件底部的浇注系统称为底注式浇注系统。底注式浇注系统有如下特点:

① 内浇道基本在淹没状态下工作,充型平稳,可避免金属液发生激溅、氧化及由此而形成的铸件缺陷。

② 无论浇口比多大,横浇道都基本工作在充满状态下,有利于挡渣,型腔中的气体容易顺序排出。

③ 型腔充满后,金属的温度分布不利于顺序凝固和冒口补缩。

④ 内浇道附近容易过热,导致缩孔、缩松和晶粒粗大等缺陷。

⑤ 金属液面在上升中容易结皮,难以保证高大的薄壁铸件充满,易形成浇不足、冷隔等缺陷。

⑥ 金属消耗较大。

为了克服这些缺点,采用快浇和分散的多内浇道,使用冷铁、安放冒口或用高温金属补浇冒口等措施,常可得到令人满意的结果。

底注式浇注系统如图 3.17 所示。

① 一般形式浇口。内浇道在铸件底部,金属液引入平稳,冲击力小,利于排气。铸件下部温度高,不利于补缩,因此对凝固体收缩率大的合金,一般要点浇冒口。适用于高度不大的铸钢件、铝合金铸件、无锡青铜和黄铜铸件,也适用于质量要求较高、形状复杂的铸铁件。

② 底雨淋式浇口。型内金属液上升平稳且不发生旋转运动,可减少金属液氧化和飞溅,熔渣不易黏附在侧壁上,不利于补缩。适用于要求高的缸套、外形及内腔复杂的套筒和大型机床床身等铸铁件,在黄铜与无锡青铜蜗轮、活塞体、轴衬等铸件上也有广泛应用。

③ 牛角式浇口。常与过滤网配合使用,使金属液平稳充型。用于各种铸造齿轮、有砂芯的盘形铸件及有色金属小件。为避免出现"喷泉"现象,可将牛角倒置,采用反牛角浇注系统。

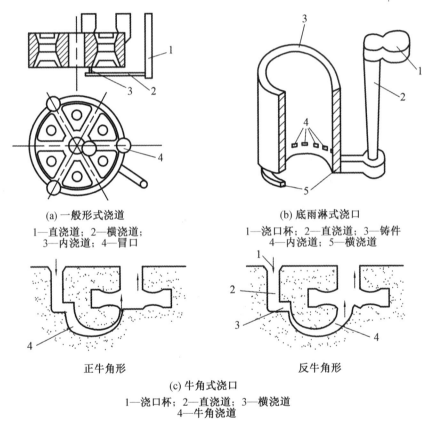

(a) 一般形式浇道
1—直浇道;2—横浇道;
3—内浇道;4—冒口

(b) 底雨淋式浇口
1—浇口杯;2—直浇道;3—铸件
4—内浇道;5—横浇道

正牛角形　　　　　　　反牛角形

(c) 牛角式浇口
1—浇口杯;2—直浇道;3—横浇道
4—牛角浇道

图 3.17　底注式浇注系统

(3)中间注入式浇注系统。

从铸件中间某一高度面上开设内浇道的称为中间注入式浇注系统。其对内浇道以下的型腔部分相当于顶注式,对内浇道以上的型腔部分相当于底注式。故其兼具顶注式和底注式浇注系统的优缺点。一般从分型面注入,能方便地按需进行布置,有利于控制金属液的流量分布和铸型热量的分布。适用于高度不大的中等壁厚(铸钢件壁厚约 50 mm,灰铸铁件壁厚约 20 mm)铸件。

中间注入式浇注系统如图 3.18 所示。

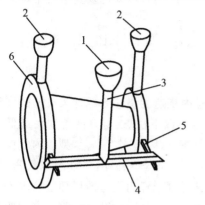

(a)一般形式的浇注系统

1—浇口杯;2—出气孔;3—直浇道;4—横浇道;

5—内浇道;6—铸件

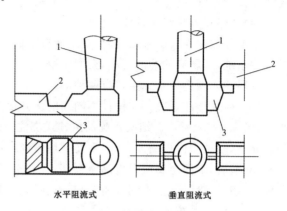

水平阻流式　　　垂直阻流式

(b)阻流式浇注系统

1—直浇道;2—横浇道;3—阻流片

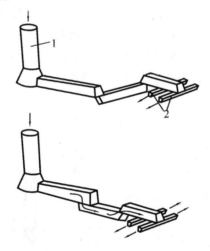

(c)缓流式浇注系统

1—直浇道;2—内浇道

图 3.18　中间注入式浇注系统

①　一般形式的浇注系统。内浇道开设在铸件中部某一高度上,金属液从分型面注入,兼具顶注式和底注式浇注系统的优缺点。生产中应用广泛,适用于壁厚较均匀、高度不太大的各类中、小型铸件。

②　阻流式浇注系统。分为水平阻流式和垂直阻流式两类。由于阻流片很窄(4~7 mm),从浇口杯到阻流片这一段封闭性强,有利于挡渣。从阻流片流出的金属液进入宽大的横浇道,流速减慢,有利于夹杂物上浮,所以挡渣性能好。水平阻流式结构简单,制作方便,适合小批量手工造型,但挡渣效果较差;垂直阻流式结构复杂,制作困难,适于机器造型挡渣要求高的中、小铸件。

③　缓流式浇注系统。利用在分型面上、下安置的多级横浇道增加金属在流动过程中的

阻力,使之充型平稳。$\sum F_直 > \sum F_内$,能挡渣,如同时使用过滤器,可增强挡渣能力。与阻流式相比,对型砂质量要求较低,适用于成批或大批量生产的较重要的及复杂的中、小铸件。

(4)分层注入式浇注系统。

采用分层注入式浇注系统时,金属液自下而上分层进入型腔,如图 3.19 所示。采用这种浇注系统,金属液的冲击力小,充型平稳。

分层注入式浇注系统主要有两种形式。

①阶梯式浇注系统。在铸件不同高度上开设多层内浇道的浇注系统称为阶梯式浇注系统,如图 3.19(a)所示。结构正确的阶梯式浇注系统具有以下优点:金属液首先由最低层内浇道充型,随着型内液面上升,自下而上地流经各层内浇道,因而充型平稳,型腔内气体排出顺利;充型后,上部金属液温度高于下部,有利于顺序凝固和冒口补缩,铸件组织致密,易避免缩孔、缩松、冷隔及浇不到等铸造缺陷;利用多内浇道,可减轻内浇道的局部过热现象。主要缺点是:浇注系统结构复杂,加大了造型和铸件清理工作量,消耗的金属液多;有时要求几个水平分型面,要求正确的计算和结构设计,否则容易出现上、下各层内浇道同时进入金属液的"乱浇"现象;或底层进入金属液过多,形成下部温度高的不理想的温度分布。阶梯式浇注系统适用于高度大的中、大型铸件,具有垂直分型面的中、大件可优先采用。

②垂直缝隙式浇注系统。这是阶梯式浇注系统的特殊形式,中间直浇道截面较大,最后充满,如图 3.19(b)所示。其充型过程平稳,有利于排气和顺序凝固,获得的铸件组织致密。适用于小型、质量要求较高的非铁合金及铸钢件,也适用于一些高度较大的铸铁实体件和垂直分型铸件。

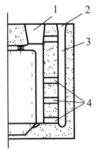   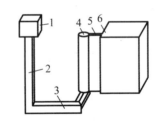

(a)阶梯式浇注系统　　　　　　　　(b)垂直缝隙式浇注系统
1—冒口；2—浇口杯；　　　　　1—浇口杯；2—直浇道；3—横浇道；
3—直浇道；4—内浇道　　　　4—中间直浇道；5—缝隙浇口；6—铸件

图 3.19　分层注入式浇注系统

总之,选择浇注系统类型时要综合考虑多种因素,包括铸件的浇注位置、分型面、铸件的结构、尺寸、合金的铸造性能及是否应用冒口、冷铁等。

3.3　浇注系统结构尺寸的设计

在浇注系统的类型和引入位置确定以后,就可进一步确定浇注系统各基本组元的尺寸和结构。通常,先确定浇注系统的最小截面(阻流截面)尺寸,然后按比例关系确定其他组元的截面尺寸。

随着铸件材质、结构及具体生产条件的不同,浇注系统的尺寸也不同。生产中浇注系统的设计方法可分为三类:基于流体力学原理推导提出的公式法;基于实践经验总结提出的经验设计法;基于理论设计和实践经验的简化图表法。本书主要介绍公式法。

浇注系统的设计校核主要采用型内液面上升速度校核、最小剩余压头高度校核和铸件工艺出品率校核三种方法。

3.3.1　浇注系统的计算

(1)阻流截面设计法。

认为浇注系统各单元中截面积最小的单元为浇注系统阻流截面,根据小孔出流托里拆利定律,计算阻流截面积,按照预定截面比,进一步计算其余各单元截面积。根据流体力学原理推导出的阻流截面积为

$$\sum F_{阻} = \frac{G}{\rho \mu \tau \sqrt{2g H_P}} \tag{3.1}$$

式中　$\sum F_{阻}$——浇注系统最小截面积(cm^2);

　　　G——流经阻流截面的金属液的总质量(kg);

　　　ρ——金属液密度(kg/cm^3);

　　　μ——流量损耗系数;

　　　τ——浇注时间(s);

　　　g——重力加速度($g = 981\ cm/s^2$);

　　　H_P——平均静压力头高度(cm)。

影响流量损耗系数值的因素很多,难以用数学计算方法确定,一般都按生产经验和参考试验结果选定,见表 3.2 和表 3.3。对于重要的或大量生产的铸件,可用水力学模拟试验方法测定。

表 3.2　铸铁及铸钢的流量损耗系数 μ 值

铸型种类		铸型阻力		
		大	中	小
湿型	铸铁	0.35	0.42	0.5
	铸钢	0.25	0.32	0.42
干型	铸铁	0.41	0.48	0.6
	铸钢	0.30	0.38	0.5

表 3.3　流量损耗系数 μ 的修正值

影响 μ 值的因素	μ 的修正值
浇注温度升高使 μ 值增大,浇注温度每提高 50 ℃(在大于 1 280 ℃的情况下)μ 值都增大	0.05 以下
有出气口和明冒口,可减小型腔内气体的压力,使 μ 值增大。当 $\dfrac{\sum F_{出气口} + \sum F_{明冒口}}{\sum F_{内}} = 1 \sim 1.5$ 时 μ 值增大	0.05～0.20

续表 3.3

影响 μ 值的因素	μ 的修正值
直浇道和横浇道的截面积比内浇道的大得多时,可减少阻力损失,并缩短封闭前的时间,使 μ 值增大,当 $\sum F_直 / \sum F_内 > 1.6$,$\sum F_横 / \sum F_内 > 1.3$ 时	$0.05 \sim 0.20$
阻流后浇注系统截面有较大扩大时,阻力减小,使 μ 值增大	$0.05 \sim 0.20$
阻流设在内浇道,当内浇道总截面积相同而数量增多时,μ 值减小 2 个内浇道时 4 个内浇道时	 0.05 0.10
型砂透气性差,且无出气口和明冒口时,μ 值减小	0.05 以下
顶注式(相对于中间注入式)能使 μ 值增大	$0.10 \sim 0.20$
底注式(相对于中间注入式)能使 μ 值减小	$0.10 \sim 0.20$

注:① 封闭式浇注系统中,μ 的最大值为 0.75,如计算结果大于此值,仍取 $\mu = 0.75$。

② $\sum F_{出气口}$ 为出气口下端截面积,$\sum F_{明冒口}$ 为明冒口底面面积。

以内浇道为阻流的浇注系统计算原理图如图 3.20 所示。

平均静压力头高度 H_P(cm)的计算公式为

$$H_P = H_0 - \frac{P^2}{2C} \tag{3.2}$$

式中　H_P——平均静压力头高度(cm);

　　　H_0——阻流截面以上的金属液压头,即阻流截面至浇口杯液面的高度(cm);

　　　C——铸件(型腔)总高度(cm);

　　　P——阻流截面以上(严格来说是阻流截面重心以上)的型腔高度(cm)。

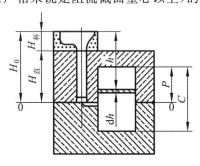

图 3.20　浇注系统计算原理

阻流截面积由式(3.1)计算确定后,可按经验比例确定其他组元截面积,具体见表 3.4。

表 3.4 浇注系统各单元截面比例及其应用

截面比例			应用
$\sum F_直$	$\sum F_横$	$\sum F_内$	
2	1.5	1	大型灰铸铁件砂型铸造
1.4	1.2	1	中、大型灰铸铁件砂型铸造
1.15	1.1	1	中、小型灰铸铁件砂型铸造
1.11	1.06	1	薄壁灰铸铁件砂型铸造
1.5	1.1	1	可锻铸铁件
1.1~1.2	1.3~1.5	1	表面干燥型中、小型铸铁件
1.2	1.4	1	表面干燥型重型机械铸铁件
1.2~1.25	1.1~1.5	1	干型中、小型铸铁件
1.2	1.1	1	干型中型铸铁件
1	2~4	1.5~4	球墨铸铁件
1	2	4	铝合金、镁合金铸件
1.2~3	1.2~2	1	青铜合金铸件
1	1~2	1~2	铸钢件漏包浇注
1.5	0.8~1	1	薄壁球墨铸铁小件底注式

注:生产中最小阻流截面积为 0.4 cm²(特殊情况下为 0.3 cm²),直浇道最小直径一般不小于 15~18 mm。

(2)截面积比设计法。

在砂型透气、浇注系统各单元截面积相近、流向转折大的条件下,基于理想流体封闭管路流动的水力学小孔出流计算公式对铸造工程而言不理想。其认为浇注系统中的金属液流动实质上是"大孔出流",即金属液的流动是各组元相互作用的流动,不能孤立地研究某一组元的流动而忽略其他组元的影响。"大孔出流"理论认为精确计算浇注系统截面积的关键在于决定内浇道出流速度的实际静压头及其影响因素,即浇注系统各组元的流速取决于该组元与其上一组元的侧压力高度差,各组元的流动侧压力高度取决于浇注系统的组元间截面比和总压力高度。根据大孔出流理论的研究结果,提出工程应用的浇注系统设计方法,称为截面积比设计法。

根据预定截面积比,计算出内浇道单元处的压力高度值(h_P),用该压力高度(h_P)代替阻流截面设计法公式中的 H_P 进行设计,这时内浇道的截面积为

$$\sum F_内 = \frac{G}{\rho \mu \tau \sqrt{2 g h_P}} \tag{3.3}$$

在 3 单元(浇口杯、直浇道、内浇道三个部分)浇注系统中

$$h_P = \frac{K_2^2}{1 + K_2^2} H_P \tag{3.4}$$

在 4 单元(浇口杯、直浇道、横浇道、内浇道四个部分)浇注系统中

$$h_P = \frac{K_2^2}{1 + K_1^2 + K_2^2} H_P \tag{3.5}$$

式中 k_1——直浇道截面积与横浇道截面积之比;

k_2——直浇道截面积与内浇道截面积之比。

用截面积比设计法计算内浇道截面积时,流量损耗系数 μ 对不同类型的浇注系统、不同截面积比的情况,均稳定在一个常数附近,对铸铁合金,$\mu \approx 0.55 \sim 0.65$。

3.3.2 浇注系统的设计校核

(1)型内液面上升速度的计算。

对于结构复杂铸件及大型铸件,在浇注时间确定后,需验算型内液面的上升速度。平均液面上升速度为

$$v = \frac{C}{\tau} \tag{3.6}$$

式中 v——型内液面上升速度(mm/s);

C——铸件最低点到最高点的距离,按浇注时的位置确定(mm);

τ——浇注时间(s)。

v 应大于表 3.5 中的参考值,如太小则应修正浇注时间或更改铸造工艺方案,但对于易氧化的金属,要限制最大上升速度,以免高度紊流造成大量氧化夹杂。

表 3.5 最小液面上升速度与铸件壁厚的关系

铸件壁厚 /mm	$\delta > 40$,水平位置浇注	$\delta > 40$,上箱为大平面	10~40	4~10	1.5~4
最小上升速度值 /(mm·s^{-1})	8~10	20~30	10~20	20~30	31~100

(2)最小剩余压头高度 h_M 的计算。

为了保证金属液能够充满铸件上距直浇道最远、最高的部分,获得轮廓清晰、结构完整的铸件,铸件最高点到浇口杯内液面的高度必须大于或等于最小值 h_M,即直浇道应有必要的高度。在铸件尺寸较大而壁又较薄,且金属液流程较远的情况下,需用压力核算 h_M 是否足够。其计算公式如下:

$$h_M = L \tan \alpha \tag{3.7}$$

式中 h_M——最小剩余压头高度(mm);

L——金属液的流程,即铸件最高、最远点至直浇道中心线的水平距离(mm);

α——压力角(°)。

压力角的经验数据见表 3.6,核算最小剩余压头高度时,应满足 $h_M \geqslant L \tan \alpha$。

表 3.6　压力角的最小值

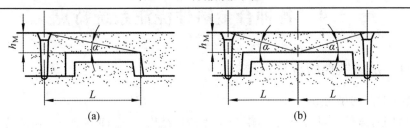

(a)　　　　　　　　　　　　　　(b)

L/mm	铸件壁厚/mm							使用范围
	3～5	5～8	8～15	15～20	20～25	25～35	35～45	
	压力角 α/(°)							
4 000	根据具体情况确定	6～7	5～6	5～6	5～6	4～5	4～5	用两个或更多的直浇道浇注金属液
3 500		6～7	5～6	5～6	5～6	4～5	4～5	
3 000		6～7	6～7	5～6	5～6	4～5	4～5	
2 800		6～7	6～7	6～7	6～7	5～6	4～5	
2 600		7～8	6～7	6～7	6～7	5～6	4～5	
2 400		7～8	6～7	6～7	6～7	5～6	5～6	
2 200		8～9	7～8	6～7	6～7	5～6	5～6	
2 000		8～9	7～8	6～7	6～7	5～6	5～6	用一个直浇道浇注金属液
1 800		8～9	7～8	7～8	7～8	6～7	6～7	
1 600		8～9	7～8	7～8	7～8	6～7	6～7	
1 400		8～9	8～9	7～8	7～8	6～7	6～7	
1 200	10～11	9～10	8～9	7～8	7～8	6～7	6～7	
1 000	11～12	9～10	9～10	7～8	7～8	6～7	6～7	
800	12～13	9～10	9～10	8～9	7～8	7～8	6～7	
600	13～14	10～11	9～10	9～10	8～9	7～8	6～7	

注:图(a)表示从一个直浇道浇注金属液,图(b)表示从两个直浇道浇注金属液。

(3)铸件工艺出品率校核。

铸件工艺出品率的计算公式为

$$工艺出品率 = \frac{铸件质量}{铸件质量+浇冒口质量} \times 100\% \tag{3.8}$$

通常铸铁件工艺出品率见表 3.7。

表 3.7　铸铁件工艺出品率　　　　　　　　　　　　　　　单位:%

铸件质量/kg	大量流水生产	成批生产	单件小批生产
<100	75～80	70～80	65～75
100～1 000	80～85	80～85	75～80
>1 000	—	85～90	80～90

3.4 各种合金铸件浇注系统特点

3.4.1 灰铸铁件的浇注系统

（1）浇注时间的确定。

浇注时间对铸件质量有重要影响，应考虑铸件结构、合金和铸型等方面的特点来选择快浇、慢浇或正常浇注。

快浇的优点：金属的温度和流动性降低幅度小，易充满型腔；减小皮下气孔出现倾向；充型期间对砂型上表面的热作用时间短，可减少夹砂结疤类缺陷；对灰铸铁、球墨铸铁件，快浇可以充分利用共晶膨胀消除缩孔缩松缺陷。

快浇的缺点：对型壁有较大的冲击作用，容易造成涨砂、冲砂、抬箱等缺陷；浇注系统的质量稍大，工艺出品率略低。

快浇法适用于薄壁的复杂铸件、铸型上半部分有薄壁的铸件、具有大平面的铸件、铸件表皮易生成氧化膜的合金铸件、采用底注式浇注系统而铸件顶部又有冒口的铸件和各种中、大型灰铸铁件、球墨铸铁件。

慢浇的优点：金属对型壁的冲刷作用小，可防止涨砂、抬箱、冲砂等缺陷；有利于型内、芯内气体的排除；对体收缩大的合金，当采用顶注法或内浇道通过冒口时，慢浇可减小冒口；浇注系统消耗金属少。

慢浇的缺点：浇注期间金属对型腔上表面烘烤时间长，促成夹砂、结疤和黏砂类缺陷；金属液温度和流动性降低幅度大，易出现冷隔、浇不到及铸件表皮皱纹；慢浇还经常会降低造型流水线的生产率。

慢浇法适用于有高的砂胎或吊砂的湿型，型内砂芯多、砂芯大而芯头小或砂芯排气条件差的情况下，采用顶注法的体收缩大的合金铸件。

合适的浇注时间与铸件结构、铸型工艺条件、合金种类及选用的浇注系统类型等因素有关。每种铸件，在已确定的铸造工艺条件下，都对应有适宜的浇注时间范围。生产中常用经验公式确定合适的浇注时间。

①质量小于 450 kg 的铸铁件。对于浇注质量小于 450 kg 且形状复杂的薄壁铸铁件，其浇注时间为

$$\tau = S\sqrt{G} \qquad\qquad (3.9)$$

式中　τ——浇注时间（s）；

　　　G——型内金属液总质量，包括浇冒口系统质量（kg）；

　　　S——系数，取决于铸件壁厚，见表 3.8。

表 3.8　系数 S 与铸件壁厚的关系

铸件壁厚/mm	2.5~3.5	3.5~8.0	8.0~15
系数 S	1.63	1.85	2.2

表中铸件壁厚指铸件的主要壁厚，对实心体铸件取壁厚 $\delta = 2\delta_E$（δ_E 为铸件的当量厚度）。

δ_E 等于铸件的体积/铸件的表面积。

②质量小于 1 000 kg 的铸铁件。对于浇注质量小于 1 000 kg 的铸铁件,其浇注速度可按以下公式计算:

$$v = \left(A + \frac{\delta}{25.4B}\right)\sqrt{2.25G} \tag{3.10}$$

式中　v——浇注速度(kg/s);

　　　A——系数,铸铁为 0.9;

　　　B——系数,铸铁为 0.833;

　　　δ——铸件的主要壁厚(mm);

　　　G——型内金属液总质量,包括浇冒口系统质量(kg)。

确定了浇注速度后,便可计算出浇注时间。

③质量小于 10 t 的铸铁件。计算质量小于 10 t 的中、大型铸铁件,可按下式计算浇注时间:

$$\tau = S_1\sqrt[3]{\delta G} \tag{3.11}$$

式中　τ——浇注时间(s);

　　　S_1——系数,对普通灰铸铁一般取 2.0,需快浇时可取 1.7～1.9,需慢浇小浇口(如压边冒口、某些雨淋式浇口等)时可取 3～4,铸钢件可取 1.3～1.5;

　　　δ——铸件壁厚(mm),对于宽度大于厚度 4 倍的铸件,δ 即为壁厚;对于圆形或正方形的铸件,δ 取其直径或边长的一半;对壁厚不均匀的铸件,δ 可取平均壁厚、主要壁厚或最小壁厚;

　　　G——包括冒口在内的铸件总质量(kg)。

④重型铸铁件。对于重型铸铁件,其浇注时间可按下式计算:

$$\tau = S_2\sqrt{G} \tag{3.12}$$

式中　τ——浇注时间(s);

　　　S_2——系数,与铸件壁厚有关,见表 3.9;

　　　G——型内金属液总质量,包括浇冒口系统质量(kg)。

表 3.9　系数 S_2 与铸件壁厚的关系

铸件壁厚/mm	<10	10～20	20～40	40～80
系数 S_2	1.1	1.4	1.7	1.9

(2)浇注系统截面尺寸计算。

①阻流截面法。用阻流截面法确定浇注系统尺寸时,先确定浇注系统的阻流截面尺寸,然后按比例关系确定浇注系统其他组元的截面尺寸(参考表 3.4)。对于灰铸铁,通常取密度 $\rho = 0.006\,9$ kg/cm³,重力加速度 $g = 981$ cm/s²,代入式(3.1),得:

$$\sum F_{阻} = \frac{G}{0.31\mu\tau\sqrt{H_P}} \tag{3.13}$$

式中　$\sum F_{阻}$——计算的阻流总截面积;

　　　G——可以通过计算或称量得到;

μ——由表 3.2 和表 3.3 确定；

τ——根据式(3.9)～(3.12)确定；

H_P——根据式(3.2)确定。

②截面积比法。截面积比法确定浇注系统尺寸时，通常取流量系数 $\mu = 0.55 \sim 0.65$，密度 $\rho = 0.006\ 9\ kg/cm^3$，重力加速度 $g = 981\ cm/s^2$，将它们代入式(3.3)，得：

$$\sum F_内 = \frac{G}{(0.17 \sim 0.2)\tau\sqrt{h_P}} \tag{3.14}$$

式中 G、τ——确定方法与式(3.13)中相同；

h_P——根据式(3.4)或式(3.5)确定。

(3)浇注系统设计步骤。

①选择浇注系统类型(同时确定各组元截面比例)。

②确定内浇道在铸件上的位置(顶注式、底注式、中间注入式、分层注入式)、浇注系统中各组元的数目和金属液引入方向。

③计算浇注时间。

④浇注系统的设计校核。

⑤计算阻流截面(阻流截面法)或内浇道(截面积比法)总截面积。

⑥根据选定的浇注系统类型及截面积比，确定其他组元截面积。

⑦确定浇注系统各组元形状和尺寸。

⑧画出浇注系统各组元截面形状并标注尺寸。

例 3.1 端盖铸件工艺如图 3.21 所示。浇注总质量(包括浇冒口)为 114 kg，壁厚为 20 mm，浇注温度为 1 330 ℃，湿型，直浇道高度为 350 mm，两个内浇道开在分型面上，切向引入，型内设有出气冒口，计算其内、横、直浇道截面积及尺寸。

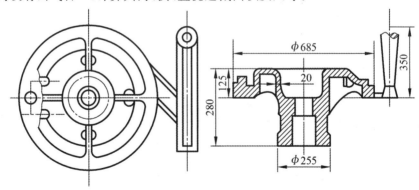

图 3.21 端盖铸件工艺

根据题目和工艺图可知：$G = 114\ kg$，$\delta = 20\ mm$，$H_0 = 35\ cm$，$C = 28\ cm$，$P = 12.5\ cm$，浇注温度 1 330 ℃。

①选择浇注系统类型(同时确定各组元截面比例)。端盖属于中、小型灰铸铁件，故采用封闭式浇注系统。参考表 3.4 选取浇注系统各组元截面比例为

$$\sum F_直 : \sum F_横 : \sum F_内 = 1.15 : 1.1 : 1$$

②确定内浇道在铸件上的位置(顶注式、底注式、中间注入式、分层注入式)、浇注系统中各组元的数目和金属液引入方向。

从端盖工艺图及题目可知,金属液从铸件高度中间位置导入型腔,两个内浇道开在分型面上,切向引入,属于中注式。设置了 1 个直浇道,1 个横浇道,2 个内浇道。

③计算浇注时间。

$$\tau = S_1 \sqrt[3]{\delta G} = 2 \times \sqrt[3]{20 \times 114} = 26 \, (\text{s})$$

④核算金属液面上升速度。

$$v = \frac{C}{\tau} = \frac{280}{26} = 10.76 \, (\text{mm/s})$$

由表 3.5 可知,基本满足要求。

⑤计算阻流截面总截面积。求流量系数 μ 值,查表 3.2 得 $\mu = 0.5$,再按表 3.3 修正:

a. 浇注温度升高 50 ℃ ,μ 值 $+0.05$;

b. 有出气冒口,μ 值 $+0.05$;

c. 阻流设在内浇道,有两个内浇道,阻力增大,μ 值 -0.05。

因此,

$$\mu = 0.5 + 0.05 + 0.05 - 0.05 = 0.55$$

确定平均静压力头高度(H_P):

根据式(3.2)得

$$H_P = H_0 - \frac{P^2}{2C} = 35 - \frac{12.5^2}{2 \times 28} = 32 \, (\text{cm})$$

计算阻流截面总面积 $\sum F_{阻}$

$$\sum F_{阻} = \frac{G}{0.31 \mu \tau \sqrt{H_P}} = \frac{114}{0.31 \times 0.55 \times 26 \times \sqrt{32}} = 4.5 \, (\text{cm}^2)$$

⑥根据选定的浇注系统类型及截面积比,确定其他组元截面积。该件采用封闭式浇注系统,取浇注系统中各组元截面比为 $\sum F_{直} : \sum F_{横} : \sum F_{内} = 1.15 : 1.1 : 1$,所以阻流截面在内浇道,故 $\sum F_{内} = \sum F_{阻} = 4.5 \, \text{cm}^2$。

因为有 2 个内浇道,故 $F_{内} = \sum F_{内}/2 = 4.5/2 = 2.25 \, (\text{cm}^2)$。

$\sum F_{横} = 1.1 \sum F_{内} = 1.1 \times 4.5 = 4.95 \, \text{cm}^2$,因为只有 1 个横浇道,故 $F_{横} = 4.95 \, \text{cm}^2$。

$\sum F_{直} = 1.15 \sum F_{内} = 1.15 \times 4.5 = 5.175 \, \text{cm}^2$,因为只有 1 个直浇道,故 $F_{直} = 5.175 \, \text{cm}^2$。

⑦确定浇注系统各组元形状和尺寸。选取图 3.15(a)的扁平梯形截面的内浇道,如图 3.22 所示,则

$$\frac{0.8b + 1.0b}{2} \times 0.2b = 225 \, \text{mm}^2$$

得:$b = 35 \, \text{mm}, a = 28 \, \text{mm}, h = 7 \, \text{mm}$。

选取图 3.23 的横浇道,则

$$\frac{0.8b + 1.0b}{2} \times b = 495 \, \text{mm}^2$$

得:$b = 23 \, \text{mm}, a = 18 \, \text{mm}, h = 23 \, \text{mm}$。

选取圆形截面的直浇道,如图 3.24 所示,则

$$\frac{\pi d^2}{4} = 517.5 \ \text{mm}^2$$

得:直浇道直径 $d = 26 \ \text{mm}$。

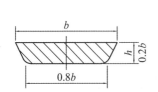 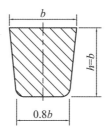 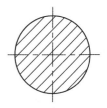

图 3.22　端盖铸件内浇道形状　　图 3.23　端盖铸件横浇道形状　图 3.24　端盖铸件直浇道形状

⑧画出浇注系统各组元截面形状并标注尺寸,如图 3.25 所示。

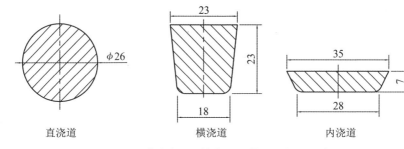

　　　　直浇道　　　　　　　　　横浇道　　　　　　　　　内浇道

图 3.25　端盖浇注系统各组元截面形状及尺寸

例 3.2　飞轮铸件浇注系统设计

①选择浇注系统类型(同时确定各组元截面比例)。

飞轮铸件为铸铁的湿型小件,故采用封闭式浇注系统。参考表 3.4 选取浇注系统各组元截面比例为

$$\sum F_{直} : \sum F_{横} : \sum F_{内} = 1.15 : 1.1 : 1$$

②确定内浇道在铸件上的位置(顶注式、底注式、中间注入式、分层注入式)、浇注系统中各组元的数目和金属液引入方向。

根据铸件外形和结构特点,内浇口设置如按同时凝固原则,则工艺较为复杂,也没有必要;如采用定向凝固顶注法,则工艺简便易行。

采用顶注引入,如果把内浇道设置在轮毂部位,工艺虽更为简单,但并不妥当。因为轮毂处于铸件的中心部位,散热慢,同时轮毂又是铸件在图样上的主要几何热节处,从此处引入内浇道将造成热节叠加,使凝固时间延长,出现缩孔、气孔的倾向增加。因此内浇道设置的位置,应开设在分型面上,沿轮缘外周边并分散切向引入。设置 1 个直浇道,1 个横浇道,3 个内浇道,如图 3.26 所示。

③计算浇注时间。根据式(3.11),采用快浇,S_1 取 1.7,飞轮铸件最小壁厚为 20 mm,质量为 20 kg,计算得浇注时间为 12.5 s。

④浇注系统的设计校核。计算型内液面上升速度。飞轮铸件加上加工余量后为 108 mm(铸件最低点到最高点的距离),浇注时间为 12.5 s。根据式(3.6)可得:

$$v = \frac{C}{\tau} = \frac{108}{12.5} = 8.64 \ (\text{mm/s})$$

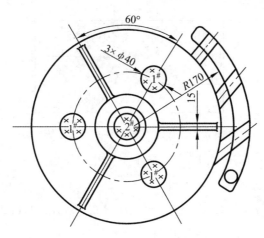

图 3.26　浇注系统位置的选择

由表 3.5 可知,不满足型内液面上升速度要求。再用最小剩余压头高度 h_M 进行校核。

根据飞轮铸件的砂箱布局及初步确定的砂箱尺寸可知金属液的流程,即铸件最高、最远点至直浇道中心线的水平距离约为 230 mm,参照压力角的经验数据表 3.6 可得压力角 α 为 11°,则最小剩余压头高度 h_M 为

$$h_M = L\tan\alpha = 230 \times \tan 11° = 44.7(\text{mm})$$

根据飞轮铸件的砂箱布局及初步确定的砂箱尺寸可知,铸件最高点到浇口杯内液面的高度为 85 mm,大于最小剩余压头高度,满足要求,可获得轮廓清晰、结构完整的铸件。

⑤计算阻流截面总截面积。

求流量系数 μ 值,查表 3.2 得 $\mu = 0.5$,再按表 3.3 修正:

a. 飞轮铸件浇注温度取 1 330 ℃,浇注温度升高 50 ℃,μ 值 $+0.05$;

b. 有出气口和冒口,μ 值 $+0.05$;

c. 阻流设在内浇道,有三个内浇道,阻力增大,μ 值 -0.075;

d. 顶注式,阻力减小,μ 值 $+0.1$。

因此,

$$\mu = 0.5 + 0.05 + 0.05 - 0.075 + 0.1 = 0.625$$

确定平均静压力头高度(H_P):

由图 3.27 可知,$H_0 = 100$ mm,$P = 15$ mm,$C = 108$ mm 。根据式(3.2)得:

$$H_P = H_0 - \frac{P^2}{2C} = 100 - \frac{15^2}{2 \times 108} \approx 9.9(\text{cm})$$

计算阻流截面总面积 $\sum F_{阻}$ 得:

$$\sum F_{阻} = \frac{G}{0.31\mu\tau\sqrt{H_P}} = \frac{20}{0.31 \times 0.625 \times 12.5 \times \sqrt{9.9}} = 2.62(\text{cm}^2)$$

⑥根据选定的浇注系统类型及截面积比,确定其他组元截面积。飞轮铸件采用封闭式浇注系统,选取的浇注系统各组元截面比例为 $\sum F_{直} : \sum F_{横} : \sum F_{内} = 1.15 : 1.1 : 1$。所以,阻流截面在内浇道,故 $\sum F_{内} = \sum F_{阻} = 2.62$ cm²。

因为有三个内浇道,每个内浇道的截面积为 $F_{内} = 0.87$ cm²,得:

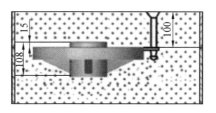

图 3.27　飞轮铸件顶注式浇注系统

$$\sum F_{横} = 1.1 \sum F_{内} = 1.1 \times 2.62 = 2.88(\text{cm}^2)$$

因为只有一个横浇道,故 $F_{横} = 2.88$ cm^2。

$$\sum F_{直} = 1.15 \sum F_{内} = 1.15 \times 2.62 = 3.01(\text{cm}^2)$$

因为只有一个直浇道,故 $F_{直} = 3.01$ cm^2。

⑦确定浇注系统各组元形状和尺寸。

选取图 3.15(a)的扁平梯形截面的内浇道,设 $a = 0.9b, h = 0.2b$,则

$$\frac{0.9b + 1.0b}{2} \times 0.2b = 87 \text{ mm}^2$$

得:$b = 21$ mm,$a = 19$ mm,$h = 4$ mm。

根据文献选取横浇道的尺寸为:$a = 17$ mm,$b = 13$ m,$c = 20$ mm。

选取圆形截面的直浇道,则

$$\frac{\pi d^2}{4} = 301 \text{ mm}^2$$

得:直浇道直径 $d = 20$ mm。

⑧画出浇注系统各组元截面形状并标注尺寸,如图 3.28 所示。

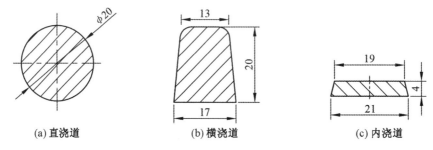

(a)直浇道　　　　　(b)横浇道　　　　　(c)内浇道

图 3.28　飞轮浇注系统各组元截面形状及尺寸

3.4.2　可锻铸铁件的浇注系统

可锻铸铁件的生产过程是,先铸造出白口组织的铸铁件,然后再经过长时间的石墨化退火。白口铸铁熔点较高,流动性差。可锻铸铁件多是形状复杂的薄壁、受力较大的中、小型铸件。由于铸态无石墨化过程,体收缩较大,熔炼时加入的废钢量多,铁水熔渣较多,所以,设计可锻铸铁件的浇注系统时,要求按顺序凝固原则设计,浇注时间要短,要既能有较地挡渣,又不过分阻碍铸件收缩。这就要求选用截面积和截面积比较大的封闭式浇注系统,同时用锯齿形横浇道、离心集渣包或过滤网等挡渣措施,一般常采用铁液通过冒口从厚壁处注入铸件的方式来提高补缩效果,远离内浇道的热节可使用侧冒口补缩。

通常铸件与浇道之间设有暗冒口,铁液通过冒口后充型,可锻铸铁件浇冒口系统的一般形式如图 3.29 所示,它既能挡渣又补缩良好。为使冒口能很好地补缩,内浇道的截面积要小于冒口颈截面积,让它比冒口颈更早凝固,有利于冒口对铸件的补缩。采用短冒口颈(通常为 5~10 mm)更有利于补缩。

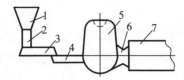

图 3.29　可锻铸铁件浇冒口系统的一般形式

1—浇口杯;2—直浇道;3—横浇道;4—内浇道;5—暗冒口;6—冒口颈;7—铸件

3.4.3　球墨铸铁件的浇注系统

球墨铸铁液经过球化,孕育处理后温度下降很多,球墨铸铁件的金属液极易氧化和二次造渣,铁液较黏,流动充型能力较差,缩孔、缩松倾向大,易产生氧化皮夹渣和皮下气孔。此外,球墨铸铁件在结晶凝固过程中因析出石墨发生体积膨胀。因此,其浇注系统要有两个特点:既大流量地输送铁液,又具有比灰铸铁更好的挡渣作用。因此,对壁厚不均匀的球铁件,浇注系统一般按顺序凝固原则开设,并增设补缩冒口。为了保证铁水平稳流动,一般采用开放式或半封闭式浇注系统。为能挡渣,往往使用大容量拔塞式浇口杯,把整个铸型所需要的铁水全部注入,经过镇静浮渣之后再拔塞浇注,这种浇口杯不仅除渣效果好,而且也为在浇口杯中进行孕育处理创造了条件。球铁件的浇注系统尺寸一般比灰铸件大一些,其内浇道或直浇道的横截面积可采用水力学公式计算法计算。生产过程中,通常采用的浇注系统截面积比见表 3.10。

表 3.10　常用的球墨铸铁件浇注系统截面积比

适用范围	浇注系统类型	浇注系统总截面积比($\sum F_内 ： \sum F_横 ： \sum F_直$)
一般铸件	封闭式	1.0 ：(1.2~1.3)：(1.4~1.9)
厚壁铸件	开放式或半封闭式	(1.5~4.0)：(2.0~4.0)：1.0 或(1.2~2.0)：(1.2~2.0)：1.0
薄壁小型铸件	半封闭式	0.8：(1.2~1.5)：1.0 或 3.0：8.0：4.0

球墨铸铁件浇注系统尺寸的确定如下。

(1)浇注时间的确定。

可按灰铸铁件浇注时间计算方法确定浇注时间,然后将其减少 1/2~1/3。

(2)浇注系统断面积的确定。

①阻流断面设计法。按照式(3.13)计算阻流截面总截面积。流量系数的选择:湿型 $\mu=0.35$~0.50,干型 $\mu=0.41$~0.60。

②截面积比设计法。按照式(3.14)计算内浇道截面总截面积。其他步骤与灰铸铁件类似。

3.4.4 铸钢件的浇注系统

(1)铸钢件浇注系统的特点。

①铸钢的熔点高,浇注温度高,钢液对砂型的热作用大,冷却快,流动性差,所以要求用较短的时间以较低的流率浇注。

②钢液容易氧化,应避免流股分散、激溅和涡流,保证钢液平稳地充满砂型。

③铸钢件体收缩大,易产生缩孔,需按顺序凝固的原则设计浇注系统,并用冒品补缩(壁厚均匀的薄壁件除外)。

④铸钢件线收缩约为铸铁件的两倍,收缩时内应力大,产生热裂、变形的倾向也大,故浇冒口的设置应尽量减小对铸件收缩的阻碍。

(2)设计铸钢件浇注系统的原则。

①保证钢液平稳地注入铸型,避免钢液流互相撞击或乱流。

②内浇道的位置应尽量缩短钢液在型内流动的路程,避免铸件产生冷隔等缺陷。

③形状复杂的薄壁铸件的内浇口的设置,应避免钢液直接冲击型壁或砂芯。如果必须对正型壁或砂芯开设内浇道,则应使钢液沿切线方向进入型内或使内浇道向铸件方向扩大,以减小钢液进入型腔时的冲击作用。

④内浇道应避免开在芯头边界及靠近内冷铁、外冷铁、芯撑的地方。

⑤圆筒形铸件的内浇道应沿切线方向开设,使钢液在型内旋转,以便将钢液内的夹杂物浮进冒口。

⑥需要补缩的铸件,内浇道应促使其定向凝固;薄壁均匀、不设冒口的铸件,内浇道应促使其同时凝固。选择内浇道位置时应尽量避免使铸件产生内应力而变形或开裂。

⑦对高度超过 600 mm 的铸件,需采用多层内浇道以防止浇不到、冷隔、裂纹和黏砂等缺陷,多层内浇道的设置应保证钢液自下而上地进入型腔。下层内浇道距铸件底面一般为 200~300 mm,若型腔下部放有内冷铁,距离还可增大。相邻两层内浇道距离一般在 400~600 mm 之间。为了防止钢液过早地从上层内浇道进入型腔,可使上层内浇道向上倾斜。

⑧一般多使用底注、直浇道不充满的开放式浇注系统。中、小铸件多用底注式浇注系统,大铸件多用分层式浇注系统。

在铸钢件的生产中,除生产线及小铸件浇注使用转包外,大多用底注包浇注。底注包的保温性好,流出的钢水夹杂物少,无须采用结构复杂的浇注系统挡渣。用底注包浇注时钢水压头高,对浇注系统的冲刷作用大,故中、大型铸钢件的直浇道往往使用耐火材料管构筑,而内浇道和横浇道则使用耐火砖管构筑。

(3)铸钢件的浇注系统尺寸的确定。

铸钢件的浇注系统设计与选用的浇注方式有关,通常铸钢件用转包或底注包浇注。

① 用转包浇注时浇注系统尺寸计算。大批量生产小型铸钢件时,常用转包浇注。多采用封闭式或半封闭式浇注系统,以加强挡渣能力。常采用的浇注系统截面比为 $\sum F_内$: $\sum F_横$: $\sum F_直 = 1.0 : (0.8 \sim 0.9) : (1.1 \sim 1.2)$。内浇道截面尺寸可按下式计算:

$$\sum F_阻 = \frac{G}{\tau k \, S'} \tag{3.15}$$

式中　$\sum F_{阻}$—— 阻流截面面积(cm^2)；

　　　　G—— 流经阻流截面的金属液质量(kg)；

　　　　τ—— 浇注时间(s)；

　　　　k—— 浇注比速($kg/(cm^2 \cdot s)$)；

　　　　S'—— 金属液流动系数。

式中有关数据的取值如下：金属液流动系数 S'，碳钢取 1.0，高锰钢取 0.8。浇注时间 τ 按下式计算：

$$\tau = C \sqrt{G} \tag{3.16}$$

系数 C、k 的值见表 3.11。系数 C、k 均由铸件相对密度 $\rho_{相} = G/V$ 决定。G 是浇注钢液总质量，V 是铸件的轮廓体积(即铸件三个方向最大尺寸的乘积)，因而 $\rho_{相}$ 往往小于铸件密度 ρ。

表 3.11　系数 C、k 的值

铸件相对密度 $\rho_{相}$ /(kg·cm⁻³)	≤1.0	1.0～2.0	2.0～3.0	3.0～4.0	4.0～5.0	5.0～6.0	>6.0
C	0.8	0.9	1.0	1.1	1.2	1.3	1.4
浇注比速 k /(kg·cm⁻²·s⁻¹)	0.6	0.65	0.7	0.75	0.8	0.9	0.95

② 用底注包浇注时浇注系统尺寸计算。

用底注包浇注时浇注系统尺寸计算又分为钢液上升速度计算法和浇注质量速度计算法。浇注系统钢液上升速度计算法首先是根据铸件质量、结构等因素确定铸件所要求的钢液上升速度，再根据选用的包孔尺寸计算出铸件的浇注时间，最后根据铸件高度和浇注时间验算钢液上升速度。此方法在大型铸钢件生产中应用较多。

钢液上升速度计算法：钢液上升速度是否合适是能否获得优质铸钢件的重要因素之一。在浇注过程中应使钢液平稳而快速地充满铸型。

浇注速度过快，会产生涡流，卷入气体，使铸件产生气孔。对于高合金钢，也可能使表面氧化膜破坏，冲向铸件表面，造成假性"裂纹"，而且砂型(芯)会因受到较剧烈的冲刷而被破坏。

浇注速度过慢，型腔上部会因长时间受热辐射而产生应力以致脱落，造成铸件夹砂和结疤，也会因砂型受热时间过长而造成铸件黏砂，此外还会使钢液表面氧化而导致铸件形成皱纹、隔层等缺陷，对高铬合金钢更为明显。

钢液上升速度计算法共有四步：

①首先根据铸件质量、结构等因素确定铸件所要求的适宜的钢水液面在型腔中的上升速度。

钢液在型腔中的最小允许上升速度见表 3.12，但对于大型铸钢件，钢液在型腔中的上升速度不应大于 30 mm/s。

表 3.12 钢液在型腔中的最小允许上升速度 v_1 (mm/s)

铸件质量/t		≤5	5～15	15～35	35～65	65～100	>100
铸件结构	复杂	25	20	16	14	12	10
	中等	20	15	12	10	8	7
	简单	15	10	8	6	5	4

②然后再根据选用的包孔尺寸计算出铸件的浇注时间。

$$\tau = \frac{G}{Nn v_{包}} \qquad (3.17)$$

式中 τ——浇注时间(s);

     G——型腔内钢液总质量(kg);

     N——同时浇注的浇包数量(个);

     n——每个浇包的包孔数(个);

     $v_{包}$——钢液的浇注速度(kg/s)。不同包孔直径钢液浇注质量速度平均值见表3.13。

表 3.13 不同包孔直径钢液浇注质量速度平均值

包孔直径 d/mm	30	35	40	45	50	55	60	70	80	100
浇注质量速度 $v_{包}$/(kg·s^{-1})	10	20	27	42	55	72	90	120	150	195

③根据铸件高度和浇注时间计算钢水液面在型腔中的上升速度,并将计算结果与确定的适宜钢水液面在型腔中的上升速度(参考表3.12中的数据)进行比较来验证。计算出的钢水液面在型腔中的上升速度如果接近表3.12中的数值,则所选定的浇包数量和包孔直径合适,否则应调整(加大或减小)包孔直径、浇包数量或每个浇包的包孔数,使之达到表3.12中所要求的上升速度。

$$v_{\text{L}} = \frac{C}{\tau} \qquad (3.18)$$

式中 v_{L}——钢水液面在型腔中的上升速度(mm/s);

     C——铸件最低点到最高点的距离(mm),按浇注时的位置确定;

     τ——浇注时间(s)。

④用钢液上升速度计算浇注系统尺寸时,阻流截面是包孔,选定了包孔尺寸后,再根据选定的浇注系统各组元截面积比,确定其他组元截面积及尺寸。

用底注包浇注时,采用开放式浇注系统,各组元截面积的比例可采用以下数据:

$$\sum F_{包} : \sum F_{直} : \sum F_{横} : \sum F_{内} = 1.0 : (1.8 \sim 2.0) : (1.8 \sim 2.0) : (2.0 \sim 2.5)$$

式中 $\sum F_{包}$——包孔的总截面积(cm²);

         $\sum F_{直}$——直浇道总截面积(cm²);

         $\sum F_{横}$——横浇道总截面积(cm²);

         $\sum F_{内}$——内浇道总截面积(cm²)。

用选定的包孔直径计算包孔的总截面积 $\sum F_{包}$,再利用各组元截面积的比例计算出

$\sum F_{直}$、$\sum F_{横}$、$\sum F_{内}$。

例 3.3　大齿轮铸件浇注系统设计

大齿轮零件轮廓尺寸为 $\phi1\,370\ mm\times215\ mm$，重 1 278 kg，材质为 ZG55。单辐板，靠近轮毂部分辐板厚度为 40 mm，一侧分布有 6 条 25 mm 厚的筋条。辐板外围厚度为 70 mm。铸件的轮缘及中央轮毂较厚大。轮毂和辐板交接处形成热节，热节圆直径达 $\phi140\ mm$；轮毂和辐板交接处形成热节，热节圆直径为 $\phi80\ mm$。因此，该齿轮可分为三部分：厚实的中央轮毂、薄壁的辐板和厚大的轮缘。铸钢大齿轮在机器中主要用来传送扭矩。大齿轮铸造工艺方案如图 3.30 所示，分型面通过轮缘上表面。浇注位置为：使六条筋条呈向上位置，轮毂中央设置砂芯。

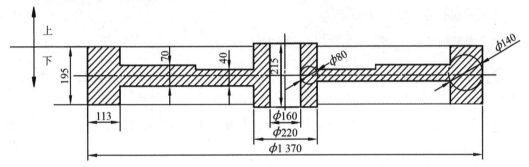

图 3.30　大齿轮铸造工艺方案

采用底注包浇注大齿轮铸件，依据钢液上升速度计算法计算该铸件的浇注系统尺寸。用底注包浇注时，采用开放式浇注系统，取各组元截面积的比例为 $\sum F_{包}$: $\sum F_{直}$: $\sum F_{横}$: $\sum F_{内}=1.0:1.8:2.0:2.2$。内浇道开设在轮缘底部，沿轮缘外周边并分散切向引入。浇道采用定制圆形陶瓷管，造型时预埋在型腔内。设置 1 个直浇道，2 个横浇道，2 个内浇道。

①首先根据铸件质量、结构等因素确定铸件所要求的适宜的钢水液面在型腔中的上升速度。

通过计算可知大齿轮铸件质量为 1 357 kg，且属于简单铸件，查表 3.12 得钢液在型腔中的最小允许上升速度为 15 mm/s。

②然后再根据选用的包孔尺寸计算出铸件的浇注时间。

首先试选直径为 $\phi50\ mm$ 的包孔，查表 3.13 得浇注质量速度 $v_{包}$ 为 55 kg/s。选用一个浇包，包孔数为 1，由式(3.17)计算浇注时间得

$$\tau=\frac{G}{Nnv_{包}}=\frac{1\,357}{55}=25\ s$$

③根据铸件高度和浇注时间计算钢水液面在型腔中的上升速度，并将计算结果与确定的适宜钢水液面在型腔中的上升速度(参考表 3.12 中的数据)进行比较来验证。

大齿轮零件的最大高度为 215 mm，加上、下面的加工余量后大齿轮铸件的最大高度为 230 mm。由式(3.18)可计算出钢水液面在型腔中的上升速度。

$$v_{L}=\frac{C}{\tau}=\frac{230}{25}=9.2\ mm/s$$

计算结果表明,上升速度太小,不能满足要求。

再选 $\phi60$ mm 的包孔,这时 $v_包 = 90$ kg/s,由式(3.17)计算浇注时间得

$$\tau = \frac{G}{Nn\,v_包} = \frac{1\ 357}{90} = 15 \text{ s}$$

再验算上升速度

$$v_L = \frac{C}{\tau} = \frac{230}{15} = 15.3 \text{ mm/s}$$

参考表 3.12 中的数据可知,基本满足要求。确定选包孔直径为 $\phi60$ mm。

④用钢液上升速度计算浇注系统尺寸时,阻流截面是包孔,选定了包孔尺寸后,再根据选定的浇注系统各组元截面积比确定其他组元截面积及尺寸。

选定的包孔直径为 60 mm,所以

包孔总截面积:$\sum F_包 = \frac{\pi \times 60^2}{4} = 2\ 827$ mm^2

$\sum F_直 = 1.8 \sum F_包 = 1.8 \times 2\ 827 = 5\ 088.6$ mm^2,因为只有一个直浇道,故 $F_直 = 5\ 088.6$ mm^2,取 $d_直 = 80$ mm。

$\sum F_横 = 2 \sum F_包 = 2 \times 2\ 827 = 5\ 654$ mm^2,因为有两个横浇道,故 $F_横 = 2\ 827$ mm^2,取 $d_横 = 60$ mm。

$\sum F_内 = 2.2 \sum F_包 = 2.2 \times 2\ 827 = 6\ 219.4$ mm^2,因为有两个内浇道,故 $F_内 = 3\ 109.7$ mm^2,取 $d_内 = 65$ mm。

大齿轮铸件浇注系统各组元截面形状和尺寸如图 3.31 所示。

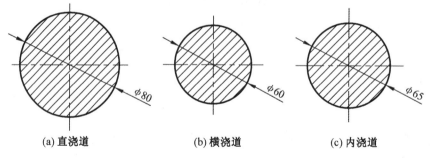

(a) 直浇道　　　　　　　(b) 横浇道　　　　　　　(c) 内浇道

图 3.31　大齿轮铸件浇注系统各组元截面形状和尺寸

浇注质量速度计算法:根据铸件质量、结构特点算出铸件的浇注时间和浇注质量速度,再根据浇注质量速度选出相适应的包孔,然后再根据包孔尺寸确定浇注系统各组元的截面积和尺寸。

①浇注时间的确定。当 $G \leqslant 15$ t 时按式(3.11)计算,$G > 15$ t 时按式(3.12)计算。式(3.11)和式(3.12)中 S_1、S_2 系数按表 3.14 及表 3.15 选择。

表 3.14　系数 S_1 的选择

铸件平均壁厚 δ/mm		<25	$25\sim40$	$40\sim60$	>60
钢液质量 G/t	$1.0\sim6.0$	1.3	1.2	1.1	1.0
	$6.0\sim10.0$	1.4	1.3	1.2	1.1

注:技术要求低且形状简单的铸件,S_1 增大 $0.1\sim0.2$;技术要求高或大型薄壁铸件,S_1 可减少 0.1。

表 3.15　系数 S_2 的选择

铸件相对密度 $\rho_{相}$ /(kg·cm^{-3})		<1	$1\sim2$	$2\sim3$	$3\sim4$	$4\sim5$	>5
钢液质量 G/t	$10.0\sim50.0$	1.2	1.3	1.4	1.5	1.6	1.7
	>50.0	1.1	1.2	1.3	1.4	1.5	1.6

注:技术要求高或大型薄壁铸件,S_2 可减少 0.1。

②包孔截面积的计算。浇注速度 v 可由式(3.19)算出。

$$v=\frac{G}{\tau} \tag{3.19}$$

式中　v——浇注速度(kg/s);

　　　G——砂型内金属液质量(kg);

　　　τ——浇注时间(s)。

考虑到钢液流出包孔时塞头的开启程度,为保证在浇注过程中满足铸件所要求的速度,包孔浇注速度 $v_{包}$(kg/s)推荐为铸件所需浇注速度的 1.3 倍,即

$$v_{包}=1.3v \tag{3.20}$$

包孔的浇注速度 $v_{包}$ 也可按下式计算:

$$v_{包}=\mu F_{包}\rho\sqrt{2gH_0}=0.248\,F_{包}\sqrt{H_0} \tag{3.21}$$

式中　$v_{包}$——包孔的浇注速度(kg/s);

　　　μ——损耗系数,一般取 0.8;

　　　$F_{包}$——包孔截面积(cm^2);

　　　ρ——钢液密度,一般取 7 kg/dm^3;

　　　g——重力加速度,取 980 cm/s^2;

　　　H_0——浇包中钢液静压头高度(cm),可取浇注过程的平均值。

通过式(3.20)算出 $v_{包}$,而 H_0 可由浇包容积算出,因此由式(3.21)可算出包孔截面积,再由 $F_{包}$ 算出包孔直径。

③浇注系统各组元截面积的计算。浇注系统各组元截面积的计算与钢液上升速度计算法相同。

3.4.5　非铁合金铸件的浇注系统

非铁合金铸件浇注系统的计算方法类似于铸铁件、铸钢件,由于影响铸件质量的因素较多,不论采用哪种方法确定浇注系统尺寸,都应根据具体生产实际进行必要的修正。

(1)轻合金铸件的浇注系统。

轻合金是铝、镁合金的统称,特点是密度小、熔点低、容积热容量小而热导率大、化学性

质活泼、极易氧化和吸收气体。常见缺陷有非金属夹杂物(由泡沫、熔渣和氧化物组成)相对较多、浇不到、冷隔、气孔、缩孔、缩松及裂纹、变形等等。

轻合金的浇注温度低,对型砂的热作用较小。如果出现夹砂结疤、黏砂缺陷,常常是型砂质量太差引起的。过热的铝合金有很高的氢的溶解度,因而应严格控制熔炼温度,对脱氢和变质应精心处理,否则易引起析出性气孔。

改善充型过程对解决此类缺陷没有帮助。轻合金降温快,应快浇。有的轻合金结晶范围宽、凝固收缩大,易出现缩孔、缩松、变形甚至开裂等缺陷。有的糊状凝固特性强,难以消除缩松,浇注系统的设计应注意发挥冷铁、冒口的作用,要求有较大的纵向温度梯度才能消除缩松缺陷。

紊流运动促使氧化膜、空气混入合金内部,所形成的氧化夹杂物的密度常比金属液的密度大,难以清除。因此,要求合金在浇注系统中流动平稳,不产生涡流、喷溅,以近乎层流的方式充型。

适合应用开放式的底注式浇注系统。根据经验,高度小于 100 mm 的矮铸件才可用顶注式或中间注入式浇注系统。广泛应用的垂直缝隙式和带立缝的底注式浇注系统如图 3.32 所示,其能把合金液平稳地导入型腔,有利于顺序凝固。蛇形直浇道增加流动阻力,降低流速使充型平稳。高大铸件可使用阶梯式浇注系统。

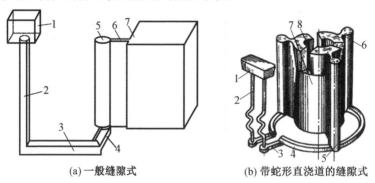

(a) 一般缝隙式   (b) 带蛇形直浇道的缝隙式

图 3.32 垂直缝隙式和带立缝的底注式浇注系统

1—浇口杯;2—直浇道;3—横浇道;4—环形横浇道;5—中间直浇道;6—缝隙口;7—铸件;8—冒口

水平分型铝合金、镁合金铸件浇注系统的各组元常用截面比见表 3.16。通常,直浇道下端的截面积为最小截面积。

表 3.16 铝合金、镁合金铸件浇注系统的各组元常用截面比($\sum F_{直} : \sum F_{横} : \sum F_{内}$)

合金种类	大型铸件	中型铸件	小型铸件
镁合金	1:(3~5):(3~8)	1:(2~4):(3~6)	1:(2~3):(1.5~4)
铝合金	1:(2~5):(2~6)	1:(2~4):(2~4)	1:(2~3):(1.5~4)

注:表中所列的截面比均未考虑内浇道需起补缩作用等特殊情况。

(2)铜合金铸件的浇注系统。

铸造常用的铜合金有铝青铜、锡青铜和黄铜。铝青铜结晶温度范围小,易产生集中缩孔,易氧化生成氧化膜和铸件夹杂物。多应用底注、开放式浇注系统,并常用滤渣网和集渣包。

锡青铜和磷青铜的结晶温度范围大,易产生缩松缺陷,但受氧化倾向轻。可采用雨淋式、压边式等顶注式浇注系统。对大、中型复杂铸件,也常设滤网除渣,并使流动趋于平稳。

黄铜的铸造性能接近铝青铜等无锡青铜,黄铜液中因有锌蒸气的保护和自然脱气作用,很少形成氧化膜和析出性气孔。应按顺序凝固的原则设置浇注系统和冒口。

课 后 练 习

一、判断题(A 正确,B 错误)

1.不能将内浇道开设在正对着砂芯和型腔的薄弱部位。(　　　)

2.内浇道应开设在直浇道下面。(　　　)

3.内浇道的开设方向不能逆着横浇道液流方向。(　　　)

4.直浇道出口截面积大于横浇道截面积总和、横浇道出口截面积总和大于内浇道截面积总和的浇注系统,称为开放式浇注系统。(　　　)

5.在封闭式浇注系统中 $F_直 > F_杯 > F_内 > F_横$。(　　　)

6.顶部注入式浇注系统内浇道设在顶部,金属液由顶部流入型腔,有利于铸件形成自上而下的凝固顺序,补缩效果好。　(　　　)

7.设计铸件的浇注系统时在计算了浇注时间 τ 后,即可以直接代入奥赞公式计算出浇注系统的最小截面积,而不需要进行校核。　(　　　)

8.内浇道不应开设在铸件的重要部位。(　　　)

9.对旋转体铸件内浇道的开设,应使金属液沿着铸件切线方向注入。(　　　)

10.铸钢时,为避免钢液过度冷却及氧化,应设计较多的内浇道。(　　　)

11.铝合金时,要求充型平稳,内浇道数量则不宜过多。(　　　)

二、单项选择题

1.(　　　)的作用是:避免金属液飞溅;防止熔渣和气体卷入型腔;缓和金属液对铸型的冲击;提高充型能力。

A、浇口杯　　　　　　　　B、直浇道　　　　　　　C、横浇道　　　　　　　D、内浇道

2.(　　　)是浇注系统中的垂直通道,通常带有一定的斜度。

A、浇口杯　　　　　　　　B、直浇道　　　　　　　C、横浇道　　　　　　　D、内浇道

3.应用最广的直浇道形状是(　　　)。

A、上小下大的圆锥形　　B、蛇形　　　　　　C、上大下小的圆锥形　　D、圆柱形

4.有色金属铸件常采用(　　　)直浇道。

A、上小下大的圆锥形　　B、蛇形　　　　　　C、上大下小的圆锥形　　D、圆柱形

5.横浇道的主要作用是(　　　)。

A、接纳金属液　　　　　B、补缩　　　　　　C、提高充型能力　　　　D、挡渣

6.在浇注系统中,引导液态金属进入型腔的部分称为(　　　)。

A、内浇道　　　　　　　　B、直浇道　　　　　　　C、浇口杯　　　　　　　D、横浇道

7.直浇道出口截面小于横浇道截面积总和、横浇道截面积总和小于内浇道截面积总和的浇注系统,称为(　　　)浇注系统。

A、封闭—开放式　　　　B、半封闭式　　　　C、开放式　　　　　　D、封闭式

8.中、小型铸铁件多采用( )浇注系统。

A、封闭式   B、半封闭式   C、开放式   D、封闭－开放式

9.直浇道出口截面小于横浇道截面积总和,但大于内浇道截面积总和的浇注系统,称为( )浇注系统。

A、封闭－开放式   B、半封闭式   C、开放式   D、封闭式

10.充型平稳,不会产生激溅、铁豆,型腔内气体易于排出,金属氧化少的浇注系统,是( )浇注系统。

A、顶注式   B、底注式   C、中注式   D、阶梯式

11.对于铸钢件的浇注系统,下列说法正确的是( )

A、铸钢件浇注系统浇注时,钢液的浇注温度高、流动性差、易氧化

B、铸钢件在浇注时应该平稳,尽量增加内浇道长度。

C、铸钢在浇注时其浇注温度应低,是因为钢液易氧化

D、铸钢件的浇注系统一般应该采用封闭式浇注系统

三、填空题

1.浇注系统通常由 _____ 、_____ 、_____ 和 _____ 组成。

2.对要求同时凝固的铸件,内浇道应开设在铸件壁 _____ 的地方。

3.对要求顺序凝固的铸件,内浇道应开设在铸件壁 _____ 的地方。

4.球墨铸铁浇注系统时间的计算可以先用灰铸铁浇注系统时间的计算方法确定,然后减少 _____ 到 _____ 。

5.浇注系统按金属液导入铸件型腔的位置可分为 _____ 、_____ 、_____ 、_____ 浇注系统。

6.浇注系统按各组元的截面的比例关系可以分为 _____ 、_____ 、_____ 、_____ 浇注系统。

四、概念题

1.什么是浇注系统?

2.写出奥赞公式,并解释奥赞公式中各符号的含义。

3.写出充填型腔时的平均计算静压头 H_P 的计算公式,并解释公式中各符号的含义。

五、简答题

1.优良的浇铸系统能起到什么作用?

2.怎样发挥横浇道挡渣作用?

3.封闭式浇注系统与开放式浇注系统内浇道、横浇道各怎么连接?为什么?

4.横浇道为何要有末端延长段?第一个内浇道为何不能紧临直浇道?

第4章 冒口及冷铁设计

应用冒口、冷铁和铸筋以获得优质铸件,是铸造生产中经常采用的工艺措施。液态金属浇入铸型后,在凝固和冷却过程中产生体积收缩。体积收缩可能导致铸件最后凝固部分产生缩孔和缩松。体积收缩较大的铸造合金(如铸钢、可锻铸铁及某些有色合金铸件)经常产生此类缺陷。

缩孔和缩松影响铸件的致密性,减少铸件的有效承载面积,导致其力学性能大大降低。生产过程中,防止缩孔和缩松缺陷的有效措施是设置冒口和冷铁。本章主要介绍:冒口的概念、作用和分类;铸钢件、铸铁件冒口设计的基本原理、步骤和计算方法;冷铁的作用、分类和计算;收缩筋和拉筋。本章的主要目的是使读者掌握常用冒口补缩的基本条件、冒口有效补缩距离的确定、冒口的设计步骤和计算方法、冷铁的设置和计算。

4.1 冒口的种类及补缩原理

冒口是在铸型内专门设置的储存金属液的空腔,在铸件形成时补给金属液,能有效防止缩孔、缩松,并兼具排气和集渣作用。习惯上把冒口所铸成的金属实体也称为冒口。

冒口的作用有:

(1) 补偿铸件凝固时的收缩。

(2) 调整铸件凝固时的温度分布,控制铸件的凝固顺序。

(3) 排气、集渣。

(4) 利用明冒口观察型腔内金属液的充型情况。

4.1.1 冒口的种类和形状

冒口的分类如图 4.1 所示。使用得最多的是普通冒口。按冒口在铸件上的位置,普通冒口可分为顶冒口和侧(边)冒口;按冒口顶部是否被覆盖(即冒口顶部是否与大气相通),普通冒口可分为明冒口和暗冒口。

铸钢件和铸铁件常用的冒口类型如图 4.2 所示。顶冒口一般位于铸件最厚部位的顶部,这样可以利用金属液的重力进行补缩,提高冒口的补缩效果,而且有利于排气和浮渣。

采用明顶冒口,造型方便,能观察到铸型中金属液上升情况,便于向冒口中补浇金属液。但由于顶部敞开,散热较快,同样体积的冒口,明冒口较暗冒口的补缩效率低,可以在明冒口顶面撒发热剂、保温剂或覆盖剂以减缓明冒口冷却速度。明顶冒口对砂箱高度无特殊要求,当砂箱高度不够时可设辅助冒口圈,而暗顶冒口要求砂箱高于冒口。因此对于大、中型铸

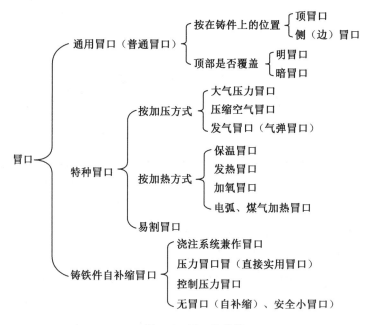

图 4.1　冒口的分类

件,尤其是单件、小批量生产的铸钢件,多采用明顶冒口;而中、小铸件则多采用暗顶冒口。

当热节在铸件的侧面时常采用侧冒口,尤其是在机器造型时,暗侧冒口造型方便,补缩效果好,清除容易,经常被采用。

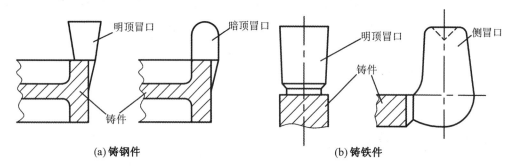

图 4.2　常用的冒口类型

常用冒口的形状有球形、球顶圆柱形、圆柱形、腰圆柱形等,如图 4.3 所示。冒口的形状直接影响它的补缩效率,在相同体积下,应选择容量足够大且相对的散热面积最小(即有足够大的模数)、有一定的金属液压头的冒口,以达到延长其凝固时间、提高补缩效果的目的。所以,尽管球形冒口模数最大,但因其压力较小和制造困难等原因较少被采用。

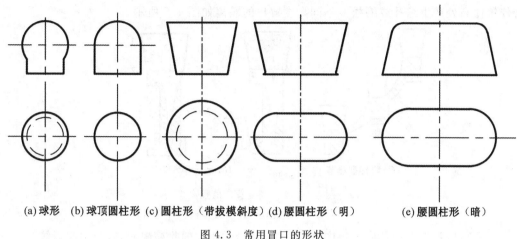

(a)球形 (b)球顶圆柱形 (c)圆柱形（带拔模斜度）(d)腰圆柱形（明）   (e)腰圆柱形（暗）

图 4.3   常用冒口的形状

4.1.2   常用冒口补缩原理

(1)冒口必须具备的基本条件。

①冒口的凝固时间必须大于或等于铸件被补缩部分的凝固时间。

②有足够的金属液补充铸件在冷却过程中的收缩所需的金属液。

③在凝固补缩期间,冒口和铸件被补缩部位之间必须存在补缩通道,扩张角向冒口张开。

(2)冒口的位置。

冒口安放的位置是否合理直接影响铸件的质量及冒口的补缩效率。冒口位置若不合理,则不但不能消除缩孔和缩松,还可能引起裂纹等铸造缺陷。确定冒口位置时应遵循以下的基本原则:

①冒口应设在铸件热节的上方(顶冒口)或侧旁(侧冒口)。

②冒口应尽量设在铸件最高、最厚的部位。对低处的热节增设补贴或使用冷铁,形成补缩的有利条件。

③冒口最好布置在铸件需要机械加工的表面上,可节约铸件精整工时。

④尽量用一个冒口同时补缩几个热节或铸件,以提高冒口的补缩效率,如图 4.4 所示。

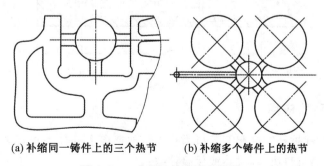

(a)补缩同一铸件上的三个热节   (b)补缩多个铸件上的热节

图 4.4   一个冒口补缩多个热节

⑤在铸件的不同高度上有热节需要补缩时,可按不同高度安放冒口,但应采用冷铁使各个冒口的补缩范围隔开,否则,高处冒口不但要补缩低处的铸件,而且还要补缩低处的冒口,

会使铸件高处产生缩孔或缩松。不同高度冒口的隔离如图4.5所示。

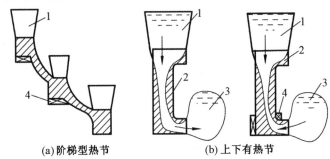

(a)阶梯型热节　　　　　　(b)上下有热节

图4.5　不同高度冒口的隔离

1—顶明冒口；2—铸件；3—侧暗冒口；4—外冷铁

⑥冒口应不设在铸件应力集中处，应注意减轻对铸件的收缩阻碍，以免引起裂纹。

⑦冒口不应设在铸件重要的、受力大的部位，以防止其组织粗大，力学性能降低。

（3）冒口的有效补缩距离。

冒口的有效补缩距离为冒口作用区与末端区长度之和，它是确定冒口数目的依据，与铸件结构、合金成分及凝固特性、冷却条件、对铸件质量要求的高低等多种因素有关。

平板铸件的有效补缩距离如图4.6所示，厚度为 T，中间设有一个冒口，铸件末端比铸件中部多一个冷却端面，形成温度梯度。所以，末端部分晶体增长较平板的中间部分快，凝固前沿呈楔形，补缩通道扩张角 θ 向着冒口扩大，末端区 l_3 是致密的，无缩孔（松）区。靠近冒口的部分，由于冒口中金属液的热量造成温差，结晶速度较平板的中心部分慢，凝固前沿也呈楔形，因此 l_1 区也是致密的。l_1 区称为冒口作用区，如果 l_3 与 l_1 是相连接的，便可获得致密铸件（图4.6左半部分）。当有一个连接 l_3 与 l_1 的中间区域 l_2 时，l_2 区凝固前沿互相平行；凝固后期，由于树枝晶的生长隔断了补缩通道，这里就会产生轴线缩松（图4.6右半部分）。

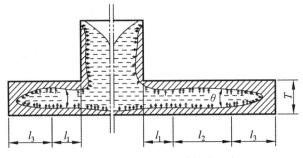

图4.6　平板铸件的有效补缩距离

4.1.3　补贴的应用

补贴是指从铸件被补缩区起至冒口为止在铸件壁厚上补加一块逐渐增厚的金属块（即金属补贴）或者发热材料块（即发热或保温补贴）。

补贴种类如图4.7所示，有金属补贴、加热（耐火隔片）补贴、发热（保温）补贴等。金属补贴实际上改变了铸件的结构，人为地形成了补缩通道；加热、保温补贴可以延长该区域的凝固时间。这些方法都可以达到加强顺序凝固的目的，保证补缩效果。

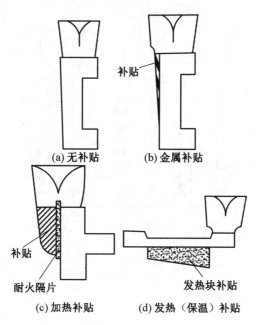

图 4.7　补贴种类

(a) 无补贴　　(b) 金属补贴
(c) 加热补贴　　(d) 发热（保温）补贴

补贴的位置分水平补贴(图 4.8)和垂直补贴(图 4.9)。

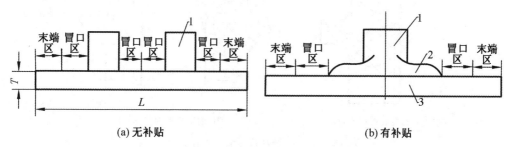

(a) 无补贴　　　　(b) 有补贴

图 4.8　水平补贴示意图
1—冒口；2—水平补贴；3—铸件

局部热节的补贴尺寸一般采用滚圆法确定，重要部位的热节可采用扩大滚圆法确定。图 4.10(a)中的齿轮铸件，在轮缘和辐板的交接处有热节。为了实现补缩，铸件断面厚度应朝冒口方向递增。轮缘补贴尺寸确定方法如下：

①按比例画出轮缘和辐板，并添上加工余量。

②画出热节点内切圆直径 d_y，考虑到砂型的尖角效应，通常把作图得出的内切圆直径 d_y 增大 $6\% \sim 12\%$。

③ 如图 4.10(a) 所示自下而上的画圆，使 $d_1 = 1.05d_y$，$d_2 = 1.05d_1$，d_1 和 d_2 的圆心分别在 d_y 和 d_1 的圆周上，且 d_1 和 d_2 均与轮缘内壁相切。

④画一条曲线与各圆相切，就是所需要的补贴外形曲线。

图 4.10(b)是齿轮轮毂的补贴。一般来说，对轮毂的要求没有轮缘高，只要用热节点内切圆沿着轮毂内壁连续滚到轮毂冒口根部，然后作出这些圆的外切线，便可得到轮毂冒口的补贴。其作图步骤与轮缘冒口补贴相似，但滚圆的直径不变。这种补贴在轮毂的圆周上都存在。如果轮毂要求很高，同样也可以用轮缘冒口的补贴方法。

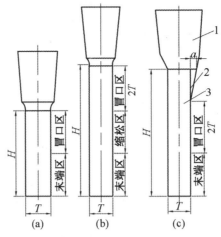

图 4.9　铸件垂直壁的补贴
1—冒口；2—补贴；3—铸件

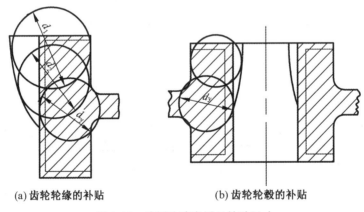

(a) 齿轮轮缘的补贴　　　　　(b) 齿轮轮毂的补贴

图 4.10　滚圆法确定冒口补贴尺寸

4.2　铸钢件冒口设计

4.2.1　铸钢件冒口的补缩距离

对于碳钢(含碳量 0.2% ～ 0.3%)，板形及杆形铸冒口的有效补缩距离如图 4.11 所示。断面的宽厚比大于 5:1 的称为板形件，断面的宽厚比小于 5:1 的称为杆形件。对于两端均用冒口补缩的板形或杆形铸钢件，靠近末端的冒口有效补缩距离为板形铸件：$L=4.5T$；杆形铸件：$L=30\sqrt{T}$。而冒口之间因少了一个散热端面，有效补缩距离稍小一些，为板形铸件：$L=4T$；杆形铸件：$L=20\sqrt{T}$。

有些铸件由各种厚度不同的板组成，构成阶梯形铸件。试验指出，这种铸件的冒口有效补缩距离和厚度的关系如图 4.12 所示。可以看出，阶梯形铸件延长了冒口的有效补缩距离。

试验表明，板型铸件冷铁置于末端时，冷铁的适宜厚度是铸件板厚；当冷铁置于两冒口

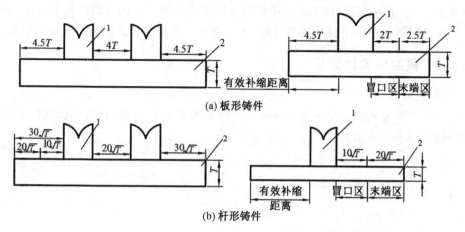

(a) 板形铸件

(b) 杆形铸件

图 4.11 板形及杆形铸钢件的冒口有效补缩距离

1—冒口;2—铸件

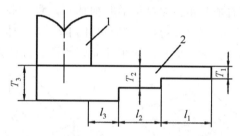

图 4.12 阶梯形板件冒口水平方向有效补缩距离

1—冒口;2—铸件;$l_1 = 3.5T_2$;$l_2 = 3.5T_2 - T_1$;$l_3 = 3.5T_3 - T_2$

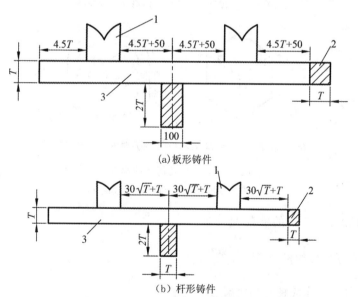

(a) 板形铸件

(b) 杆形铸件

图 4.13 冷铁对冒口有效补缩距离的影响

1—冒口;2—冷铁;3—铸件

之间时,冷铁的适宜厚度为两倍板厚,如图 4.13(a) 所示。由图可知,冷铁使铸件末端的纵向冷却速度增大,从而使板型铸件末端区长度增加约 50 mm,此数值与板厚无关;对杆形铸件的影响如图 4.13(b) 所示,使末端区铸件厚度增加了一倍。在两冒口之间安放冷铁时,相当于在冒口之间增加了一个强烈的激冷端,大大增加了两个冒口之间的有效补缩距离。

4.2.2 模数法设计冒口

(1)模数的概念。

铸件内各个部分的凝固时间主要取决于其体积与表面积的比值,这一比值称为凝固模数,简称模数,用下式表示:

$$M = \frac{V}{A} \tag{4.1}$$

式中　M——模数(cm);

　　　V——铸件体积(cm^3);

　　　A——铸件散热表面积(cm^2)。

(2)模数的计算。

任何复杂的铸件均可看成是由许多简单的几何体(板、杆、圆柱体等)组合而成的,简单几何体的模数如图 4.14 所示。只要掌握一些简单几何体、组合体的模数计算公式,就不必用烦琐公式去计算铸件的体积和表面积。简单几何体的模数计算如下:

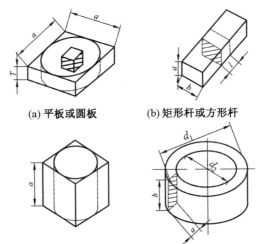

(a) 平板或圆板　　　　(b) 矩形杆或方形杆

(c) 立方体、正圆柱体或球体　(d) 环形体和空心圆筒体

图 4.14　简单几何体的模数

T-铸件厚度;a-截面长;b-截面宽

a. 平板或圆板($a \geqslant 5T$)的模数 $M = \frac{T}{2}$。

b. 矩形杆或方形杆的模数 $M = \frac{ab}{2(a+b)}$。

c. 立方体、正圆柱体或球体的模数 $M = \frac{a}{6}$。

d. 环形体和空心圆筒体,当 $b < 5a$ 时将它视为展开的长杆体,则模数 $M = \frac{ab}{2(a+b)}$;当 $b \geqslant 5a$ 时将它视作展开的板,则模数 $M = \frac{a}{2}$,把热节部位视为热节圆直径为厚度的板或杆。

①板件相交,如图 4.15 所示。

a.用 1：1 比例绘出相交节点的图形。

b.板壁相交处圆角半径取壁厚的 1/3,即 $r=a/3$ 或 $r=b/3$。

c.考虑砂尖角对凝固时间的影响时,作图时让热节圆的圆周线通过 r 的中心,量出热节圆半径 R。则热节点模数为

$$M=R=\frac{D_r}{2} \tag{4.2}$$

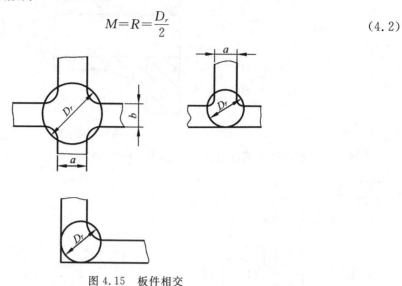

图 4.15　板件相交

②杆件相交,如图 4.16 所示。

a.用 1：1 比例绘出相交节点的图形。

b.杆壁相交处圆角半径取壁厚的 1/3,即 $r=a/3$ 或 $r=b/3$。

c.考虑砂尖角对凝固时间的影响时,作图时让热节圆的圆周线通过 r 的中心,量出热节圆直径 D_r。

d.将热节处视为厚度为 D_r 的杆件。则热节点模数为

$$M=\frac{D_r b}{2(D_r+b)} \tag{4.3}$$

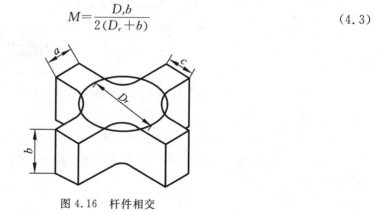

图 4.16　杆件相交

③管与法兰相交,如图 4.17 所示。

a.用 1：1 比例绘出相交节点的图形。

b.求出热节圆直径 a。

c.将法兰视为厚度为 a 的角形杆,用扣除非散热面法计算热节模数为

$$M = \frac{ab}{2(a+b)-c} \tag{4.4}$$

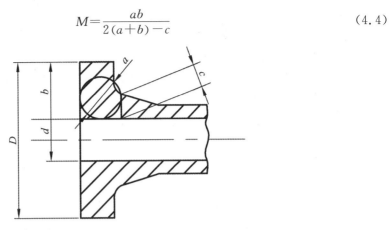

图 4.17 管与法兰相交

例 4.1 压实钢体铸钢件分区计算模数如图 4.18 所示。

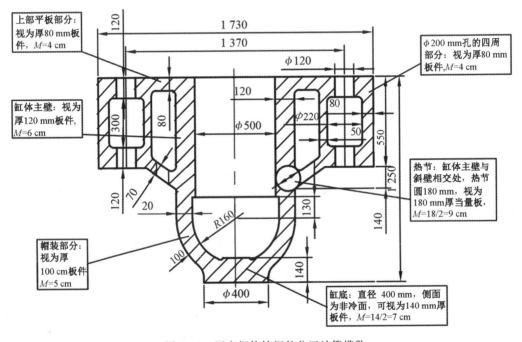

图 4.18 压实钢体铸钢件分区计算模数

(3)冒口的补缩效率。

碳素钢凝固体收缩率的大小与钢中含碳量及浇注温度有关,合金钢的体收缩率比碳素钢大,它既与含碳量、浇注温度有关,又与合金元素的种类、含量有关。确定铸钢体收缩率 ε 的图表见表 4.1。

表 4.1 确定铸钢体收缩率 ε 的图表

普通碳钢体收缩率 $\varepsilon = \varepsilon_0$	合金钢的体收缩率 $\varepsilon = \varepsilon_0 + \varepsilon_x$

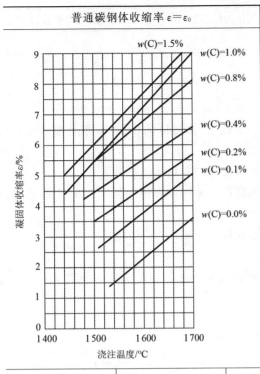

ε_0 与普通碳钢求法相同,根据碳的质量分数、浇注温度可由左面图查出

$$\varepsilon_x = \sum K_i w_i$$

式中　ε_x——合金元素对体收缩率的影响;

　　　w_i——合金钢中各元素的质量分数,分别为 $w_1, w_2, \cdots$;

　　　K_i——各合金元素对体收缩率的修正系数,可从本表下栏中查出,各元素的修正系数分别为 $K_1, K_2, K_3, \cdots$。

合金元素	W	Ni	Mn	Cr	Si	Al
修正系数 K_i	-0.53	$-0.035\,4$	$+0.058\,5$	$+0.12$	$+1.03$	$+1.70$

冒口中的缩孔体积等于冒口的补缩效率与冒口初始体积的乘积,也等于冒口与铸件凝固体收缩所产生的收缩体积。即

$$V_{L0} = \eta V_R \tag{4.5}$$

$$V_{L0} = \varepsilon (V_R + V_C) \tag{4.6}$$

由式(4.6)得:

$$V_C = \frac{V_{L0} - \varepsilon V_R}{\varepsilon} \tag{4.7}$$

式中　V_{L0}——冒口中的缩孔体积(dm³);

　　　V_R——冒口的初始体积(dm³);

　　　V_C——铸件体积(dm³);

　　　η——冒口的补缩效率(%);

　　　ε——金属从浇注完到凝固完毕的体收缩率(%)。

将式(4.5)代入式(4.7)中,可得到冒口能补缩的最大铸件体积:

$$V_{C,\max} = \frac{\eta - \varepsilon}{\varepsilon} V_R \tag{4.8}$$

通常情况下,铸钢件冒口的补缩效率 η 值见表 4.2。实际上,冒口补缩效率既与冒口的几何形状、大小、造型材料等有关,又与铸件的几何形状、大小、造型材料等有关。

表4.2 铸钢件冒口的补缩效率 η 值

冒口类型	明冒口、侧冒口	大气压力暗顶冒口	大气压力球形冒口
补缩效率 η	0.14	0.15~0.17	0.20

(4)冒口的设计和计算。

模数法设计铸钢件冒口步骤如下：

①根据铸件的结构特征,把它划分为几个补缩区,计算各区的模数,确定补缩通道和冒口类型,划分各冒口的补缩区域。

②根据各个补缩通道的模数,算出它们各自所要求的冒口初始模数。

③根据补缩通道的特征、冒口的初始模数和冒口补缩区域内铸件的体积或质量,选择合适的冒口类型和冒口尺寸。

④当使用侧冒口时,需要计算冒口颈的模数和尺寸。

⑤根据公式(4.8)校核冒口的最大补缩能力。

用模数法计算冒口时,首先要保证冒口的模数大于铸件被补缩部位的模数（即冒口晚于铸件凝固）,才能进行有效补缩,即

$$M_R = f M_C \tag{4.9}$$

式中 f——模数扩大系数,又称冒口的安全系数, $f \geq 1$ 。

对于碳钢、低合金钢铸件,其冒口、冒口颈和铸件模数应满足以下比例：

顶冒口： $$M_R = (1 \sim 1.2)M_C \tag{4.10}$$

侧冒口： $$M_C : M_N : M_R = 1.0 : 1.1 : 1.2 \tag{4.11}$$

内浇道通过冒口： $$M_C : M_N : M_R = 1.0 : (1.0 \sim 1.03) : 1.2 \tag{4.12}$$

式中 M_R 、 M_N 、 M_C ——分别为冒口、冒口颈和铸件被补缩处的模数。

例4.2 双法兰铸钢件,材质为ZG45,铸件质量为710 kg,上、下法兰均需补缩,其冒口示意图如图4.19所示,用模数法设计冒口尺寸。

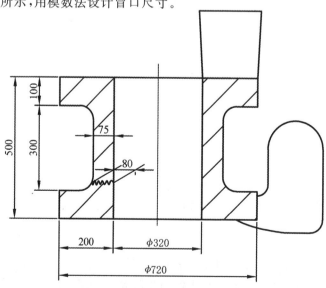

图4.19 双法兰铸钢件冒口计算示意图

①根据双法兰铸钢件的结构特征,把它划分为四个补缩区,上、下法兰各放两个冒口,顶部法兰采用明冒口,底部法兰采用暗边冒口。每个冒口的补缩区域都是半个法兰,每个补缩区均可根据杆—板连接的 L 形接头计算其模数:

$$M = \frac{ab}{2(a+b)-c}$$

已知 $a=100$ mm, $b=200$ mm, $c=80$ mm,所以 $M = \frac{100 \times 200}{2 \times (100+200)-80} = 3.84$ (cm)。

②求 M_R 和 M_N。

冒口模数 $M_R = 1.2M_C = 1.2 \times 3.84 = 4.6$ (cm)。

底部法兰采用浇口通过的暗边冒口,冒口颈模数 $M_N = 1.03M_C = 1.03 \times 3.84 = 4$ (cm)。

③ 根据文献,顶部冒口取 $M_R = 4.75$ cm 的标准腰形明冒口($b=2a$, $h=1.5a$),其根部宽、长分别为 $a=190$ mm, $b=380$ mm,高 $h=285$ mm,单个冒口质量为 144 kg,铸件材质为 ZG45,根据表 4.1 取 $\varepsilon=5\%$,每个冒口的最大补缩能力为 296 kg。

根据文献,底部暗边冒口取 $M_R = 4.66$ cm 的标准圆柱形暗冒口($h=1.5d$),其根部直径 $d=245$ mm,高 $h=368$ mm,单个冒口质量为 104 kg,每个冒口的最大补缩能力为 248 kg。

④校核冒口的最大补缩能力。已知四个冒口最大补缩能力的总质量是 $G_补 = 296 \times 2 + 248 \times 2 = 1\,088$ (kg),铸件质量为 $G=710$ kg,因此有足够的金属液供铸件补缩。

4.2.3　比例法设计冒口

比例法是在分析、统计大量工艺资料的基础上,总结出的确定冒口尺寸的经验方法。我国各地工厂根据长期实践经验,总结归纳出了冒口各种尺寸相对于热节圆直径的比例关系,汇编成各种冒口尺寸计算的图表。比例法简单易行,广为采用。现以常见的轮形铸钢件(如齿轮、车轮、皮带轮、摩擦轮和飞轮等)为例,介绍用比例法确定冒口尺寸的方法、步骤。

(1)热节圆直径 d_y 的确定。

根据零件图尺寸,加上加工余量和铸造收缩率作图(最好按 1∶1),量出或算出热节圆的直径 d_y(应考虑砂尖角效应)。

(2)按比例确定轮缘上的冒口补贴及冒口尺寸,如图 4.20 所示。

①冒口补贴。按下列经验比例关系确定:

a. $d_1 = (1.3 \sim 1.5)d_y$,单位为 mm。

b. $R_1 = R_件 + d_y + (1 \sim 3)$,单位为 mm。

c. $R_2 = (0.5 \sim 1.0)d_y$,单位为 mm。

d. $\delta = 5 \sim 15$,单位为 mm。

②冒口尺寸。用下列比例关系计算:

a. 暗冒口宽: $B_冒 = (2.2 \sim 2.5)d_y$,单位为 mm。

b. 明冒口宽: $B_冒 = (1.8 \sim 2.0)d_y$,单位为 mm。

c. 冒口长: $A_冒 = (1.5 \sim 1.8)B_冒$,单位为 mm。

d. 冒口高: $H_冒 = (1.15 \sim 1.8)B_冒$,单位为 mm。

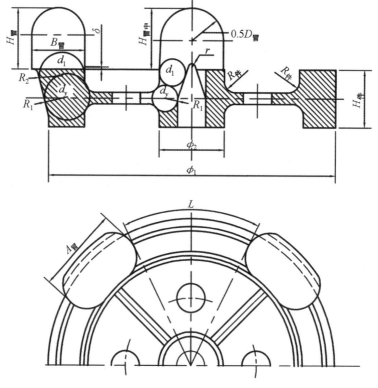

图 4.20　轮形铸钢件用比例法确定冒口尺寸

③冒口补缩距离 $L = (6 \sim 8)d_y$，单位为 mm。当两冒口之间的距离超过此值时，应放冷铁或设水平补贴。

（3）按比例确定轮毂上的冒口补贴及冒口尺寸。

①轮毂冒口补贴。依下列比例关系确定，轮毂补贴比轮缘补贴略小。$d_1 = (1.1 \sim 1.3)d_y$，单位为 mm。r 的值待 d_1 值确定后，按图 4.20 求出。

②轮毂冒口尺寸。当轮毂较小时用一个冒口。冒口直径 $D_冒 = \phi_2 - (15 \sim 20)$，单位为 mm，$\phi_2$ 是轮毂外径。冒口高度 $H_{冒中} = (2 \sim 2.5)d_1 + r$，单位为 mm；当轮毂直径较大，需要两个或多个冒口补缩时，冒口尺寸应按轮缘冒口的确定方法计算。由于各地区、各工厂的生产条件不同，因此所给出的经验比例也不完全一致，参照应用时要注意生产条件、铸件类型、合金成分等条件应尽量一致。

根据上面的方法计算出冒口尺寸后，应用铸件的工艺出品率校核冒口尺寸是否合理。

$$工艺出品率 = \frac{铸件重}{铸件重 + 冒口重 + 浇注系统重} \times 100\% \qquad (4.13)$$

经过长期的生产统计，碳钢及低合金钢铸件的工艺出品率见表 4.3，可供校核。计算出的铸件工艺出品率若大于表 4.3 中的数值，则说明所设计的冒口可能偏小；反之，所设计的冒口可能偏大。应用普通冒口时，应视不同情况加以调整。采用比较简便的冒口计算方法时容易出现偏差。显然，采用补缩效率高的冒口类型会有更高的工艺出品率。表 4.3 中的数据并非不可超越，可以预料，随着技术进步和生产管理水平的提高，铸件的工艺出品率会逐渐提高。

表 4.3　碳钢及低合金钢铸件的工艺出品率

组别	名　称	铸件质量 m/kg	大部分壁厚 T/mm	工艺出品率/%	
				明冒口	半球形暗冒口
I	一般重要的小件	<100	<20	54～62	59～67
			20～50	53～60	58～65
			>50	52～58	57～63
	特别重要的小件①	<100	<20	52～58	57～62
			20～50	51～57	56～62
			>50	50～56	55～61
II	一般重要的中等件	100～500	<30	56～64	61～69
			30～60	54～62	59～67
			>60	52～60	57～65
	特别重要的中等件	100～500	<30	54～62	59～67
			30～60	53～60	58～65
			>60	50～58	55～63
III	一般重要的大件	500～5 000	<50	57～65	62～70
			50～100	55～63	60～68
			>100	53～61	58～66
	特别重要的大件	500～5 000	<50	55～63	60～68
			50～100	53～61	58～66
			>100	51～59	56～64
IV	一般重要的重型件	>5 000	<50	58～66	62～70
			50～100	56～64	60～68
			>100	54～62	58～66
	特别重要的重型件	>5 000	<50	57～65	61～69
			50～100	55～63	59～67
			>100	53～61	57～65

续表 4.3

组别	名　称	铸件质量 m/kg	大部分壁厚 T/mm	工艺出品率/%	
				明冒口	半球形暗冒口
Ⅴ[②]	齿轮	<100	—	—	55～60
		100～500	—	54～58	58～62
		>500	—	55～59	59～63
Ⅵ[②]	齿轮	<1 000	—	56～60	59～63
		>1 000	—	58～62	61～65
Ⅶ	外形或内表面需要机械加工的圆筒活塞	>1 000	—	61～67	—

注:①对于需要液压实验或其他专门探伤方法检查的重要铸件,比一般重要的铸件对壁内的致密性提出的要求更高,在这种情况下不允许焊补。

②表中Ⅴ、Ⅵ组铸件的数据,沿轮缘没有采用外冷铁。

上述冒口计算法中,比例法使用最简便,但比例系数范围较大,需要丰富的实践经验才能准确地选择比例系数。相对地,模数法比较科学。除此之外,相关文献还介绍了其他计算法,均可供设计中参考。

4.3　铸铁件冒口设计

4.3.1　灰铸铁件冒口设计

灰铸铁件在共晶转变过程中析出片状石墨,并在与枝晶间的共晶液体直接接触的尖端优先长大,其石墨长大时所产生的体积膨胀直接作用在晶间液体上,进行"自补缩"。对于一般低牌号灰铸铁件,因碳硅含量高,石墨化比较完全,其体积膨胀量足以补偿凝固时的体收缩,故不需要设置冒口,只放排气口即可。但对高牌号灰铸铁件,因碳硅含量低,石墨化不完全,其产生的体积膨胀量不足以补偿铸件的液态和凝固的体收缩,此时应在铸件热节处设置冒口进行补缩。

(1)灰铸铁件冒口的补缩距离。

灰铸铁件冒口的补缩距离一般为铸件壁厚或热节圆直径的 10～17 倍,高牌号灰铸铁取偏小值。

灰铸铁件冒口的补缩距离与铸铁的共晶度有关,共晶度对灰铸铁件冒口补缩距离的影响如图 4.21 所示,共晶度越低,灰铸铁件冒口的补缩距离越短。

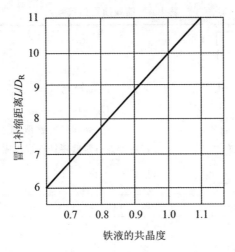

图 4.21 共晶度对灰铸铁件冒口补缩距离的影响

L—冒口补缩距离;D_R—冒口直径

(2)灰铸铁件冒口尺寸设计。

冒口颈的凝固时间 t_N 与冒口颈的模数 M_N、铸件的凝固时间 t_C 与铸件的模数 M_C 有如下关系:

$$t_N = K_N M_N^2$$

$$t_C = K_C M_C^2$$

根据铸件凝固达到胀、缩均衡点的时间与冒口颈封闭的时间相等的原理,有

$$K_N M_N^2 = K_C M_C^2$$

或

$$M_N = \sqrt{\frac{K_C}{K_N}} M_C = K M_C \tag{4.14}$$

式中,$0.37 \leqslant K \leqslant 0.625$,高牌号铸件取偏上限,低牌号铸件取偏下限;薄壁铸件取偏上限,厚壁铸件取偏下限。

由式(4.14)算出冒口颈的模数 M_N 之后,根据长杆的模数计算式,可计算出冒口颈的尺寸。对于圆形冒口颈,$M_N = d_R/4$,将其代入式(4.14),得:

$$d_R = (1.48 \sim 2.5) M_C \tag{4.15}$$

在实际生产中,通常取 $D_R = (1.55 \sim 2.0) d_R$,$H_R = (2 \sim 4) D_R$ 作为冒口的尺寸,式中各符号的意义见表 4.4。

表 4.4　缩颈顶冒口尺寸

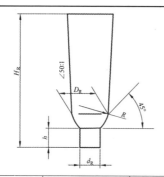

$$d_R = (1.48 \sim 2.5) M_C$$
$$D_R = (1.55 \sim 2.0) d_R$$
$$H_R = (2 \sim 4) D_R$$

注:高牌号铸铁取偏上限,低牌号铸铁件取偏下限;薄壁铸铁件取偏上限,厚壁铸铁取偏下限

d_R/mm	D_R/mm	h/mm	R/mm	H_R/mm	质量 G_R/kg
20	31～40	20～25	5	150	2.2～3
25	39～50	25～30	6	150	2.5～5
30	47～60	30～35	7	200	3.6～8
35	55～70	35～40	8	250	6.3～10
40	62～80	40～45	9	300	8～16
45	70～90	45～50	10	300	10～20
50	78～100	50～55	11	350	15～25
55	85～110	55～60	12	350	18～30
60	93～120	60～65	13	400	21～40
65	100～130	65～70	14	400	30～56
70	108～140	70～75	15	450	33～62
75	116～150	75～80	16	450	42～75
80	125～160	75～80	18	500	57～87
85	132～170	80～85	20	500	62～92
90	140～180	80～90	20	500	75～110
100	155～200	80～90	22	550	85～128
110	170～220	85～95	22	550	93～136
120	186～240	85～95	24	550	110～153
130	200～260	85～95	25	550	120～165
140	217～280	90～100	26	600	131～176
150	232～300	90～100	26	600	145～190

注:①大部分铸件可取:$d_R = 1.85 M_C$,$D_R = 1.8 d_R$,$H_R \approx 4 D_R$。

②冒口颈的横截面,可根据其模数做成圆形,也可做成腰形或扁形。

厚实的铸铁件宜采用压边冒口。压边冒口既可单独使用,又可与浇道连接,与浇道连接的压边冒口称为压边浇冒口。可依据设置冒口处的铸件模数计算出冒口的模数,以冒口的模数值计算冒口的尺寸。冒口的模数 M_R 可按表 4.5 计算。表 4.6、表 4.7 是采用模数法计算且冒口尺寸进行统一规定的标准压边冒口。

表 4.5 压边冒口的模数值

M_C 范围	M_R 最小取值
$0.5 \leqslant M_C \leqslant 1.2$	$M_R = 0.94 M_C$
$1.2 < M_C \leqslant 1.6$	$M_R = 0.79 M_C$
$1.6 < M_C \leqslant 2$	$M_R = 0.73 M_C$
$2 < M_C \leqslant 5$	$M_R = 0.69 M_C$
$5 < M_C < 10$	$M_R = 0.60 M_C$

表 4.6 圆台形压边冒口尺寸

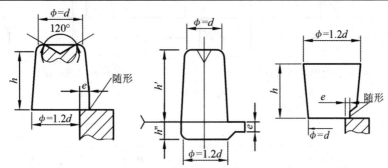

(a) 圆台形暗压边冒口 (b) 圆台形暗飞翅侧冒口 (c) 圆台形压边明冒口

$$V_R = 1.429 d^3 \qquad M_R = 0.201 d \qquad h = 1.5 d \qquad h' = 1.2 d \qquad h'' = 0.3 d$$

冒口										能补缩的最大铸件模数 M_C/cm
M_R/cm	V_R/L	G_R/kg	d/mm	h/mm	h'/mm	h''/mm	e/mm	c/mm	l/mm	
1.005	0.179	1.24	50	75	60	15	5~8	8		1.069
1.206	0.309	2.7	60	90	72	18	6~9	8		1.283
1.407	0.49	3.4	70	105	85	21	6~9	8		1.5
1.608	0.73	5	80	120	96	24	7~10	9		2.0
1.809	1.04	7.2	90	135	108	27	7~12	11	依	2.48
2.01	1.43	9.8	100	150	120	30	7~12	11	据	2.75
2.11	1.65	11.4	105	158	126	32	7~12	11	铸	3.06
2.21	1.90	13	110	165	132	33	8~13	12	件	3.2
2.31	2.17	15	115	175	138	35	8~13	12	要	3.35
2.41	2.47	17	120	180	144	36	8~14	13	求	3.5
2.51	2.79	19	125	190	150	37	8~14	13	而	3.64
2.61	3.14	21	130	195	156	39	8~14	13	定	3.78
2.71	3.52	24	135	205	162	40	8~14	13		3.93
2.81	3.92	27	140	210	168	42	9~15	15		4.1
2.91	4.36	30	145	218	174	44	9~15	15		4.22
3.01	4.38	33	150	225	180	45	9~15	15		4.36

注:①飞翅暗侧冒口可做成双飞翅或单飞翅,双飞翅用于双向补缩。

②l 可大于冒口直径 d,依据铸件要求而定。

③压边冒口的 e 取偏小值,飞翅侧冒口的 e 取偏大值。

表 4.7　正圆台形压边冒口尺寸

正台形压力冒口

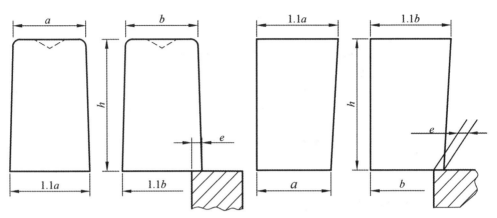

（a）正台形暗压边冒口　　　　　　　　（b）正台形明压边冒口

$$V_R=1.655a^3\quad M_R=0.187a\quad b=a\quad h=1.5a$$

冒口尺寸								能补缩的最大铸件模数 M_C/cm
M_R/cm	V_R/L	G_R/kg	a/mm	b/mm	h/mm	e/mm	l/mm	
1.87	1.655	11.4	100	100	150	7～15	与冒口根部相同	2.71
2.06	2.20	15.1	110	110	165	7～15		2.98
2.24	2.86	19.7	120	120	180	7～15		3.25
2.43	3.63	25	130	130	195	8～17		3.52
2.62	4.54	31.3	140	140	210	8～17		3.80
2.71	5.04	34.8	145	145	218	8～17		3.93
2.80	5.58	38.5	150	150	225	8～17		4.06
2.89	6.16	42.5	155	155	233	8～17		4.19
2.99	6.77	46.7	160	160	240	8～17		4.33
3.08	7.43	51.3	165	165	248	10～19		5.13
3.17	8.13	56.1	170	170	255	10～19		5.30
3.27	8.87	61.2	175	175	263	10～19		5.45
3.36	9.65	66.6	180	180	270	12～20		5.60
3.64	10.5	72.5	185	185	278	12～20		5.77
3.55	11.3	78	190	190	285	13～23		5.92
3.74	13.2	91	200	200	300	13～23		6.23

注：暗冒口的侧面及顶面的棱角和明冒口侧面的棱角倒成 $R=3～5$ mm 的圆角。

应该指出，压边冒口的模数只反映了它与铸件设置冒口部位的凝固时间比，不反映冒口的补缩能力。表 4.8 给出的灰铸铁件工艺出品率是试验经验的总结，可用它来校核压边冒口的质量或数量是否合适，如果工艺出品率太高，可适当增加冒口数量或冒口尺寸。

表 4.8　灰铸铁件的工艺出品率

铸件质量 G_c/kg	工艺出品率/%		
	大批量流水线生产	成批生产	单件小批生产
<100	75～80	70～80	65～75
100～1 000	80～85	80～85	75～80
>1 000	—	85～90	80～90

注:铸件质量中应包含因胀箱而增加的质量。

　　压边浇冒口的压边缝隙宽度 e 是一个重要尺寸。通常,普通灰铸铁件取 $e=3～7$ mm,高牌号灰铸铁件取 $e=7～15$ mm。若压边缝隙过窄、过短,浇注较大铸件的时间将会很长,会促使缝隙周围的型砂过热,可能使铸件局部晶粒粗大或产生黏砂、气孔等缺陷;若缝隙过大,又可能产生局部缩松。因此,应合理地选择缝隙宽度、压边浇冒口数量及缝隙长度。压边缝隙面积实际上是内浇道的面积,已知内浇道的面积,即可按浇注系统的计算方法设计直浇道和横浇道。

4.3.2　可锻铸铁件冒口设计

　　可锻铸铁件是用低碳、低硅的白口铸铁成分的铁液浇注的,这种成分的铁液收缩大,在铸件的厚大处和热节处易产生缩孔、缩松和裂纹,常需设置冒口进行补缩。为增强冒口的补缩作用,常用带暗冒口的浇注系统,如图 4.22 所示。确定可锻铸铁件补缩冒口尺寸图如图 4.23 所示。可锻铸铁件暗冒口尺寸见表 4.9。

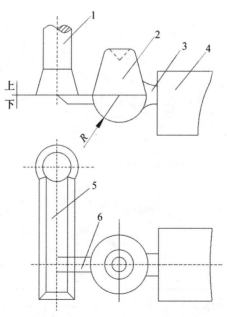

图 4.22　可锻铸铁件带暗冒口的浇注系统
1—直浇道;2—暗冒口;3—冒口颈;4—铸件;5—横浇道;6—内浇道

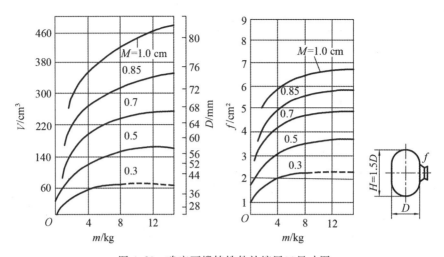

图 4.23 确定可锻铸铁件补缩冒口尺寸图

V—冒口体积;D—冒口直径;f—冒口颈截面积;m—铸件质量;M—铸件模数

表 4.9 可锻铸铁件暗冒口尺寸   单位:mm

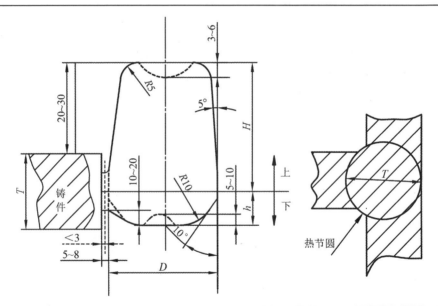

暗冒口直径 D	铸件被补缩位置		冒口颈截面积与铸件与补缩节点热节圆面积之比
	上型	下型	
$D=(2.2\sim2.8)T$	$H=1.5D$	$H=D$	$(1\sim1.5):1$
	$h=0.25D$	$h=0.5D$	

注:①对于壁厚较薄,但质量较大或形状较高的铸件,D/T 的数值应适当扩大,一般可取 $D=(3\sim4)T$。

②当一个暗冒口补缩两个热节时,该暗冒口的直径要相应增大到表中数据的 $1.1\sim1.2$ 倍;当一个暗冒口补缩两个以上的热节区时,该暗冒口的直径要相应增大到表中数据的 $1.2\sim1.3$ 倍。

4.3.3　球墨铸铁件冒口设计

如果铸型的刚度较高,如采用干型、自硬砂型、水泥砂型等,能充分利用共晶膨胀压力减少缩松,对于一般铸件可不考虑冒口补缩距离。如果采用湿砂型铸件、壳型铸件,冒口补缩距离见表 4.10。

表 4.10　球墨铸铁件冒口补缩距离　　　　　　　　　单位:mm

铸件厚度或 热节圆直径	水平补缩			垂直补缩
	湿型(条件 1)	湿型(条件 2)	湿型(条件 3)	壳型
6.35	—	31.75	—	—
12.7	101.6~114.3	101.6	88.9	88.9
15.86	—	—	127	—
19.05	—	—	—	133.4
25.4	101.6~127	114.3	127	165.1
38.10	139.7~152.4	—	—	228.6
50.8	—	228.6	—	—

注:表中三种湿型数据是在不同试验条件下获得的。

球墨铸铁的液态体收缩率 ε 与浇注温度 t_p、碳当量 CE 的关系如图 4.24 所示。

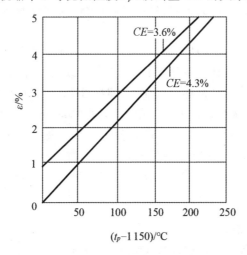

图 4.24　球墨铸铁的液态体收缩率与浇注温度和碳当量的关系

球墨铸铁件可以采用与灰铸铁件类似的压边冒口,也可以采用如下方法设计冒口。

(1)比例法设计冒口。

比例法设计冒口遵循顺序凝固原则,即铸件比冒口颈先凝固,冒口颈比冒口先凝固。铸件的液态体收缩由冒口补给,铸件进入共晶膨胀期把多余的铁液挤回冒口,依靠冒口中的铁液重力消除凝固后期的缩孔、缩松。这种设计方法虽不能消除铸件的缩松,但可用于任何壁厚、各种砂型的球墨铸铁件铸造,对砂型的刚度无严格要求。但这种冒口的尺寸较大,工艺出品率低,会增加铸件成本。对厚实球墨铸铁件采用大冒口补缩的效果不如采用压边冒口的效果好。常见的冒口设计方法中球墨铸铁件冒口尺寸见表 4.11。

表 4.11　球墨铸铁件冒口尺寸　　　　　　　　　　　单位:mm

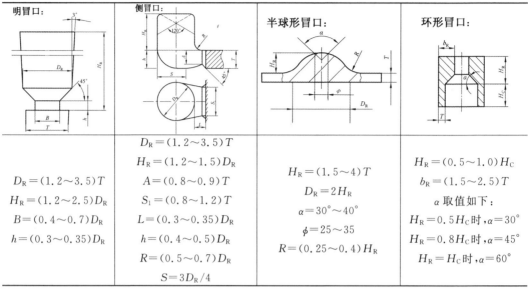

明冒口:	侧冒口:	半球形冒口:	环形冒口:
$D_R=(1.2\sim3.5)T$ $H_R=(1.2\sim2.5)D_R$ $B=(0.4\sim0.7)D_R$ $h=(0.3\sim0.35)D_R$	$D_R=(1.2\sim3.5)T$ $H_R=(1.2\sim1.5)D_R$ $A=(0.8\sim0.9)T$ $S_1=(0.8\sim1.2)T$ $L=(0.3\sim0.35)D_R$ $h=(0.4\sim0.5)D_R$ $R=(0.5\sim0.7)D_R$ $S=3D_R/4$	$H_R=(1.5\sim4)T$ $D_R=2H_R$ $\alpha=30°\sim40°$ $\phi=25\sim35$ $R=(0.25\sim0.4)H_R$	$H_R=(0.5\sim1.0)H_C$ $b_R=(1.5\sim2.5)T$ α 取值如下: $H_R=0.5H_C$ 时,$\alpha=30°$ $H_R=0.8H_C$ 时,$\alpha=45°$ $H_R=H_C$ 时,$\alpha=60°$

注:①一般壁厚铸件,取 $D_R=T+500$ mm。

②圆柱体、立方体等取 $D_R=(1.2\sim1.5)T$。

(2)控制压力法设计冒口。

按照铸件的凝固模数不同,分为直接压力冒口设计法和控制压力冒口设计法两种设计方法。

①直接压力冒口设计法。这种方法的基本原理是:当铸件处于液态收缩期时,冒口能够进行补缩;当液态收缩终止或体积膨胀开始时,使冒口颈及时冻结,利用铸件的共晶膨胀在高强度铸型内形成内压力,迫使液体流向缩孔、缩松处,这样就可以预防铸件于凝固期出现真空,从而避免出现缩孔、缩松。该方法适用于 $M_C\leqslant0.48$ cm 的铸件。

根据金属由浇注温度冷却到共晶温度,铸件单位表面积释放的热流量等于冒口颈从浇注温度到完全凝固通过单位表面积的热流量,得出的冒口颈模数 M_N 的计算公式为

$$M_N=\frac{(t_p-1\,150)M_C}{t_p-1\,150+\dfrac{L}{c}} \tag{4.16}$$

式中　M_N——冒口颈模数(cm);

　　　M_C——设置冒口部位的铸件模数(cm);

　　　t_p——铁液充型温度(℃);

　　　1 150——铸铁的共晶温度(℃);

　　　c——铁液比热容,c 与铁液温度有关,在 1 150~1 350 ℃范围内,c 为 835~963 J/(kg · ℃);

　　　L——铸铁的结晶潜热,$L=193\sim247$ kJ/kg。

考虑到浇注时的热量损失、铸件外壳凝固的热损失等,将式(4.16)修正成图 4.25,供设计时使用。对于 $M_C\leqslant0.48$ cm 的铸件,通常把浇注系统视为冒口进行补缩,内浇道的截面按 M_N 进行设计。应用实例如图 4.26 所示,铸件壁厚为 9.5 mm、模数 $M_C=0.47$ cm、充型温度为 1 320 ℃时,由图 4.25 得内浇道模数 $M_N=0.4$ cm。图 4.26 中浇注系统的网线部分

起冒口作用。

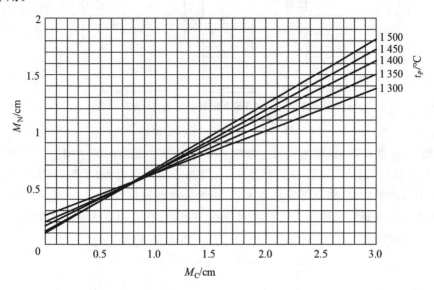

图 4.25　M_N 与 M_C 的关系

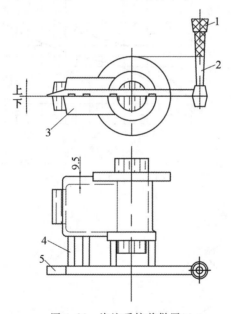

图 4.26　浇注系统兼做冒口

1—浇口杯；2—直浇道；3—铸件；4—内浇道（冒口颈）；5—横浇道

②控制压力冒口设计法。这种方法的基本原理是：在内浇道凝固后由冒口补偿铸件的液态收缩，而在铸件发生共晶膨胀时，冒口又接受来自铸件的金属液以释放压力，使铸型不发生变形，同时在铸件内保持适当的压力来进行补缩。控制压力冒口设计图如图 4.27 所示。该方法适用于 $0.48\ \text{cm} < M_C < 2.5\ \text{cm}$、硬度大于 85 的湿型生产的球墨铸铁件。冒口应靠近铸件厚大部位安置，以暗侧冒口为宜（可采用压边暗冒口）。

控制压力冒口的模数 M_R 主要与设置冒口部分的铸件模数 M_C 和金属液的冶金质量有关，如图 4.28 所示。当冶金质量好时，M_R 按"冶金质量好"曲线取值；当冶金质量差时，M_R

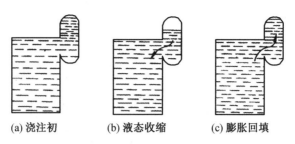

(a) 浇注初　　　　　(b) 液态收缩　　　　　(c) 膨胀回填

图 4.27　控制压力冒口示意图

按"冶金质量差"曲线取值;冶金质量一般时,M_R 取两条曲线之间的中间值。以选定的冒口模数 M_R 值计算冒口尺寸,以冒口的有效体积(即高于铸件最高点的冒口体积)校核铸件液态收缩所需补缩的体积,两者都满足要求时,所选择的冒口尺寸合适,一般要求冒口有效补缩体积大于铸件液态收缩体积。铸件液态体收缩率 ε($\varepsilon = V_S/V_C$,V_C 为设置冒口部位的铸件体积,V_S 为铸件液态收缩体积)与 M_C 的关系如图 4.29 所示。

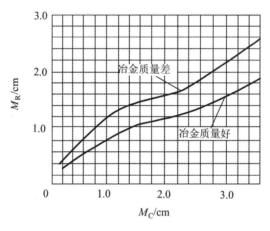

图 4.28　M_R 与 M_C 的关系曲线

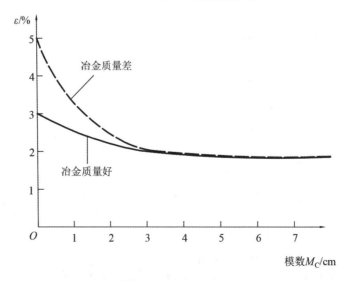

图 4.29　铸件液态体收缩率 ε 与 M_C 的关系

V_C—设置冒口部位的铸件体积;V_S—铸件液态收缩体积

　　根据金相试样上的石墨球数确定冶金质量。从 25.4 mm 厚($M_C=0.79$ cm)的 Y 型试样上截取金相相，以 1 mm² 面积上的石墨球数作为评定标准，冶金质量评定标准见表 4.12。

表 4.12　冶金质量评定标准

冶金质量等级	好	中	差
石墨球数 n/mm^2	>150	90~150	<90

　　冒口颈模数按 $M_N=0.67M_R$ 计算，由 M_R 值按计算杆的模数公式算出冒口颈的截面尺寸。采用短冒口颈，其横截面可选用圆形、正方形或矩形。采用暗冒口容积和冒口颈模数双重控制，可在湿砂型中铸出合格的铸件。

　　冒口补缩距离与传统冒口的补缩概念不同，控制压力冒口的补缩距离不是表示由冒口把铁液输送到铸件的凝固部位的最大距离，而是表示由凝固部位向冒口回填铁液能输送的最大距离。由凝固部位向冒口回填铁液能输送的最大距离与冶金质量、铸件模数有关。冶金质量好、模数大，则输送距离大。输送距离达不到的部位，若铸件内膨胀力过大，可能使铸件胀大、变形及产生缩松。

　　(3)无冒口补缩设计法。

　　$M_C>2.5$ cm 的球墨铸铁件，采用干型、自硬砂型、水泥砂型等刚度大的砂型铸造时，可采用无冒口铸造。为了利用共晶膨胀消除缩孔、缩松缺陷，设计铸造工艺时应满足下列条件：

　　①当铸件的模数较大时，可以获得很高的膨胀压力，因此要求铸件的平均模数 $M_C>2.5$ cm。

　　②采用多浇道引入铁液，每个内浇道横截面尺寸应不超过 15 mm×60 mm。内浇道中铁液快速凝固使铸件内部很快建立起共晶膨胀压力。

　　③设置 $\phi20$ mm 的明出气孔，约每 0.5 m² 设置一个，均匀布置。

　　④采用高硬度、高刚性的砂型，防止型壁移动。铸型的上型和下型紧固牢靠，防止抬箱。

　　⑤铁液的冶金质量好，以减小铁液一次和二次收缩量，降低缩孔、缩松倾向。

　　⑥低温快浇，浇注温度控制在 1 300~1 350 ℃，以减少液态体收缩量。

　　⑦为了安全起见，可采用 1~2 个质量不超过浇注质量 2% 的小暗冒口，用于消除可能产生的轻微缩松等缺陷。

4.4　冷　　铁

　　为增加铸件局部冷却速度，在型腔内部及工作表面安放的金属块称为冷铁。冷铁分为内冷铁和外冷铁两大类。放置在型腔内能与铸件熔合的金属激冷块称为内冷铁，造型(芯)时放在模样(芯盒)表面上的金属激冷块称为外冷铁。内冷铁是铸件的一部分，应和铸件材质相同。外冷铁用后回收，一般可重复使用。根据铸件材质和激冷作用强弱，可采用钢、铸铁、铜、铝等材质的外冷铁，还可采用蓄热系数比石英砂大的非金属材料(如石墨、碳素砂、铬镁砂、铬砂、镁砂、锆砂等)作为激冷物使用。

　　冷铁的作用有：

（1）在冒口难以补缩的部位防止缩孔、缩松。

（2）防止壁厚交叉部位及急剧变化部位产生裂纹。

（3）与冒口配合使用，能加强铸件的顺序凝固条件，扩大冒口补缩距离或范围，减少冒口数目或体积。

（4）用冷铁加速个别热节的冷却，使整个铸件接近同时凝固，既可防止或减轻铸件变形，又可提高工艺出品率。

（5）改善铸件局部的金相组织和力学性能，如细化基体组织、提高铸件表面硬度和耐磨性等。

（6）减轻或防止厚壁铸件中的偏析。

4.4.1 外冷铁

（1）种类。

外冷铁分为直接外冷铁和间接外冷铁。

直接外冷铁（明冷铁，如图 4.30 所示）与铸件表面直接接触，激冷作用强；间接外冷铁（图 4.31）与被激冷铸件之间有 $10\sim15$ mm 厚的砂层相隔，故又名隔砂冷铁、暗冷铁，激冷作用弱。间接外冷铁可避免灰铸铁件表面产生白口层或过冷石墨层，还可避免因直接外冷铁激冷作用过强产生裂纹。铸件外观平整，不会出现同铸件熔接等缺陷。

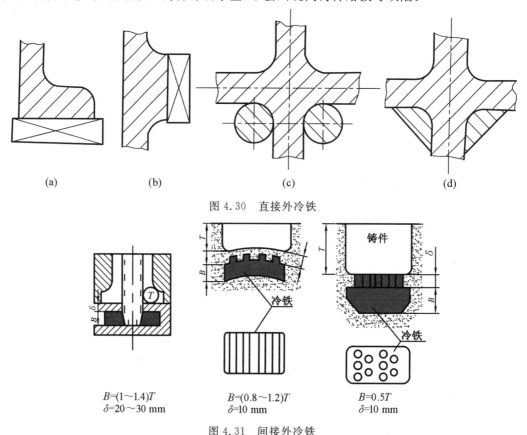

| (a) | (b) | (c) | (d) |

图 4.30 直接外冷铁

$B=(1\sim1.4)T$
$\delta=20\sim30$ mm

$B=(0.8\sim1.2)T$
$\delta=10$ mm

$B=0.5T$
$\delta=10$ mm

图 4.31 间接外冷铁

（2）作用特点。

用接触面积为 76 mm×76 mm、厚度不同的外冷铁,浇注体积为 127 mm×127 mm× 203 mm 的碳素钢长方体进行凝固速度的系统试验,铸钢凝固速度和冷铁厚度的关系如图 4.32 所示。

①在开始阶段,外冷铁处钢的凝固速度大,此后外冷铁处的凝固速度同型砂处相近,说明外冷铁吸热后激冷作用减弱。

②冷铁厚度大,激冷作用强,但当厚度达一定值后,钢的凝固速度将不再增加,厚度为 13 mm、25 mm、75 mm 的冷铁效果几乎相同,因而没有必要用过厚的外冷铁。

③外冷铁处钢的凝固层厚度为砂型处的两倍以上。在冷铁和砂型的交界处,由于凝固层厚度不同,线收缩开始时间也不同,有可能引起裂纹。冷铁边界处的裂纹如图 4.33 所示。外冷铁的侧面应做成 45° 的斜面,使砂型和冷铁交界处有平缓的过渡。若冷铁面积太大,已凝固层向冷铁中

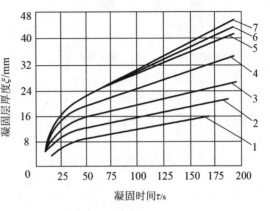

图 4.32　铸钢凝固速度和冷铁厚度的关系
1—砂型；2—冷铁厚 1.6 mm；3—冷铁厚 3 mm；4—冷铁厚 6 mm；5—冷铁厚 13 mm；6—冷铁厚 25 mm；7—冷铁厚 75 mm

心收缩的应力也大,容易引起热裂。当需激冷表面积大时,宜采用多块小型外冷铁,间错布置,相互留一定间隙。在实际生产中,外冷铁的激冷效果与多种因素有关,如冷铁材质、表面涂料层的性质和厚度、冷铁尺寸、形状、布置位置、金属液流经冷铁时间的长短等。

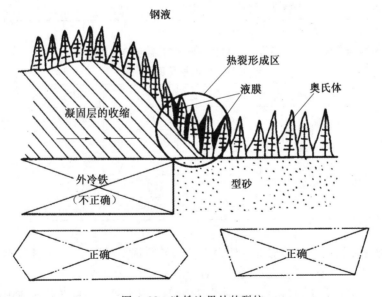

图 4.33　冷铁边界处的裂纹

（3）使用注意事项。

①外冷铁的位置和激冷能力的选择不应破坏顺序凝固条件,不应堵塞补缩通道（图 4.34）。冷铁和冒口配合使用时,冷铁离冒口不能太近（图 4.35）。

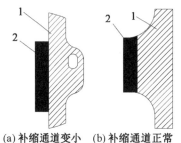

| (a)补缩通道变小 | (b)补缩通道正常 |

图 4.34　冷铁位置对补缩通道的影响

1—铸件;2—冷铁

图 4.35　齿轮轮缘的冷铁

②每块冷铁勿过大、过长,冷铁之间应留间隙。避免铸件产生裂纹和因冷铁受热膨胀而毁坏铸型。

③外冷铁的厚度、长度和间距可参照表 4.13 和表 4.14 选取。

表 4.13　外冷铁的厚度(经验法)　　　　　　　　　　单位:mm

序号	适用条件	外冷铁厚度
1	灰铸铁	$\delta=(0.25\sim0.5)T^{①}$
2	球墨铸铁	$\delta=(0.3\sim0.8)T$
3	可锻铸铁	$\delta=1.0T$
4	铸钢件	$\delta=(0.3\sim0.8)T$
5	铜合金铸件	铸铁冷铁 $\delta=(1.0\sim2.0)T$
		铜冷铁 $\delta=(0.6\sim1.0)T$
6	轻合金铸件	$\delta=(0.8\sim1.0)T^{②}$

注:①T 为铸件热节圆直径。

②对轻合金铸件,当 T 大于 2.5 倍铸件壁厚时,需配合使用冒口。

表 4.14　外冷铁长度和间距　　　单位:mm

冷铁形状	直径或厚度	长度	间距
圆柱形	$d<25$	$100\sim150$	$12\sim20$
	$d=25\sim45$	$100\sim200$	$20\sim30$
板形	$B<10$	$100\sim150$	$6\sim10$
	$B=10\sim25$	$150\sim200$	$10\sim20$
	$B=25\sim75$	$200\sim300$	$20\sim30$

④尽量把外冷铁放在铸件底部和侧面。顶部外冷铁不易固定,且常常影响型腔排气。

⑤外冷铁工作表面应平整光洁,去除油污和锈蚀,涂以涂料。

⑥铸铁外冷铁多次使用后,易使铸件产生气孔。用于要求高的铸件时应限制使用次数。使用中氧及其他气体会沿石墨缝隙进入冷铁内部,造成其氧化、生长。再次应用时,遇热就会析出气体,导致铸件气孔。

（4）外冷铁的计算。

为防止外冷铁被铸件熔接，应计算或校核外冷铁的质量。计算原理为：铸件（热节部分）的质量为 W_0，用外冷铁激冷后，铸件模数 M_0 减小为等效模数 M_1，对应 M_1 的铸件质量为 W_1，则质量差 (W_0-W_1) 所含的过热热量和结晶潜热 L 应被质量为 W_c 的外冷铁所吸收并使之升温。设 C_L、C_S 分别为金属液、固体的比热容，一般铸件凝固结束时允许外冷铁最高温度为 600 ℃。

4.4.2　内冷铁

内冷铁的激冷作用比外冷铁强，能有效防止厚壁铸件中心部位缩松、偏析等，但应用时必须对内冷铁的材质、表面处理、质量和尺寸等严加控制，以免引起缺陷。通常是在外冷铁激冷作用不足时才用内冷铁，主要用于壁厚大而技术要求不太高的铸件（特别是铸钢件）。

一般应用的是"熔接内冷铁"，要求内冷铁和铸件牢固地熔为一体。只在个别条件下才允许应用"非熔接内冷铁"（例如，在铸件加工孔中心放置的内冷铁，在以后加工时被钻去）。常用内冷铁形状和放置方法如图 4.36 所示。

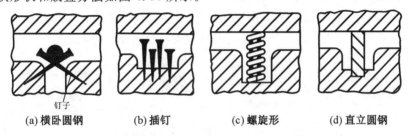

| (a) 横卧圆钢 | (b) 插钉 | (c) 螺旋形 | (d) 直立圆钢 |

图 4.36　常用内冷铁形状和放置方法

确定内冷铁尺寸、质量和数量的原则是：冷铁要有足够的激冷作用以控制铸件的凝固，且能够与铸件本体熔接在一起而不削弱铸件强度。

内冷铁质量 W_d 可按下式计算：

$$W_d = KG \tag{4.17}$$

式中　G——铸件或被激冷的热节部位质量（kg）；

　　　K——系数（%），即内冷铁占铸件（热节处）的质量分数，见表 4.15。

表 4.15　内冷铁占铸件的质量分数 K

钢铸件类型	$K/\%$	内冷铁直径/mm
小件铸件，或铸件要求高。防止因内冷铁而使力学性能急剧降低	2～5	5～15
中型铸件，或铸件上不太重要的部分，如凸肩等	6～7	15～19
大型铸件，对熔化内冷铁非常有利时，如床座、锤头、砧子等	8～10	19～30

注：①对实体铸件（如砧子等），内冷铁按铸件总质量计算，在其他条件下则按放置冷铁的部分质量计算。

②若流经内冷铁处的金属液多，则取上限，否则取下限。

使用内冷铁时应注意以下几点：

①内冷铁材质不应含有过多气体（如沸腾钢内冷铁易引起气孔）。表面应十分洁净，应去除锈斑和油污等。

②对于干砂型,内冷铁应于铸型烘干后再放入型腔;对于湿砂型,放置内冷铁后应尽快浇注,不要超过 3～4 h,以免冷铁表面氧化、凝聚水分而产生铸件气孔。

③内冷铁表面应镀锡或锌,以防存放时生锈。

④放置内冷铁的砂型应有明出气孔或明冒口。

4.5 铸 筋

铸筋又称工艺筋,分为两类。一类是收缩筋(又称割筋),用于防止铸件热裂;另一类是拉筋(又称加强筋),用于防止铸件变形。收缩筋要在清理时去除,只有在不影响铸件使用并得到用货单位同意的条件下才允许保留在铸件上。拉筋则必须在消除内应力的热处理之后才能去除。

4.5.1 收缩筋

收缩筋比铸件壁薄,先于铸件凝固并获得强度,承担铸件收缩时引起的拉应力而避免热裂。显然,收缩筋方向应与拉应力方向一致,而与裂纹方向相垂直。常用的收缩筋形状有三角筋、井字筋、弧形筋和长筋等。收缩筋的形状和实例如图 4.37 所示。

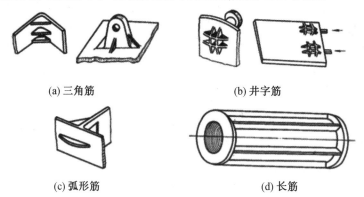

(a) 三角筋　　　　　　　　　　　　(b) 井字筋

(c) 弧形筋　　　　　　　　　　　　(d) 长筋

图 4.37　收缩筋的形状和实例

易产生热裂的铸件典型结构如图 4.38 所示。铸件在凝固收缩时,承受拉应力的壁称为主壁,与主壁相交形成热节并使主壁产生拉应力的壁称为邻壁。邻壁长度和主、邻壁厚之间的关系决定着收缩应力的大小。根据实践经验,当 $\frac{a}{b} > 2, \frac{l}{b} < 2$ 或 $\frac{a}{b} > 3, \frac{l}{b} < 1$ 时可以不设割筋,超出上述范围就应设割筋以防热裂。

收缩筋除用于防止热裂之外,还有加强冷却的作用。单纯为加强散热作用而设置的收缩筋又叫激冷筋。常用的收缩筋形式及尺寸见表 4.16。

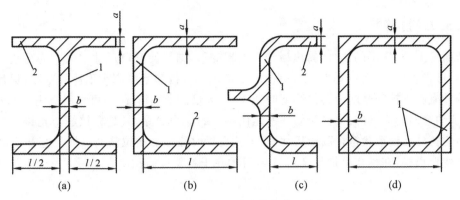

图 4.38　易产生热裂的铸件典型结构
1—主壁;2—邻壁

表 4.16　常用的收缩筋形式及尺寸　　　　　　　　单位:mm

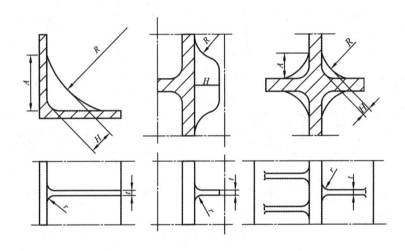

主要壁厚	筋厚	H	筋间距离	R	A	r
6～10	<3.5	20	40	35	45	2
11～15	5	30	60	50	65	3
16～25	6～7	35	80	70	75	4
26～40	8～10	45	140	90	100	5
41～60	12～14	55	160	120	125	5
61～100	16～18	65	180	160	140	6
101～200	20～24	70～80	200	160	170	8
201～300	25～30	85～100	200	160	210	10

4.5.2 拉筋

断面呈 U、V 字形的铸件,铸出后经常发现变形,结果使开口尺寸增大。为防止这类铸件变形,可设置拉筋,实例如图 4.39 和图 4.40 所示。拉筋壁厚应小于铸件壁厚,保证拉筋先于铸件凝固。拉筋厚度为铸件厚度的 0.4～0.6 倍。个别情况下,可利用浇注系统充当拉筋,以节约金属。应指出:设置拉筋并不能使铸件的应力消除,只是靠拉筋防止铸件变形过大。为使铸件几何形状符合图样尺寸,在工艺设计时往往要在拉筋两端加工艺补正量 e,或使用反变形模样,在模样上加反变形量 e,目的在于补偿拉筋在应力作用下所产生的弹性变形量。

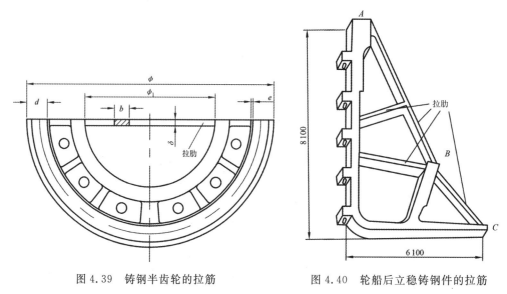

图 4.39　铸钢半齿轮的拉筋　　　　图 4.40　轮船后立稳铸钢件的拉筋

课 后 练 习

一、判断题(A 正确,B 错误)

1.暗冒口设置的高度不得低于浇口高度,以便增加压力提高补缩效果。(　　)

2.球墨铸铁件之所以有可能采用无冒口设计,是利用了球墨铸铁在凝固的过程中由于石墨化产生的收缩前膨胀。(　　)

3.在凝固期间,通用冒口应有足够的补缩压力和通道,以使金属液顺利流到需要补缩部位。(　　)

4.冒口应有足够的金属液补充铸件的收缩。(　　)

5.冒口的主要作用是补缩铸件,此外还有排气、集渣功能,明冒口还可以作为观察孔。(　　)

6.通用冒口应尽量放在铸件被补缩部位的上部或最后凝固的热节旁边。(　　)

7.冒口应尽量放在铸件最低、最薄的地方。(　　)

8.冒口最好不要安放在铸件需要机械加工的表面上。(　　)

9.冷铁的作用是防止铸件产生缩孔、缩松、变形和裂纹,细化基体组织,提高铸件表面硬

度和耐磨性。（　　）

10.外冷铁激冷作用比内冷铁强。（　　）

二、单项选择题

1.为保证铸件质量,顺序凝固常于（　　）铸件生产中。

A、缩孔倾向大的合金　　　　　　　B、吸气倾向大的合金

C、流动性较差的合金　　　　　　　D、裂纹倾向大的合金

2.液态金属在凝固过程中,由于液态收缩和凝固收缩,往往在铸件最后凝固的部位出现的大而集中的孔洞称为（　　）。

A、疏松　　　　　　B、冷裂　　　　　　C、缩松　　　　　　D、缩孔

3.液态金属在凝固过程中,由于液态收缩和凝固收缩,往往在铸件最后凝固的部位出现的细小而分散的孔洞称为（　　）。

A、疏松　　　　　　B、冷裂　　　　　　C、缩松　　　　　　D、缩孔

4.可同时防止缩孔和缩松缺陷的措施为（　　）。

A、同时凝固　　　　B、顺序凝固　　　　C、直接凝固　　　　D、间接凝固

5.在设计冒口时,下列叙述正确的为（　　）。

A、模数小的铸件凝固时间短　　　　B、模数小的铸件凝固时间长

C、模数大的铸件凝固时间短　　　　D、铸件的凝固时间与模数无关

6.在冒口补缩中超过冒口补缩距离,铸件中间区会产生的缺陷为（　　）。

A、砂眼　　　　　　B、夹渣　　　　　　C、轴线缩松　　　　D、裂纹

7.下列叙述中属于冒口位置选择原则的是（　　）。

A、冒口应设在铸件热节的下方

B、冒口应设在铸件的最低处

C、在满足补缩条件的前提下,冒口不应该放在铸件的加工面上

D、冒口不应设在铸件受力大的部位

8.铸造时冒口应设在（　　）。

A、最小断面处　　　　　　　　　　B、最大断面处

C、最快冷却处　　　　　　　　　　D、收缩量最小处

9.冷铁配合冒口形成定向凝固主要用于防止铸件产生（　　）的缺陷。

A、缩孔、缩松　　　B、应力　　　　　　C、变形　　　　　　D、裂纹

10.冷铁在铸造工艺生产中对铸件的冷却速度的影响为（　　）。

A、减慢　　　　　　B、加快　　　　　　C、无影响　　　　　D、可加快也可减慢

11.内冷铁一般使用在（　　）的铸件中。

A、厚大而不重要　　B、薄壁件　　　　　C、都可以　　　　　D、重要部位

12.用作外冷铁的材料（　　）的导热性。

A、没有好　　　　　B、有较好　　　　　C、都可以　　　　　D、都不行

13.冷铁与冒口配合使用,可以（　　）冒口补缩距离。

A、增大　　　　　　B、缩小　　　　　　C、不影响　　　　　D、可能增大也可能减小

三、填空题

1.通用冒口的凝固时间应 ＿＿＿＿＿＿＿ 或 ＿＿＿＿＿＿＿ 铸件的凝固时间。

2.冒口的有效补缩距离由 _____ 与 _____ 组成。

3.冷铁分为 _____ 冷铁和 _____ 冷铁两大类。

4.只与铸件的表面接触,不和铸件熔接的冷铁是 _____ 冷铁。

5.外冷铁的种类可以分为 _____ 外冷铁和 _____ 外冷铁两类。

6.铸筋又称工艺筋,分为两类:一类是 _____ ,用于防止铸件热裂;另一类是 _____ ,用于防止铸件变形。

四、概念题

1.什么是冒口?

2.什么是补贴?

3.什么是冷铁?

五、简答题

1.冒口的功用是什么? 常用哪几种冒口?

2.铸钢冒口和铸铁(灰铸铁和球铁)冒口在设计原则上有哪些相同点? 有哪些不同点?

3.什么是通用冒口? 什么是实用冒口?

4.球墨铸铁件的实用冒口有几种?

5.补贴有什么作用?

6.冷铁有何用处?

7.直接实用冒口有何特点?

8.无冒口铸造的应用条件是什么?

9.收缩胁的作用?

10.提高通用冒口补缩效率的措施是什么?

11.大气压力冒口能否补缩比冒口高的铸件? 为什么?

12.冒口的作用是什么?

13.冒口必须满足的基本条件是什么?

第5章 ProCAST 铸造模拟仿真软件介绍及案例应用

ProCAST 软件是法国 ESI 公司旗下的一款为铸造行业提供热物理综合解决方案的 CAE 产品,其铸造过程的模拟采用基于有限元法(FEM)的数值计算和综合求解的方法。借助 ProCAST 软件强大的有限元分析功能,铸造工作者在确定铸造工艺设计方案之前,便能够对铸件凝固成型过程中的流场、温度场、应力场及组织、晶粒等进行模拟,并对铸件质量实现十分准确的预测。作为一款专门为铸造模拟仿真而开发的 CAE 系统,ProCAST 可以模拟高温金属液在铸型中的流动过程,显示浇不足、冷隔、裹气、热节的位置,预测铸件凝固结束后疏松、缩孔的体积与分布及铸件宏观组织与元素偏析等。

该软件自 1988 年第一版问世以来,受到了世界各地铸造工作者的广泛青睐。由于其是一款基于金属凝固理论、传热、传质和流体力学等原理开发的数值模拟软件,热力学参数众多,这就要求使用者具备相当程度的铸造技术的理论基础。在材料热物性参数、边界换热条件、界面换热系数等参数的设置方面,其往往使初学者无从下手。本章旨在为初学者对 ProCAST 铸造模拟仿真软件进行初步介绍,并提供一个基本的操作流程指导,为使用者将来进行高级的应用打好基础。

5.1 ProCAST 模拟软件简介

ProCAST 是一款基于有限元模拟技术的计算机铸造模拟仿真软件,其主要特点如下:

①全新模块化的设计,适用于任何铸造过程的分析和优化。

②采用有限元技术,是目前唯一能对铸件凝固过程进行热-流动-应力完全耦合计算的铸造模拟软件。该软件无须与第三方模拟软件进行耦合计算,模拟结果准确、可靠。

③高度集成 CAD/CAE,可以直接读取主流建模软件的图形文件,且具备强大的几何修复能力。

④采用了工程化、标准化的用户界面,操作效率高。其帮助文档(HELP) 内容详实,能高效解决用户在使用过程中遇到的大部分困难。

5.1.1 材料数据库

ProCAST 可以模拟任何合金的凝固过程,其公共材料数据库中涵盖大部分金属材料,从常见的钢和铸铁到铝基、铜基、镁基、镍基、钛基和锌基合金等,还涵盖了非传统合金及聚合体。同时,用户可根据需要,通过选择基体并输入相应的合金成分创建用户材料数据库。

5.1.2 模拟分析能力

ProCAST 可以模拟分析铸造生产过程中可能出现的问题,通过将铸型型腔内的流动场、温度场、应力场的变化情况进行可视化,为铸造工作者研究铸件凝固过程提供全新的途径,可以指导新的铸造工艺设计方案的制订。ProCAST 预测分析类型如图 5.1 所示。

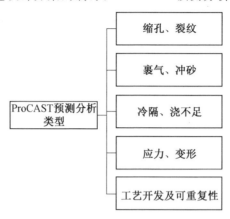

图 5.1 ProCAST 预测分析类型

5.1.3 分析模块

对于普通用户,一般使用 ProCAST 的项目管理模块、基本模块、流动分析模块、应力分析模块等标准模块;对于科研人员等对铸造模拟仿真有着更高要求的用户,则需要用到包含更多功能的高级模块。

标准模块:项目管理模块、传热分析模块、流动分析模块、应力分析模块等。

高级模块:晶粒结构分析模块、微观组织分析模块、反求优化模块等。

(1)项目管理模块。

通过采用全新的软件管理系统,用户可以非常方便地建立和管理项目目录。项目文件的建立、重命名、复制等都可通过此管理器中直观、简洁的图标按钮完成。用户可通过安装设置(Installation Settings)和软件配置(Software Configuration)对一些特殊要求进行配置。在计算过程中可通过此管理系统实时获取当前的计算状态信息,所有图形用户界面(GUI)均基于 TCL/TK 和 OpenGL 技术。

(2)基本模块(传热分析模块)。

本模块包括 ProCAST 的前后处理和传热计算,可以对铸件凝固过程中的热传导、热对流和热辐射进行有效计算,并使用热焓方程计算相变潜热。

ProCAST 的前处理用于设置铸造工艺所涉及的所有边界条件和初始条件,铸造的物理过程就是以这些初始条件和边界条件为基础进行计算的。边界条件可以是常数,也可以是时间或温度的函数。ProCAST 配备了功能强大而灵活的后处理工具,它可以显示温度、压力和速度场,同时能将这些信息与应力和变形同步显示出来。不仅如此,ProCAST 还可以通过使用 X 射线的方式来确定疏松、缩孔的分布,采用缩孔判据和 Niyama 判据进行疏松和缩孔的预测。

(3)流动分析模块。

流动分析模块可以模拟充型过程中液体和固体的流动情况,采用纳维—斯托克斯(Navier—Stokes)方程对流体流动和传热进行耦合计算。此外,该模块还可以模拟紊流、触变行为及多孔介质(过滤网)中的流动情况。

(4)应力分析模块。

应力分析模块能够进行温度场—流场—应力场的耦合计算,可以显示由于铸件收缩而产生的铸件与铸型间的间隙,进而确定这种间隙的存在对铸件冷却和铸型中的热节造成的影响。应力分析模块包含多个描述材料机械性能的应力模型,可以将铸件或铸型的应力类型设定成刚性、弹性、线弹性、弹塑性中的任何一种。

5.1.4 系统框架

ProCAST 铸造模拟软件由一个可调用不同插件的通用集成环境组成,它包含 Visual—Mesh、Visual—Cast、ProCAST、Visual—Viewer 等。

(1) Visual—Mesh。

Visual—Mesh 模块能够对三维模型进行离散化即有限元网格的划分,该模块实现了与大部分商业 CAD 软件的完美衔接。它可以直接读入标准的 CAD 文件格式,如 *.IGES、*.Step.*.STL 等,同时也可以加载由其他商业 CAE 软件如 I—DEAS、PATRAN、ANSYS、HyperMesh、ANSA 生成的网格文件。Visual—Mesh 模块拥有独一无二的网格划分性能,它能迅速地对三维模型进行几何检查、修复、网格划分,生成的网格可以直接满足铸造模拟仿真的需要。

(2) Visual—Cast。

Visual—Cast 是 ProCAST 软件的前处理器,为材料数据库的修订和模拟过程各参数的定义提供交互式的工具,还提供了多种基本铸造运行参数的设置模板,便于用户使用。

(3) ProCAST。

ProCAST 求解器多年来得到了诸多科研院所的理论验证与广泛的工业应用,求解类型包括重力砂型铸造、高压铸造(HPDC)、低压铸造(HPDC)、熔模铸造、连续铸造等。求解器有处理大于 2 GB 文件的能力。

(4) Visual—Viewer。

Visual—Viewer 是 ProCAST 软件的后处理器,为各种结果的观察、模型的修改和报告的输出提供交互式的工具。Visual—Viewer 的主要功能如图 5.2 所示。

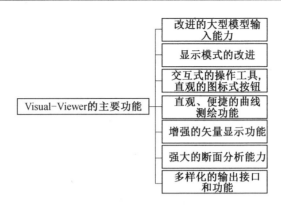

图 5.2 Visual－Viewer 的主要功能

5.2 ProCAST 铸造模拟仿真流程

铸件凝固过程的数值模拟实际上是对铸件成型系统(即铸件－砂芯－铸型等)物理模型进行有限元划分,通过数值计算获得凝固过程中相关物理场的变化情况,并结合 Niyama 铸造缺陷的形成判据来预测铸件质量。

铸件凝固过程的数值模拟包括前处理、中间计算、后处理三个模块,如图 5.3 所示。

(1)前处理模块主要为数值模拟,载入铸件和铸型的几何模型,输入铸件及造型材料的热物性参数及铸造工艺的相关参数。

(2)中间计算模块主要根据铸造过程涉及的物理场为数值计算提供计算模型,并根据铸件质量或缺陷与物理场的关系(判据)预测铸件质量。

(3)后处理模块的主要功能是将数值计算所获得的大量数据信息通过云图直观显示出来。

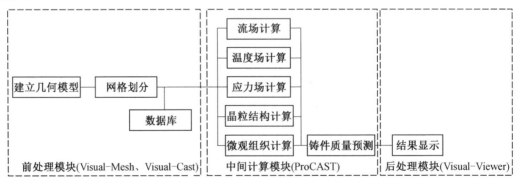

图 5.3 铸件凝固过程数值模拟系统的组成

进入 Visual－Mesh 界面后,首先导入砂型铸造的装配体(铸件、浇注系统、冒口、冷铁等)三维模型,图形文件格式包括 ＊.igs、＊.stp、＊.stl 等。经过面网格、体网格划分后进入 Visual－Cast 界面,按照图 5.4 的顺序依次进行项目描述、工作定义、重力/对称/周期/虚拟砂箱设置、组件管理、界面传热系数设置、工艺条件设置、终止条件设置等计算前的参数设置。启动模拟任务后,在 Visual－Viewer 界面对模拟过程进行实时监控。

图 5.4　Visual－Cast 中的前处理参数设置流程

5.3　ProCAST 铸造模拟仿真应用实例

ProCAST 铸造模拟仿真软件的出现,使铸造生产由传统的半经验、半理论走向了现代的理论化、定量化、可控化的发展道路,有着广阔的发展前景和巨大的经济效益。下面将以横梁铸件为例,详细讲解 ProCAST(v2018.0 with Visual－Cast 13.5)铸造模拟仿真软件的实际操作。

5.3.1　启动 ProCAST 数值模拟软件

在 Windows 操作系统上正确安装该软件后,计算机的桌面上会自动生成一个名为"ESI Group"的文件夹 。进入该文件夹,然后点击 Visual－Environment 13.5 图标 。在 Visual－Environment 13.5 文件夹中,点击 Visual－Cast 13.5 图标 来启动 Visual－Cast 13.5。

5.3.2　导入几何体

(1)点击菜单栏 Applications 选项下拉菜单中的 Mesh,进入 Visual－Mesh 界面,如图 5.5 所示。

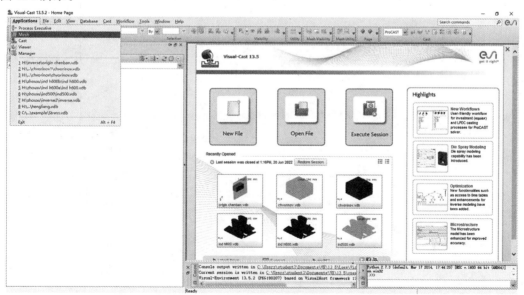

图 5.5　Visual－Cast 界面

(2)在 Visual－Mesh 界面中点击 Open File 图标 加载铸件横梁装配体的三维 CAD 模型(包含铸件、冷铁、浇注系统、冒口),如图 5.6 所示。

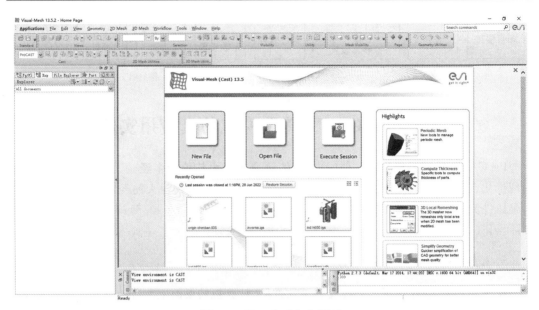

图 5.6　Visual—Mesh 界面

　　(3)选择名为"hengliang. igs"的图形文件,点击 Open 按钮载入该装配体模型,Open File 界面和装配体三维模型分别如图 5.7 和图 5.8 所示。

图 5.7　Open File 界面

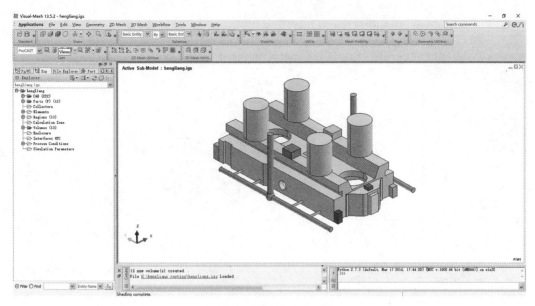

图 5.8　装配体三维模型

（4）点击菜单栏 Geometry 选项下拉菜单 Basic Shapes 中的 Box，插入一个六面体，如图 5.9 所示。

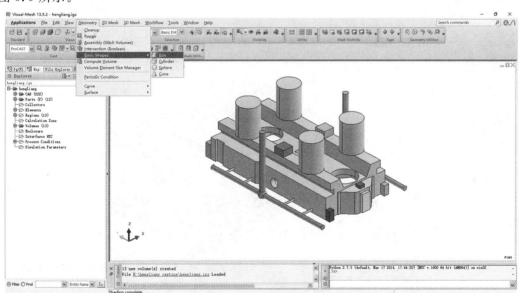

图 5.9　插入 Box 模型

（5）拖动六面体各面中心处的节点，根据实际情况调整六面体的尺寸，点击 Apply 按钮形成铸件砂箱，如图 5.10 所示。

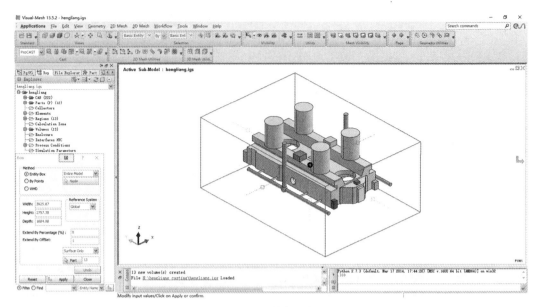

图 5.10　铸件砂箱

(6)点击菜单栏 Geometry 选项下拉菜单中的 📦 Assembly(Stitch Volumes),调用 Assembly 界面,如图 5.11 所示。

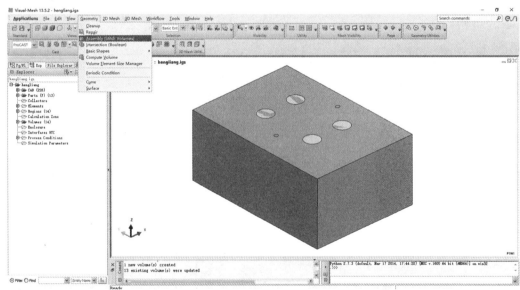

图 5.11　调用 Assembly 界面

(7)点击 Assembly 界面中的 Check,识别缝合表面或体块中的重叠区域,如图 5.12 所示。

图 5.12　Assembly 界面

（8）点击 Assembly 界面中的 Assemble All，对缝合表面或体块中的重叠区域进行合并，从而创建连接的体块，如图 5.13 所示。

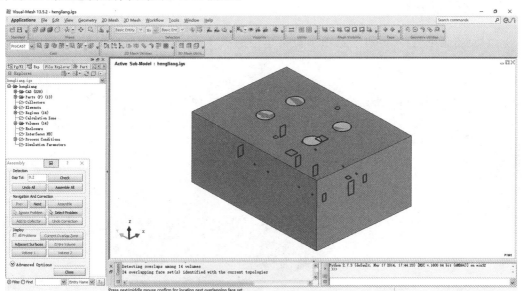

图 5.13　Assembly All 操作

（9）点击 Assembly 界面中的 Close 按钮，关闭此对话框，装配完成，如图 5.14 所示。

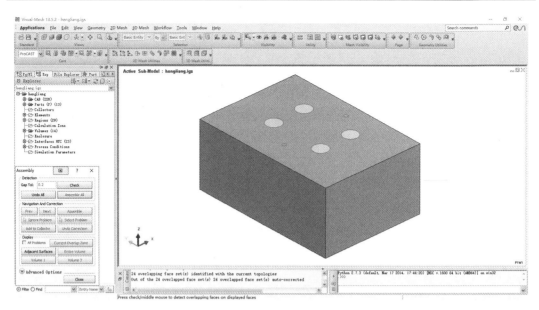

图 5.14　装配完成画面

5.3.3　划分网格

（1）点击菜单栏 Geometry 选项下拉菜单中的 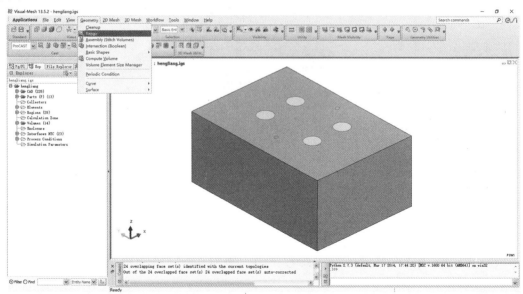 Repair，调出 Repair 界面，如图 5.15 所示。

图 5.15　调用 Repair 界面

（2）点击 Repair 对话框中的 Check 按钮，检测所有缝合表面的问题，并将检测出来的问题表面数量通过控制台报告出来，如图 5.16 所示。

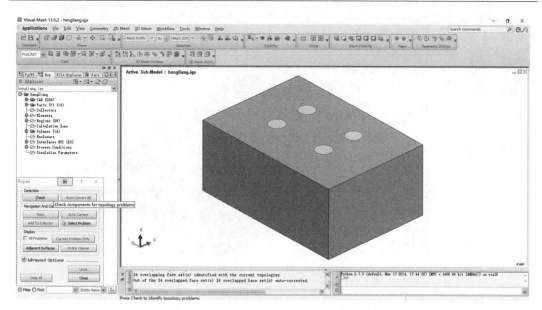

图 5.16　Repair 界面

（3）点击 Repair 对话框中的 Close 按钮，关闭 Repair 界面，如图 5.17 所示。

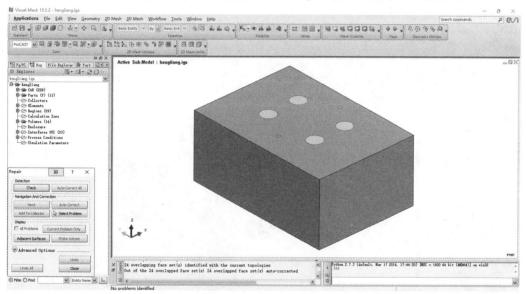

图 5.17　关闭 Repair 界面

（4）点击菜单栏 Geometry 选项下拉菜单中的 Intersection（Boolean）按钮，调用 Intersection 界面，如图 5.18 所示。

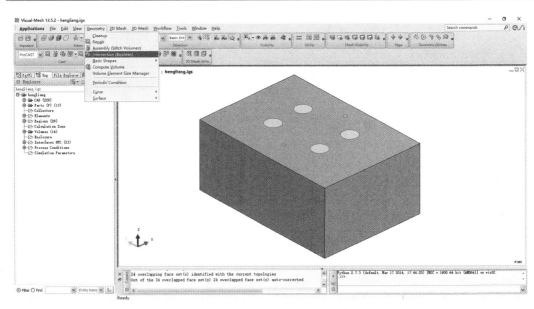

图 5.18　调用 Intersection 界面

（5）点击 Intersection 对话框中的 Check 按钮，检查活动缝合面之间的所有相交面，并将其在相交处分割，如图 5.19 所示。

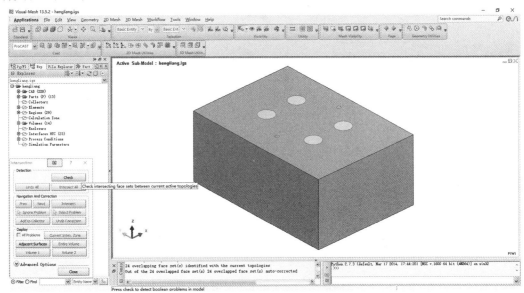

图 5.19　检查活动缝合面

（6）活动缝合面之间不存在相交面，点击 Intersection 界面中的 Close 按钮，关闭 Intersection 界面，如图 5.20 所示。

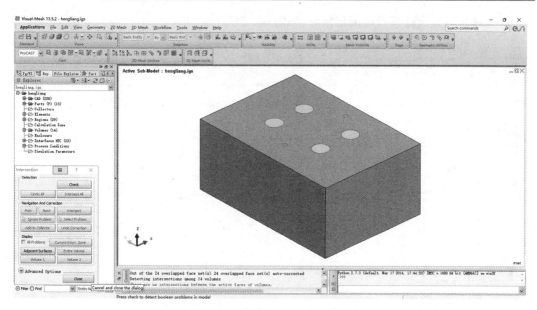

图 5.20 关闭 Intersection 界面

使用拓扑网格界面对体表面进行网格划分,通过编辑组件域的形状获得一个质量较好的网格,可以使用此界面生成二维线性、二次、三角形和四边形网格。

(7)点击菜单栏 2D Mesh 选项下拉菜单中的 Surface Mesh 按钮,调用 Surface Mesh 界面,如图 5.21 所示。

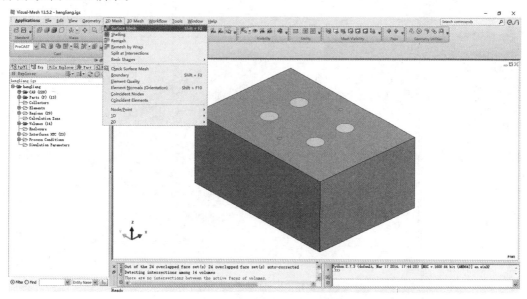

图 5.21 调用 Surface Mesh 界面

在 Surface Mesh 界面中对装配体各组件设置相应的网格大小,网格尺寸越小,网格划分越密集,计算精度越高,同时计算机运算时间越长,反之亦然。使用者可根据实际情况对铸件进行对称面的设置,在提高计算精度的同时有效减少计算机运算量。此案例中砂箱网格大小设置为 40 mm,其余组件设置为 20 mm。点击 Surface Mesh 界面的 Mesh All

Surfaces 按钮对装配体进行面网格划分，如图 5.22 所示。

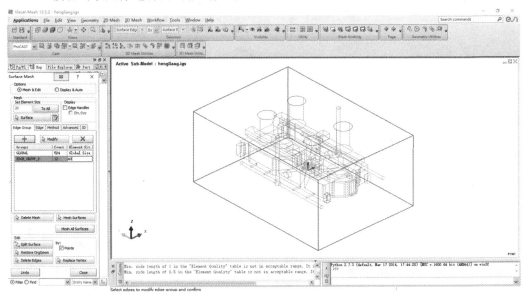

图 5.22　面网格划分

（8）点击菜单栏 2D Mesh 选项下拉菜单中的 Check Surface Mesh 按钮，调用 Check Surface Mesh 界面，如图 5.23 所示。

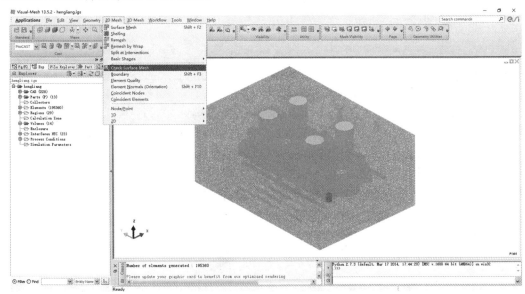

图 5.23　调用 Check Surface Mesh 界面

（9）点击 Check Surface Mesh 界面中的 Check 按钮进行网格质量检查，识别出面网格中边界、裂纹、重叠、相交、网格质量差、边界重合节点等需要在划分体网格之前解决的问题，如图 5.24 所示。

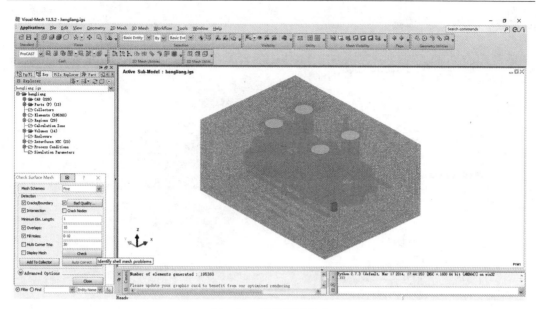

图 5.24　网格质量检查

（10）面网格划分正常，点击 Check Surface Mesh 界面中的 Close 按钮，关闭 Check Surface Mesh 界面，如图 5.25 所示。

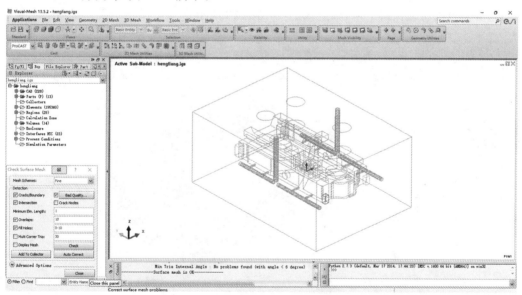

图 5.25　关闭 Check Surface Mesh 界面

若面网格检查中识别出相应的问题，点击 Check Surface Mesh 界面中的 Auto Correct 按钮进行面网格的自动修复，同时网格质量和边界信息将会自动更新。

（11）在 Visual－Mesh 界面的资源管理器中右击 Volumes 文件夹，调用 Compute Volumes 界面来检查存在的体（表面或 2D 网格的封闭集合），如图 5.26 所示。

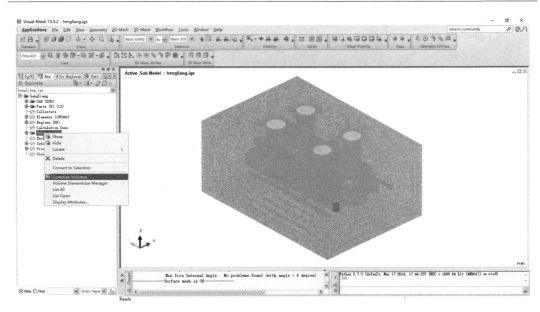

图 5.26　调用 Compute Volumes 界面

（12）当 CAD 与网格相关联，存在的体通过 CAD 来定义时，点击 Compute Volumes 界面中的 Convert to FE 按钮，将体改为通过 FE(mesh)定义，同时附加到体的区域上定义的所有边界条件都将被保留下来，如图 5.27 和图 5.28 所示。

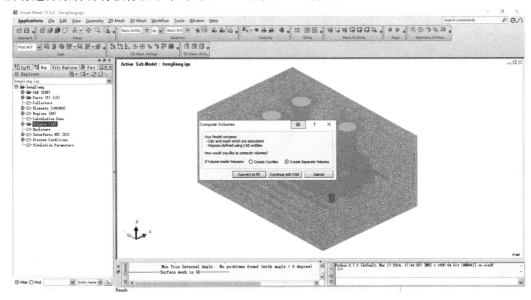

图 5.27　Compute Volumes 界面

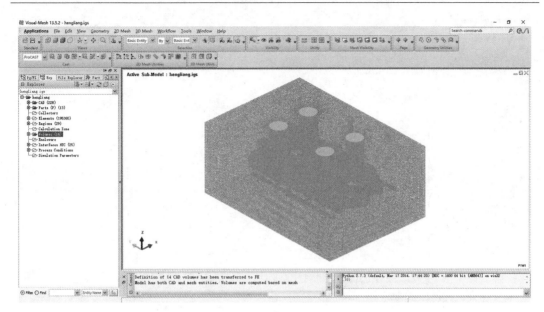

图 5.28　体定义结束,关闭 Compute Volumes 界面

（13）点击菜单栏 3D Mesh 选项下拉菜单中的 Volume Mesh 按钮,调用 Tetra Mesh 界面,如图 5.29 所示。

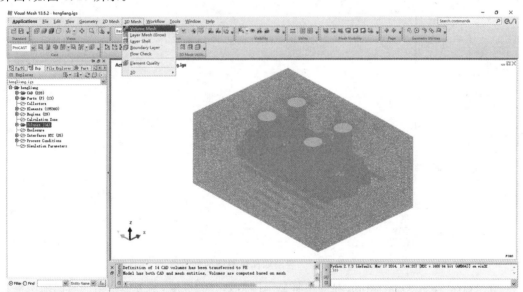

图 5.29　调用 Tetra Mesh 界面

（14）框选并确认 需要划分体网格的实体,点击 Tetra Mesh 界面中的 Mesh 按钮, 为给定的以三角形网格划分的封闭体创建四面体网格,如图 5.30 和图 5.31 所示。

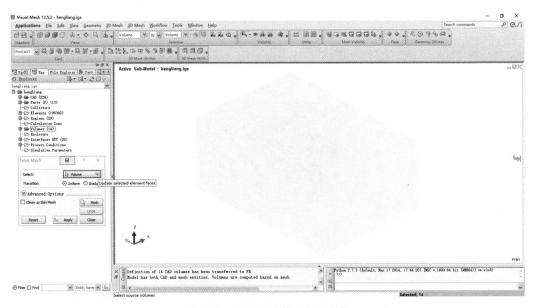

图 5.30　确认划分体网格的实体

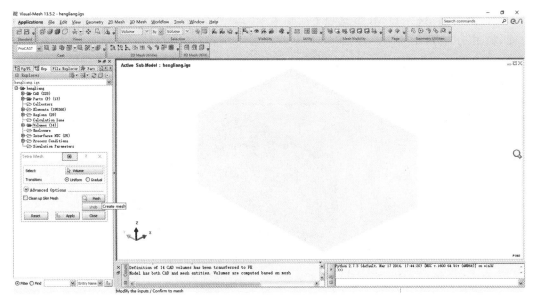

图 5.31　启动四面体网格的划分

在 Tetra Mesh Generation 界面中将显示网格划分的进度,划分体网格的时间随网格大小、数量而定,时间较长,可随时点击该对话框中的 Cancel 按钮取消体网格的划分,如图 5.32所示。

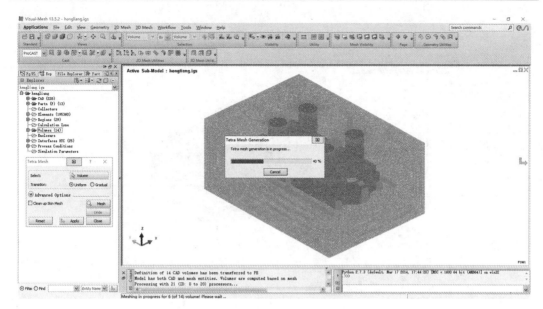

图 5.32　进行四面体网格划分

（15）点击 Apply 按钮确认创建的体网格，点击 Tetra Mesh 界面中的 Close 按钮，关闭此界面，如图 5.33 所示。

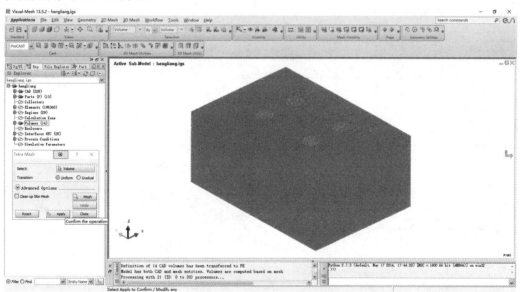

图 5.33　四面体网格划分结束

（16）点击菜单栏 3D Mesh 选项下拉菜单中的 Element Quality 按钮，调用 Element Quality 界面，如图 5.34 所示。

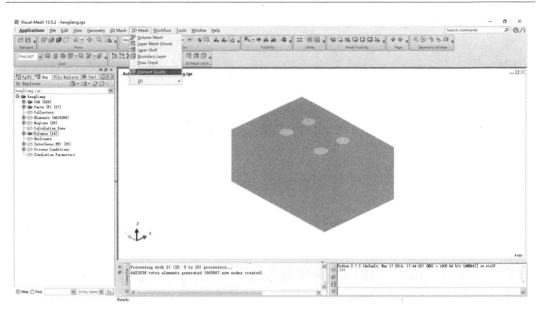

图 5.34　调用 Element Quality 界面

（17）为体网格设置相应的质量参数值,根据这些参数值计算体网格的质量并生成统计数据。若体网格质量不满足要求,点击 Auto Correct 按钮调整节点位置,自动修复失败的网格,如图 5.35 所示。

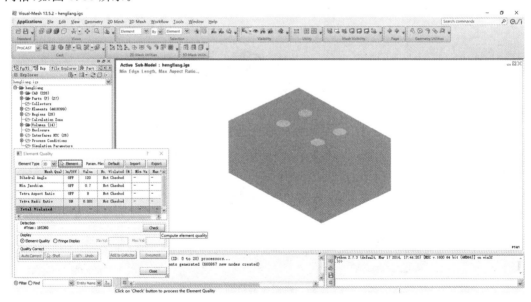

图 5.35　体网格质量检查

（18）点击 Element Quality 界面中的 Close 按钮,关闭此界面,如图 5.36 所示。

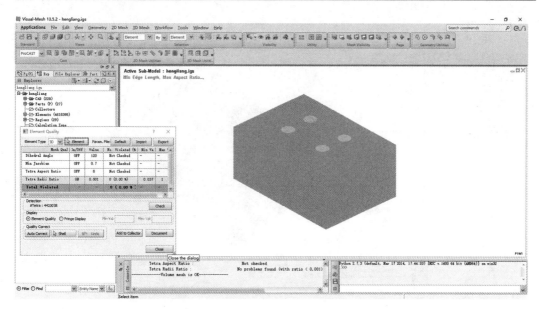

图 5.36　关闭 Element Quality 界面

5.3.4　前处理参数的设置

点击顶部菜单栏 Applications 下拉菜单中的 Cast 按钮，切换到 Visual－Cast 界面，如图 5.37 所示。

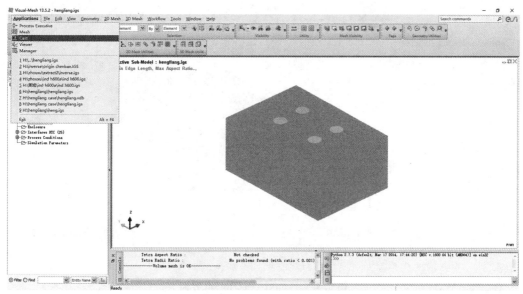

图 5.37　Visual－Cast 界面

点击顶部菜单栏 Workflow 下拉菜单中的 Genetic 按钮，该工作流将通过一组自动化的模型设置，一步一步地引导用户完成铸件凝固模型建立所必须的步骤，如图 5.38 所示。

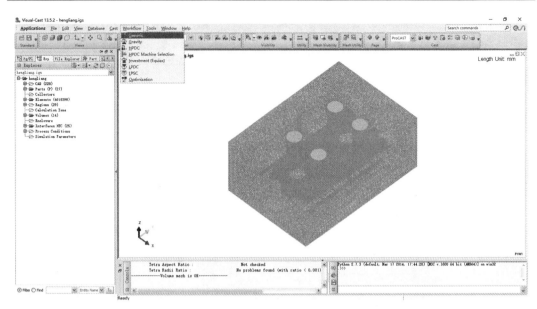

图 5.38　调用 Genetic 界面

(1)项目描述。

右击 Project Directory 处的浏览按钮 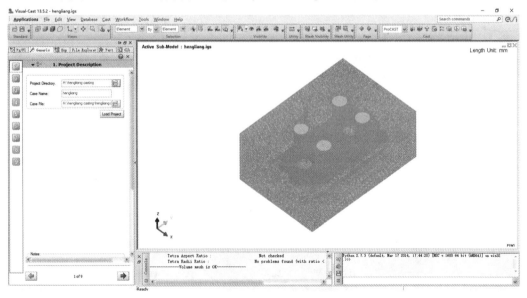，设置项目目录，将根据相应参考顺序自动选取 Case File，同时 Case Name 将自动生成，Project Description 界面如图 5.39 所示。

图 5.39　Project Description 界面

(2)建立分析项目。

确定工艺、合金及需要进行的分析项目，模拟参数、数据库存取等工作流内容将基于该选择自动更新、删减，并列出所需要的信息，Define Job 界面如图 5.40 所示。

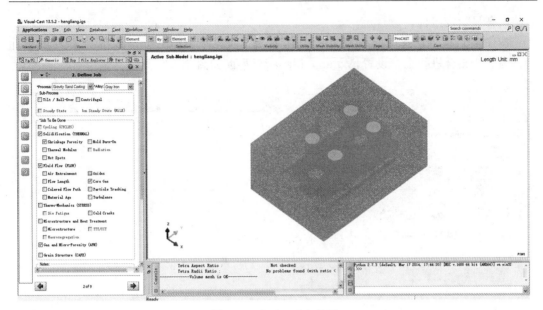

图 5.40　Define Job 界面

(3)重力/对称/周期/虚拟砂箱🔒⬇。

点击 Define Gravity Direction 下拉菜单选择标准重力方向,定义其他重力矢量点击
"…"按钮。当重力方向定义完成后,将在该选项前显示绿色✅符号。如需定义对称、周期、
虚拟砂箱,点击相应的按钮,Gravity/Symmetry/Periodic/Virtual Mold 界面如图 5.41
所示。

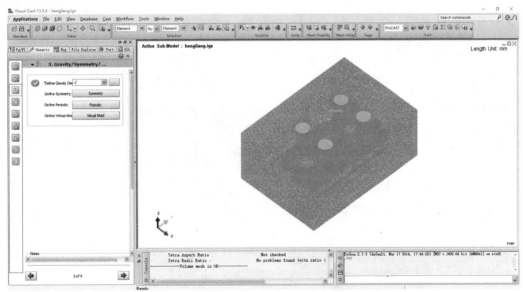

图 5.41　Gravity/Symmetry/Periodic/Virtual Mold 界面

(4)组件管理🧊。

点击 Edit 按钮设置组件名称、类型(Alloy、Channel、Core、Mold 等)、材料、初始填充
率、初始温度和应力模型(刚性、弹性、线弹性、弹塑性等),当点击界面中的某一行时,3D 窗

口将高亮显示该组件。

按住 Ctrl 键依次选中同一类别的组件,右击下拉菜单中的 Group 按钮,将选中的组件合并为一个集合进行批量设置,Volume Manager 界面如图 5.42 所示。

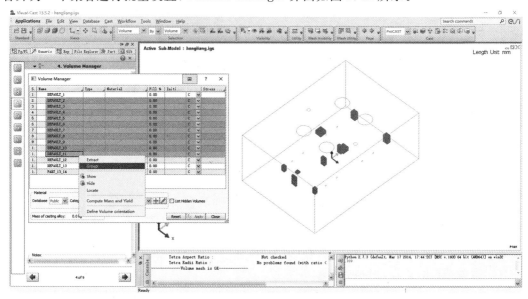

图 5.42　Volume Manager 界面(冷铁合并为一个集合)

在 Volume Manager 界面中,点击 Yes 按钮,系统将自动为集合中的所有冷铁进行命名,如图 5.43 和图 5.44 所示。

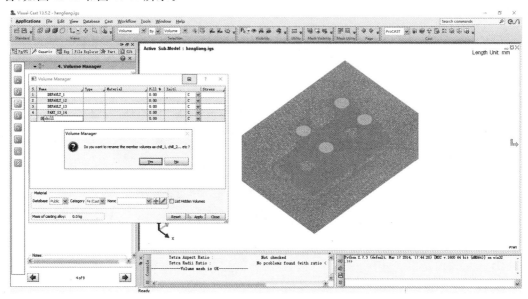

图 5.43　冷铁命名

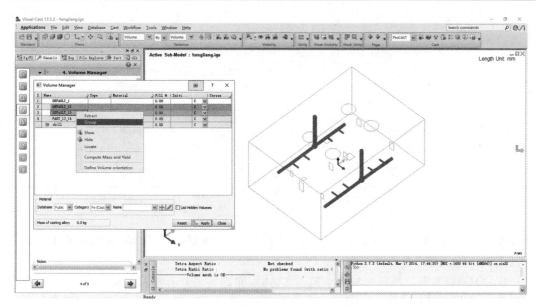

图 5.44　浇注系统合并为一个集合

在 Volume Manager 界面中,点击 Yes 按钮,系统将自动为集合中的浇注系统进行命名,如图 5.45 所示。

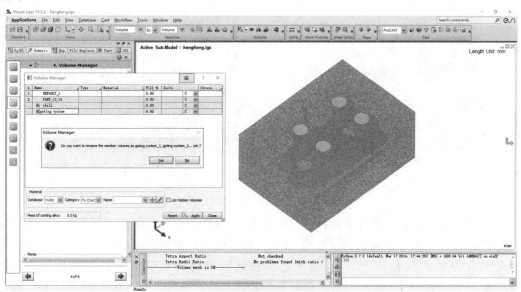

图 5.45　浇注系统命名

输入所有所需数据并单击 ⤷ Apply 按钮,将应用以上设置,设置完成的 Volume Manager 界面如图 5.46 所示。

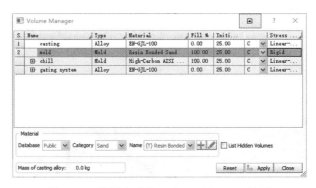

图 5.46　设置完成的 Volume Manager 界面

（5）界面传热系数管理📟。

在 Interface HTC Manager 界面，在材料域之间创建界面类型（EQUIV、COINC、NCOINC），并设置界面传热系数。

①EQUIV 界面。当两个域属于同一实体时（即都属于具有相同材料属性的铸件，但出于技术因素分开划分网格），应当在其界面设置 Equivalence 界面。这表明两域间是一个连续系统，在穿过界面时有连续的温度场、速度场。此时，界面上的节点被两边的单元格共享。当两个域的材料不同但接合在一起时，也可使用 EQUIV 选项（即两种材料间是完全接合的）。EQUIV 界面示意图如图 5.47 所示。

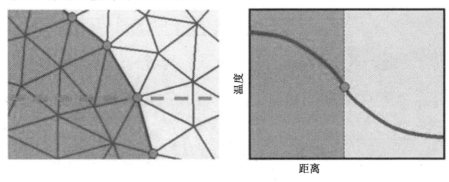

图 5.47　EQUIV 界面示意图

②COINC 界面。在两种不同材料的界面上（如铸件和铸型），通常有一个不连续的温度场。此时，界面处的节点应该是双重的（对一致性界面），以区别界面两端的温度。而在网格生成时，在界面上只有一个节点，因此必须在此阶段将界面所有节点双重化。当选择 COINC 时，将执行复制节点的操作，此时界面实际上是零厚度的。COINC 界面示意图如图 5.48 所示。

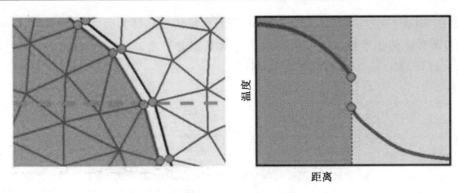

图 5.48　COINC 界面示意图

③NCOINC 界面。当界面两边的网格单元不匹配(即没有共同节点)时,可以将不同网格接合在一起生成非一致性网格。此时通过 NCOINC 选项,指定界面类型为非一致性界面。NCOINC 界面示意图如图 5.49 所示。

当界面类型定义为 COINC 或 NCOINC 时,需施加相应的热交换系数,对 EQUIV 类型的界面无须进行赋值。Interface HTC Manager 界面如图 5.50 所示。

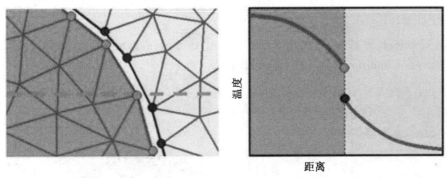

图 5.49　NCOINC 界面示意图

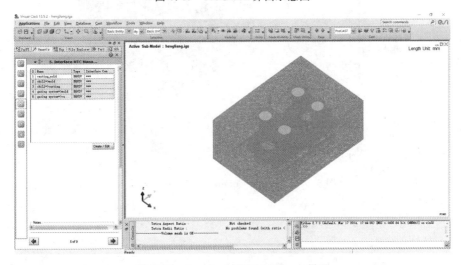

图 5.50　Interface HTC Manager 界面

单击 Create/Edit 按钮,将弹出 Process Condition Manager 界面,点击该界面中的某

行,将会在 3D 窗口中高亮显示该组件界面,按照实际情况选择界面类型,并采用 ProCAST 推荐值设置界面传热系数。当输入所有所需的数据并单击 ↳ Apply 按钮后,设置完成的 Interface HTC Manager 界面如图 5.51 所示。

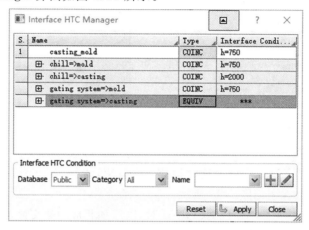

图 5.51　设置完成的 Interface HTC Manager 界面

(6)工艺条件。

单击 Create/Edit 按钮,将弹出 Process Condition Manager 界面,在该界面中设置工艺条件。Process Condition Manager 界面如图 5.52 所示。

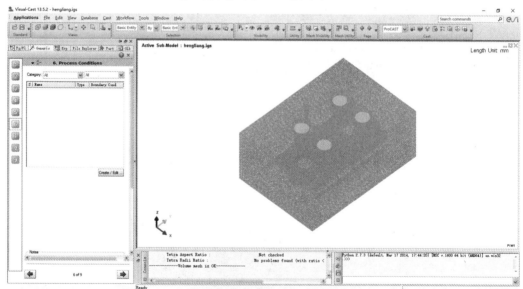

图 5.52　Process Condition Manager 界面

在 Process Condition Manager 界面中,单击右键出现 Add→Thermal →Heat,单击 Heat 设置热边界条件,如图 5.53 所示。

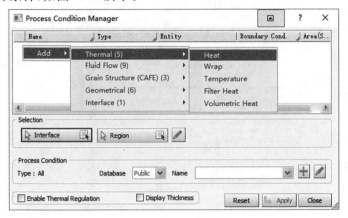

图 5.53　设置热边界条件

点击与该热边界条件相关的 Entity 单元格后,点击 Select Through List 图标,调出 Select Through List 界面,如图 5.54 所示。

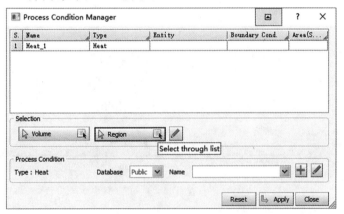

图 5.54　调出 Select Through List 界面

在 Selection List 列表中选取热边界条件的作用区域,如图 5.55 所示。对自由表面冷却进行有效的控制,单击按钮确认此设置,如图 5.56 所示。

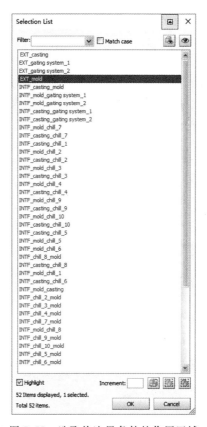

图 5.55　选取热边界条件的作用区域

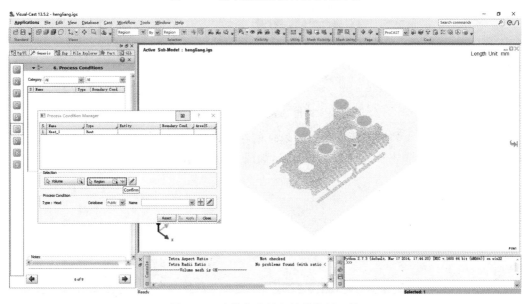

图 5.56　确认热边界条件的作用区域

在 Public 数据库中选择需要的热边界条件 Air Cooling,即砂箱与外部大气环境之间通过空冷的方式进行冷却。定义热边界条件的类型如图 5.57 所示。

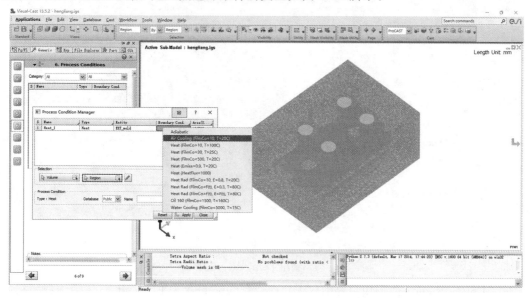

图 5.57 定义热边界条件的类型

在 Process Condition Manager 界面,单击右键出现 Add→Fluid Flow→ Inlet。单击 Inlet 设置速度边界条件,确定液态金属的入口、浇口直径及流速,如图 5.58 所示。

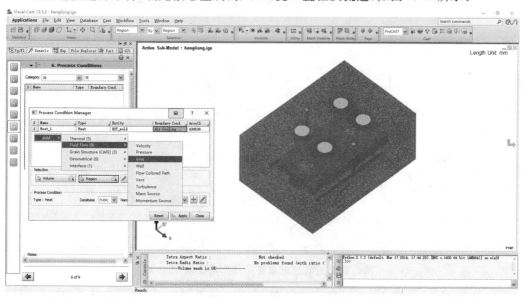

图 5.58 设置速度边界条件

点击与该速度边界条件相关的 Entity 单元格后,点击 Define Region 图标，调出 Define Region 界面,如图 5.59 所示。

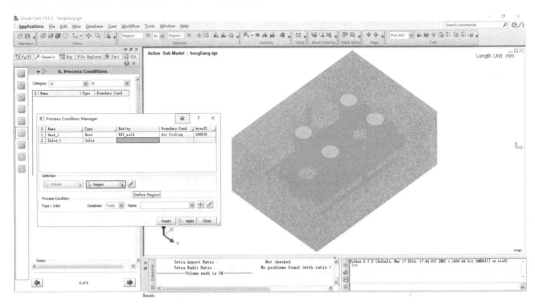

图 5.59　调出 Define Region 界面

在 Define Region 图形用户界面(GUI)中,将 Type 设置为 Element Face 后选择所需的表面(即浇口),单击 Apply 确认此设置,如图 5.60 所示。

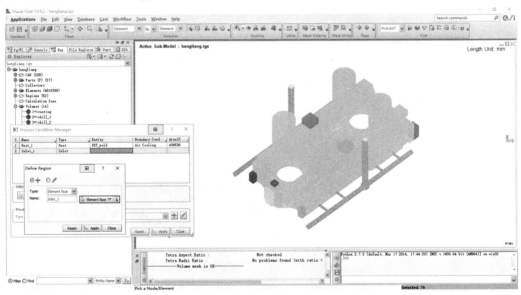

图 5.60　设置速度边界条件作用区域(浇口)

右击 Inlet－1 选择 Mass Flow Rate Calculator,调用 Mass Flow Rate Calculator 界面,如图 5.61 所示。

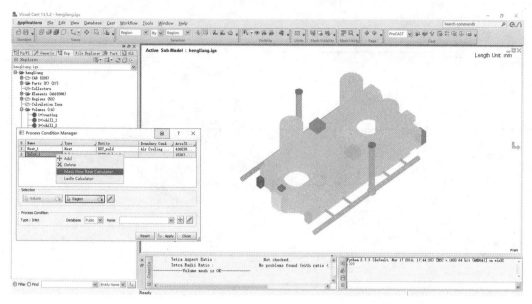

图 5.61　调用 Mass Flow Rate Calculator 对话框

在 Mass Flow Rate Calculator 界面,输入充型时间、充型温度,如图 5.62 所示。

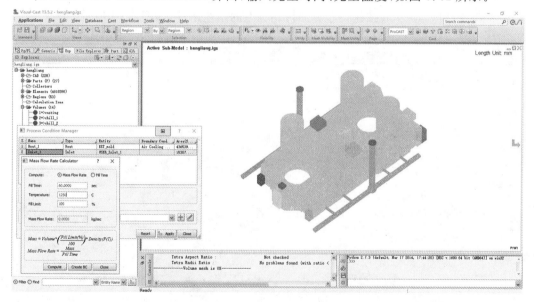

图 5.62　在 Mass Flow Rate Calculator 界面输入充型时间、充型温度

点击 Compute 按钮计算出质量流率(kg/sec)后,点击 Create BC 按钮创建速度边界条件,如图 5.63 所示。

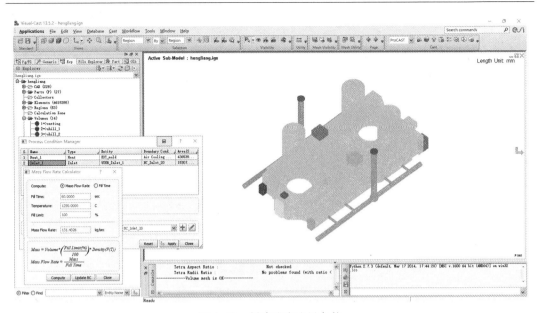

图 5.63　创建速度边界条件

在 Process Condition Manager 界面，单击右键出现 Add → Interface（1）→ HTC Region，单击 HTC Region 按钮设置界面传热类型的工艺条件，如图 5.64 所示。

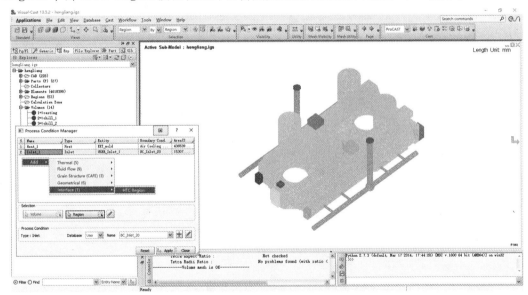

图 5.64　设置界面传热类型的工艺条件

点击与该界面传热边界条件相关的 Entity 单元格后，点击 Define Region 图标。在 Define Region 图形用户界面（GUI）中，将 Type 设置为 Element Face 后选择所需的表面（即冒口－铸型界面），单击 Apply 确认此设置，如图 5.65 所示。

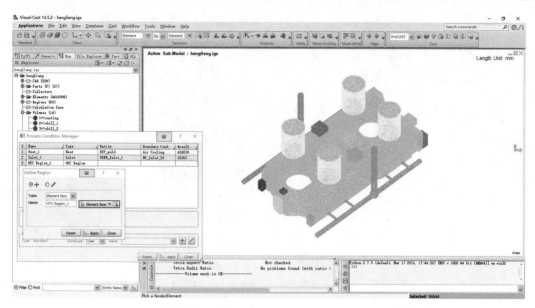

图 5.65　设置界面传热类型工艺条件作用区域（冒口）

在 Public 数据库中选择需要的界面传热系数，如图 5.66 所示，即 HTC＝200 W/（m² · K）。

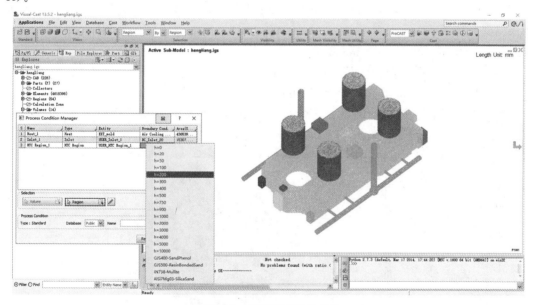

图 5.66　选择界面传热系数

单击 ⇨ Apply 按钮，确认以上全部工艺条件的设置，设置完成的 Process Condition Manager 界面如图 5.67 所示。

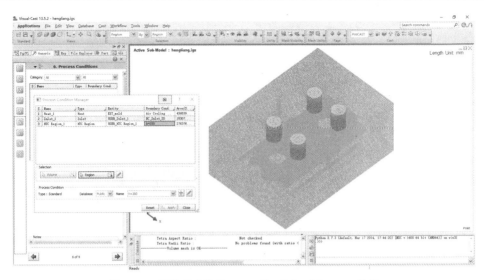

图 5.67　设置完成的 Process Condition Manager 界面

(7)模拟停止判据。

当模拟运行至率先满足 TSTOP、TFINAL、TENDFILL、NSTEP 中的任意判据时,模拟结束。

TSTOP　→Final Temperature 指组件各节点均到达的温度(TSTOP 默认值=合金固相线温度－10 ℃)。

TFINAL　→Final Time 指最终时间。

TENDFILL→Time After Filling 指充型后的时间。

NSTEP　→Maximum Number of Steps 指最大模拟步数。

模拟参数将根据步骤(2)的设置自动填充默认值,Stop Criterion 界面如图 5.68 所示。

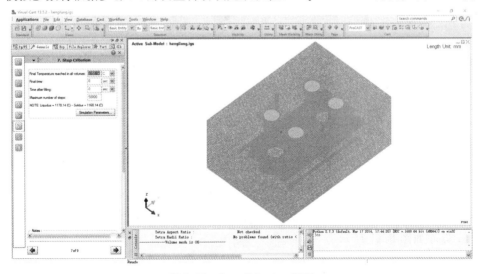

图 5.68　Stop Criterion 界面

　　点击 Simulation Parameters 按钮,调用 Simulation Parameters 界面,将 Predefined Parameters 设置为 Gravity Filling(重力充型),选择预定义参数模板如图 5.69 所示。

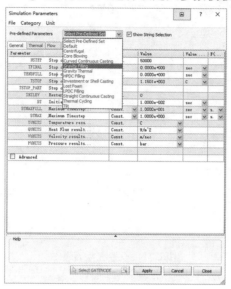

图 5.69　选择预定义参数模板

　　点击 OK 按钮,确认设置并替换当前的参数,确认预定义参数模板如图 5.70 所示。

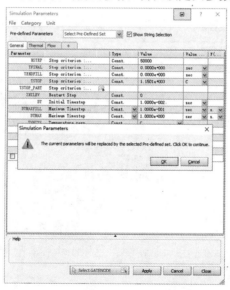

图 5.70　确认预定义参数模板

　　设置充型百分数,将 Maximum Fill Fraction 由默认值 0.98 更改为 1,如图 5.71 所示。

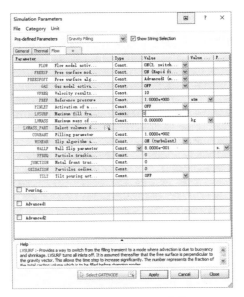

图 5.71　设置充型百分数

（8）开始模拟。

这一步骤将允许用户运行该任务，其中 Max(x) 指的是用户计算机处理器的核数，而不是 Procast 许可证所授权运行的核数。Start Simulation 界面如图 5.72 所示。

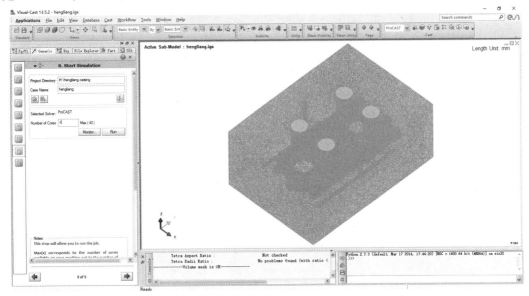

图 5.72　Start Simulation 界面

Data Checks 按钮用来检查该案例的前处理设置中是否存在遗漏的数值或条目，当调用 Data Checks 界面时，它将检查活动案例中存在的所有错误和警告，并在这个界面管理器中列出所有问题（错误/警告），错误和警告用不同的图标来进行区分。Data Checks 界面如图 5.73 所示。

图 5.73　Data Checks 界面

　　点击 Run 按钮,将自动打开一个独立于 Visual－Cast 的命令窗口,此时求解器开始计算,如图 5.74 和图 5.75 所示。

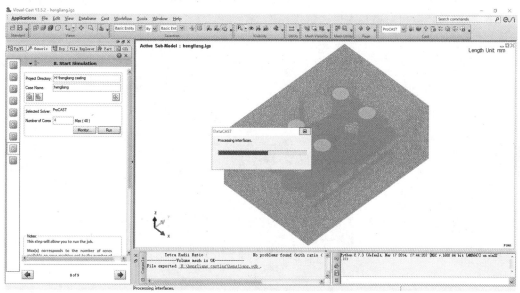

图 5.74　提交模拟任务

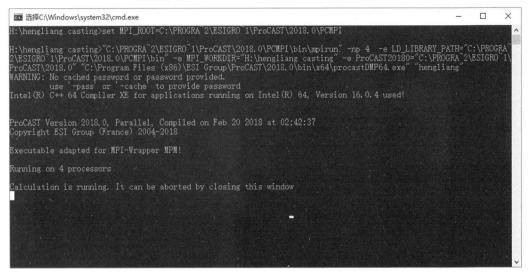

图 5.75　求解器运行界面

点击 Monitor 按钮,将通过图形的形式显示与该案例相关的计算信息(如填充百分比、固体分数、时间步长、当前时间、CPU 时间等),求解监视界面如图 5.76 所示。模拟状态自动刷新,要退出状态窗口需按 Close 按钮。

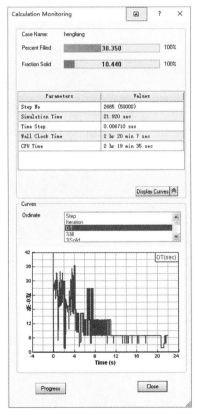

图 5.76　求解监视界面

当计算完成时,将会出现一个 PAUSE 提示,按下任意键(例如 Enter 键)即可关闭此窗口。求解器运行结束画面如图 5.77 所示。如果在计算过程中出现问题,将在此窗口中输出警告或相应的错误消息。

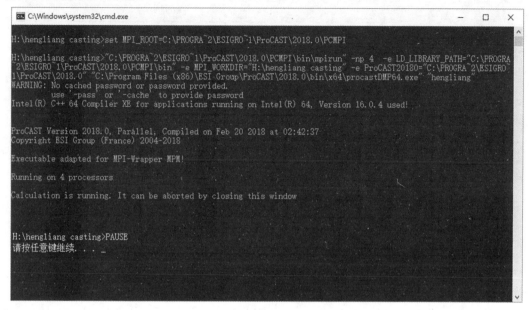

图 5.77　求解器运行结束画面

5.3.5　后处理

点击顶部菜单栏 Applications 下拉菜单中的 Viewer,切换到 Visual－Viewer 界面,如图 5.78 所示。此界面下可以对计算结果进行实时查看,即使是在计算运行期间也可以。

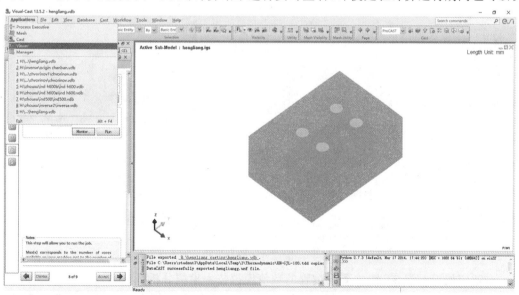

图 5.78　Visual－Viewer 界面

在 Contour Panel 窗口下的 Categories 栏中选择 THERMAL,Results 栏中选择 Temperature 后,调整 Step No 进度条至感兴趣的位置,在 3D 图形显示窗口中将显示铸件在该运算步数下的温度云图,如图 5.79 所示。

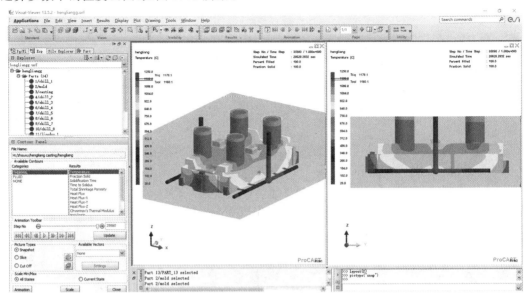

图 5.79　横梁铸件温度云图

在 Contour Panel 窗口下的 Categories 栏中选择 THERMAL,Results 栏中选择 Total Shrinkage Porosity 后,调整 Step No 进度条至最终位置,在 3D 图形显示窗口中将显示铸件凝固结束后疏松、缩孔的分布情况,如图 5.80 所示。

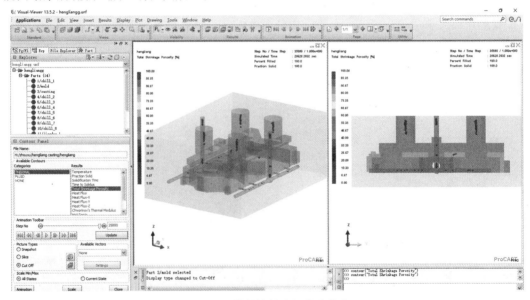

图 5.80　横梁铸件疏松缩孔分布

　　本章应用 ProCAST 铸件凝固过程的数值模拟技术模拟分析了某铸造厂横梁铸件的重力砂型铸造的凝固过程,通过对横梁铸件进行流场-温度场的耦合计算,快速、准确地预测了横梁铸件内的铸造缺陷,为铸造工艺的改善提供了有力依据。对已投入铸造生产线生产的铸件的工艺改进、新产品开发和实际生产方面起到了重要的理论指导作用,可有效减少生产试制次数,大幅度降低生产成本,显著缩短产品的开发周期,提高铸件出品率、合格率。

　　ProCAST 铸件凝固过程的数值模拟技术既可以作为辅助铸造工艺设计的工具，也可以作为铸件质量产前验证和产后分析的手段。铸造工作者要有实际的铸造工艺设计经验，同时要具备扎实的数值模拟、凝固理论等专业知识储备，才能最大程度发挥该数值模拟软件的效能，为铸造企业创造显著的经济效益。

第6章 铸造工艺装备设计

铸造工艺装备是造型、造芯及合箱过程中所使用的模具和装置的总称,包括模样、模板、模板框、砂箱、砂箱托板、芯盒、烘干板(器)、砂芯修整磨具、组芯及下芯夹具、量具及检验样板、套箱、压铁等。此外,芯盒及烘干器的钻模和修整标准也属于铸造工艺装备。

铸造工艺装备的好坏对铸件产品尺寸形状精度、生产成本、生产效率等都具有重要的影响。当前对铸造工艺设备的研究主要是结构设计与操作可行性等,我国是制造业大国,但部分高端设备还依赖进口,故铸造工艺装备的设计具有广阔的前景。

铸造工艺装备设计的主要依据是铸件的生产任务、铸造工艺图和铸件图,还要参考所用的造型和制芯机械的规格、参数及本单位有关的技术标准,考虑模具车间的生产能力等。

本章主要介绍模样、模板、砂箱、芯盒的概念和设计要求及设计内容,目的是使读者掌握以下内容:模样的尺寸计算、结构设计;模底板的尺寸确定、结构设计和模样在模底板上的装配;砂箱本体结构和定位、紧固、搬运装置设计;芯盒本体、外围结构设计。

6.1 模样设计

模样用来形成铸型型腔(芯头座)和铸件表面,其直接影响铸件的形状、尺寸精度和表面粗糙度。模样应具有足够的强度、刚度、尺寸精度和表面粗糙度,还应满足制造简单、使用方便、成本低廉等要求。

模样设计内容包括选择模样材料、模样结构设计、模样尺寸计算及模样在模底板上的装配和模样技术条件的制订等。

6.1.1 模样材料

通常按模样材质的不同,将模样分为木模样、塑料模样和金属模样,见表6.1。

表6.1 模样按材质分类

材料	特点	应用范围
木模样	质量小,易加工,价格低廉,但强度低,易吸潮变形和损伤,尺寸精度低	用于单件、小批量或成批生产的各种模样
塑料模样	质量小,制造工艺简单,表面光洁,不吸湿,变形小,耐磨损,成本低,但较脆,耐热性差,不能加热且原材料有毒	用于大批量生产的各种铸件模样,特别适用于形状复杂难以加工的模样
金属模样(常用的有铝合金、铜合金、铸铁和铸钢)	表面光洁,尺寸精确,强度高,耐磨性好,使用寿命长,但制造成本高,周期长	大批量生产的各种模样

6.1.2　金属模样的结构与尺寸

（1）金属模样的结构设计。

①模样本体结构类型。模样结构设计的原则是在满足铸造工艺要求、保证铸件质量的前提下，尽量使模样的结构简单，便于加工制造，减轻模样自身质量。模样本体结构类型见表 6.2。

表 6.2　模样本体结构类型

分类方法	名称	主要特点	适用范围
有无分模面	整体式	模样为一整体，无分模面	非常简单的铸件
	分体式	模样分为两块或多块	各种铸件
是否装配	整体模板	模样与模底板整体制造	简单的小型铸件模板
	装配模板	模样安装在模底板上	一般模样或复杂模样的模板

②模样的壁厚和加强筋。在保证满足模样使用要求的前题下，壁厚应越小越好，以减小质量和节省金属。按照模样大小的不同，可以制成实心的和空心的。实心的一般适用于平均轮廓尺寸（即（长度＋宽度）/2）小于 50 mm 或高度小于 30 mm 的小模样；中、大模样可制成空心体，并在内腔附设加强筋，以保证其强度和钢度。

模样的壁厚可根据平均轮廓尺寸及所选用的金属材料由图 6.1 确定，铝合金的常用壁厚见表 6.3。

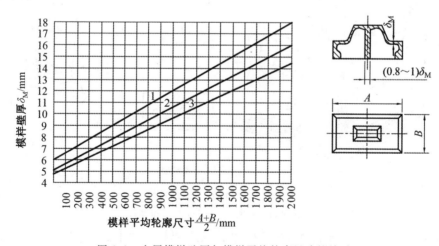

图 6.1　金属模样壁厚与模样平均轮廓尺寸的关系
1—铝合金；2—铸铁；3—青铜

模样平均轮廓尺寸$\frac{(长度+宽度)}{2}$	<500	500~1 000	>1 000
壁厚	8	10	12

表 6.3　铝合金模样的常用壁厚　　　　　　　　　　单位:mm

一般模样的壁厚值应取整数且略厚一点,给更改和修止模样尺寸留有一定的余量。

为了使尺寸较大的空心模样具有较高的强度和刚度,在模样内腔(非工作面)应设计加强筋,加强筋的数量、厚度和布置形式取决于模样的尺寸大小和形状。对于平均轮廓尺寸小于 150 mm 的模样,可设计成无加强筋的空心模样;对于尺寸较大或较高的空心模样,必须设置加强筋。

③活块。将模样上妨碍起模的部分设计分割成活动的,这种活动而又可拆卸的部分称为活块。造型时要求活块能很好地定位和固定在模样本体上,起模时又要便于分开。模样上活动部分为两类:第一类为模样本身难以起模的部分做成的活块;第二类为模样上的浇冒口系统和出气孔做成的活块。

活块的定位固定结构如图 6.2 所示。选择活块定位固定的方法与从铸型中取出活块的方式有关,在设计模样活块结构时,还要考虑能否从铸型中取出和如何取出的问题,以及防止造型时活块在模样上的松动问题。例如型腔较深且窄,手伸进去取活块时会碰坏砂型或很不方便时,就要在活块上设计相应的结构。

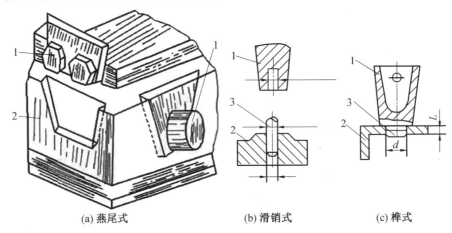

(a) 燕尾式　　　　　(b) 滑销式　　　　　(c) 榫式

图 6.2　活块的定位固定结构

1—活块;2—模样本身;3—滑销和榫头

④金属模样的加工。金属模样的机械加工,尤其是铣削和钳工加工的工作量较大,加工周期也较长。因此,设计模样时要力求符合机械加工的工艺性,尽量简化机械加工工艺,减少钳工的工作量,充分发挥车削和刨削等加工的作用。例如,模样的基本形状为旋转体但带有不规则部分,通常不设计成整体结构,而是把不规则部分与主体部分分别制造,然后装配到一起。如图 6.3 所示,模样主体结构为旋转体,可用车削加工成型,将凸块单独制造,然后装配在主体上。

应根据工厂机械加工设备的种类和能力设计模样结构。若模样尺寸较大,又没有足够大的机床,则应将模样分割成几部分加工,然后进行装配,否则就要与外厂协作制造。总之,

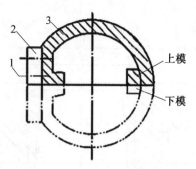

图 6.3　单独制造模样上的凸块
1—螺钉紧固；2—凸块；3—模样主体

设计模样结构时对机械加工的工艺性应进行周密的考虑，这样不仅便于制造，而且能显著地缩短生产周期、降低成本。

（2）金属模样尺寸的确定。

金属模样的尺寸直接影响到铸件的尺寸，因此，正确地确定金属模样的尺寸极为重要。金属模样的尺寸的确定，除了要考虑产品零件的尺寸外，还要考虑零件的铸造工艺尺寸及金属材料的铸造收缩率。

零件尺寸由产品零件图查出，零件的铸造工艺尺寸包括各种工艺参数、芯头尺寸、浇冒口系统、收缩率等，可由铸造工艺图查得。由于机械加工用的是普通尺，因此凡是形成铸件的模样尺寸，一律要根据铸件尺寸依靠铸造收缩率进行放大。金属模样尺寸计算如下：

$$A_模 = (A_件 \pm A_艺)(1+K) \tag{6.1}$$

式中　$A_模$——模样上的尺寸（mm）；

　　　$A_件$——零件尺寸（mm）；

　　　$A_艺$——零件的铸造工艺尺寸，包括加工余量、起模斜度及其他工艺余量（mm）；

　　　K——铸件线收缩率（%）；

　　　$+$——用于模样凸体部位尺寸；

　　　$-$——用于模样凹体部位尺寸。

式（6.1）中金属模样尺寸是指模样上直接形成铸件的尺寸，模样本身的结构尺寸（如壁厚、加强筋等尺寸）不必按式（6.1）计算。模样上的芯头（芯座）部分和浇冒口模样等，因其不形成铸件，故不必计算铸造收缩率。

模样毛坯多数是铸造出来的，铸造金属模样毛坯的模样称为母模。铸造母模时，相当于把它视为铸造零件进行工艺设计，其尺寸计算与式（6.1）类似，即

$$A_母 = (A_模 \pm A_艺)(1+K_模) \tag{6.2}$$

式中　$A_母$——母模尺寸（mm）；

　　　$A_模$——金属模样尺寸（mm）；

　　　$A_艺$——金属模样的铸造工艺尺寸（mm）；

　　　$K_模$——金属模样材料铸造收缩率（%），一般铝合金取 1.2%。

从式（6.1）和式（6.2）可以看出，在确定一个铸造零件的母模尺寸时要计算两次铸造收缩率。金属模样尺寸计算图例如图 6.4 所示，零件材料为灰铸铁，收缩率取 1%；选用铝合金制造金属模，铝合金收缩率一般取 1.2%，以零件图上 $\phi192$ mm 尺寸为例来计算铝模样

及其母模的尺寸。

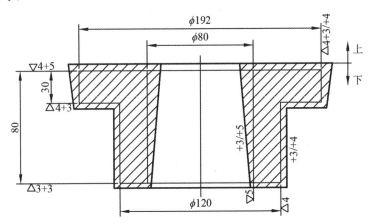

图 6.4　金属模样尺寸计算图例

由图 6.4 查得零件最大的外形尺寸为 $\phi192$ mm,铸造工艺尺寸为 8 mm(加工余量和拔模斜度值每边各 4 mm),零件材料的铸造收缩率为 1%,代入公式(6.1)得模样尺寸为 $A_模 = (192 + 8) \times (1+1\%) = 202$ (mm)。

对于母模而言,已求得模样尺寸为 202 mm,已知模样材料的铸造收缩率为 1.2%,设模样毛坯的机械加工余量每边各需 3.5 mm,则模样的铸件工艺尺寸 7 mm,代入式(6.2)得母模尺寸为 $A_母 = (202 + 7) \times (1 + 1.2\%) = 211.5$ (mm)。

6.2 模板设计

模板一般由铸件模样、芯头模样和浇冒系统模样与模底板通过螺钉、螺栓和定位销等装配而成,也有整铸式模板。装配式单面模板和整铸式双面模板分别如图 6.5 和图 6.6 所示。通常模底板的工作面形成铸型的分型面,铸件模样、芯头模样和浇冒系统模样形成铸件的外轮廓、芯头座及浇冒口系统的型腔。

模板尺寸应符合造型机的要求,模底板和砂箱、各模样之间应有准确的定位,模板应有足够的强度、刚度和耐磨性,制作容易,使用方便,尽量标准化。

6.2.1 模板的分类

在铸造生产中使用的模板类型很多。按模板的制造方法、模板材料、模板结构、起模方式和造型机分类如下。

(1) 按制造方法分类。

①装配式模板。模样和模底板分别制造,然后装配在一起,如图 6.5 所示。模样可以固定在模底板上,也可以是活动可换的。这种模板加工制造比较容易,应用较多,但模板强度不如整铸式模板。

②整铸式模板。模样和模底板整体铸造,如图 6.6 所示。这种模板加工较为困难,制造成本较高,但使用寿命长,主要用于大批量生产的小件。

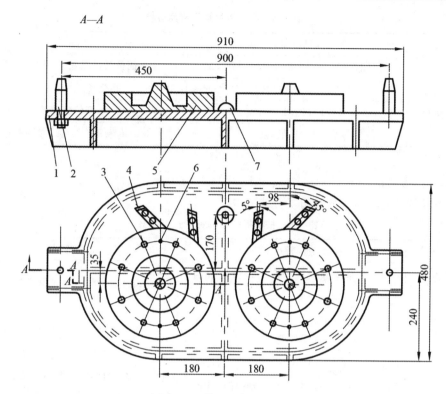

图 6.5　装配式单面模板

1—模底板;2—定位销;3—沉头螺钉;4—内浇道;5—下模样;6—圆柱销;7—直浇道窝

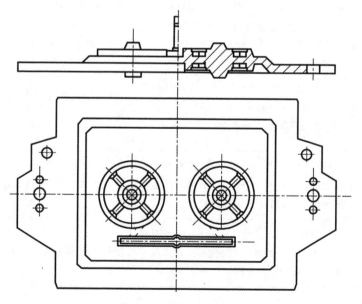

图 6.6　整铸式双面模板

（2）按模板材料分类。

按模板材料及应用分类见表 6.4。

表 6.4　按模板材料及应用分类

模板分类	模板材料	应用范围
铸铁模板	HT150,HT200,QT500-7	单面模板的模底板、模底板柜
铸钢模板	ZG200-400,ZG230-450,ZG270-500	单面模板的模底板
铸铝模板	ZL101、ZL102、ZL104、ZL203	中、小型的各种模板
塑料模板	一般与金属骨架、框架联合使用	双面模板和小铸件的单面模板

（3）按模板结构分类。

按模板的结构特点及应用分类见表 6.5。

表 6.5　按模板的结构特点及应用分类

模板分类	结构特点	应用范围
双面模板	上、下模样分别位于同一块模底板的两面	小型铸件大批量生产的脱箱造型
单面模板	上、下模样分别位于两块上、下模底板上，组成一副单面模板	各种生产条件下都可选用
导板模板	导板的内廓形状与模样分型面处的外廓形状相同，起模时，模样不动，导板和砂型同时提起	模样较高、起模斜度很小或无起模斜度的铸件，如大齿轮、散热片等
漏模模板	模样分型面处的外廓形状与漏模框的内廓形状一致，起模时，模样由升降机构带动下降，漏模框托住砂型不动	难以起模的铸件，如斜齿轮、螺旋轮、麻花钻头、V 带轮等及手工造型时模样较高、起模斜度很小或无起模斜度的铸件
坐标模板	模底板上具有按坐标位置整齐排列的坐标孔。使用时，将上、下模样分别固定在两块坐标模底板上的相应的坐标孔中	单件、小批量生产的机器造型或手工造型
快换模板	由模板和模板框两部分组成，模板框固定在造型机工作台上，而可换的模板固定在模板框中，可减少更换模板时间	适用于成批生产的机器造型
组合模板	同一模板框内，可安放多种模板，可以任意更换其中一块或几块模板，实现多品种生产、合理的组织生产	适用于多品种流水线生产的机器造型

（4）按起模方式分类。

按起模方式可分为顶杆起模模板、顶框起模模板、转台起模模板。

（5）按造型机分类。

按造型机可分为高压造型模板、射压造型模板、气冲造型模板、静压造型模板。

6.2.2　模底板的结构和尺寸

模底板有两个基本功能:一是用来连接支撑模样和定位元件等载体;二是砂箱接触的表面,用以形成铸型的分型面,同时还承担着实现模板与造型机之间的连接及模板与砂箱之间的定位等功能。

(1)模底板的尺寸。

①模底板的平面尺寸。根据选用的造型机和砂箱尺寸确定模底板的平面尺寸。一般模底板平面尺寸 A_0 和 B_0 分别等于砂箱内廓尺寸 A 和 B 再加上分型面上砂箱两边缘的宽度 b,如图 6.7 所示。模底板的平面尺寸按下式确定:

$$A_0 = A + 2b \tag{6.3}$$
$$B_0 = B + 2b \tag{6.4}$$

式中　A_0——模底板长度尺寸(mm);

　　　B_0——模底板宽度尺寸(mm);

　　　A——砂箱内框长度尺寸(mm);

　　　B——砂箱内框宽度尺寸(mm);

　　　b——砂箱分型面外凸缘的宽度(mm)。

②模底板的高度。根据使用情况和选用的造型机来确定模底板的高度。通常可有如下考虑:

a.普通平面式铸铁模底板高度一般控制在 $H = 80 \sim 150$ mm,铸铝合金控制在 $H = 30 \sim 90$ mm。

b.有凹面的模板(即有吊砂的模板)的高度,应根据凹进去的深度决定。

c.当模样较高、要求定位导销较高时,为保证定位导销的稳定性,模底板的定位销销耳需做成上下两层,此时模底板的高度应适当增加。双层销耳模底板结构如图 6.8 所示,通常 $H > 100$ mm。

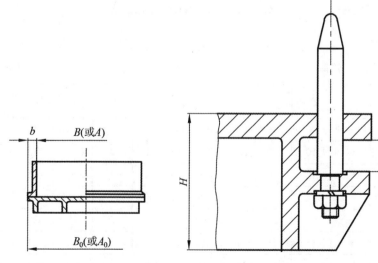

图 6.7　模底板和砂箱尺寸的关系　　　图 6.8　双层销耳模底板结构

③模底板定位销孔中心距。模底板定位销孔中心距应根据所配用砂箱销套的中心距来确定,制造时一般都用同一个钻模钻出,见表6.6。

表6.6 模底板定位销孔中心距　　　　　　　　　　　　　单位:mm

砂箱平均内框尺寸$\frac{(A+B)}{2}$	定位销孔中心距		
	砂箱上的箱耳和吊轴整铸在一起	砂箱上箱耳和吊轴分开铸出	
		铸铁	铸钢
≤500	$A+(80\sim100)$	$A+140$	$A+120$
501~750	$A+(100\sim140)$	$A+150$	$A+140$
751~1 000	$A+(140\sim160)$	$A+190$	$A+150$
1 001~1 500	$A+(160\sim200)$	$A+230$	$A+180$
1 501~2 500	$A+(200\sim240)$	$A+250$	$A+220$

④模底板的壁厚和加强筋。

a.壁厚和加强筋厚度。壁厚δ和加强筋厚度δ_1、δ_2及连接圆角半径r,可根据模底板平均轮廓尺寸和选用材料确定,见表6.7。在保证模底板有足够强度和钢度的条件下,应尽量减小壁厚。

表6.7 模底板壁厚、加强筋厚度及连接圆角半径　　　　　　　　单位:mm

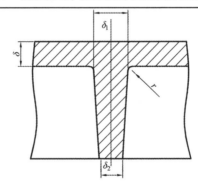

模底板平均轮廓尺寸$\frac{(A_0+B_0)}{2}$	铸铝				铸铁				铸钢			
	δ	δ_1	δ_2	r	δ	δ_1	δ_2	r	δ	δ_1	δ_2	r
≤500	10~12	12~14	8	3	10~12	12~14	10	3	8~10	10	8	3
501~750	12~14	14~16	10	3	12~14	14~16	12	3	10~12	12	10	3
751~1 000	14~16	16~18	12	4	14~16	16~18	14	4	12~14	14	12	4
1 001~1 500	16~20	18~22	14	5	16~18	18~20	16	4	14~16	16	14	4
1 501~2 000	—	—	—	—	18~22	20~24	20	5	18	20	16	5
2 001~2 500	—	—	—	—	22~25	24~28	22	5	22	24	20	5
2 501~3 000	—	—	—	—	25~28	28~30	24	5	25	27	23	5
>3 000	—	—	—	—	28~30	30~32	26	6	28	30	26	6

　　b.加强筋的布置和间距。加强筋的布置应尽可能做到:保证筋条有规则地排列;在有足够钢度的条件下,尽量减少筋条的数量;方便模样的安装,避免在模样装配时,螺钉碰到加强筋。普通单面模底板的结构如图 6.9 所示,加强筋间距见表 6.8。

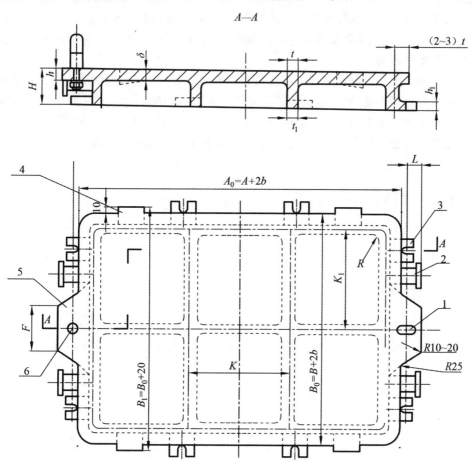

图 6.9　普通单面模底板的结构

1—导向销;2—吊轴;3—紧固耳;4—楔形块;5—定位销突耳;6—定位销

表 6.8　加强筋间距　　　　　　　　　　　　　　　　　　　　单位:mm

模底板平均轮廓尺寸$(A_0+B_0)/2$		<500	500～750	750～1 000	1 000～1 500	1 500～2 000	2 000～2 500	2 500～3 000	>3 000
K	铸铝	120	150	200	240	—	—	—	—
	铸铁	300	300	300	350	400	450	450	500
	铸钢	300	300	400	400	450	500	500	500
K_1	铸铝	100	120	150	200	—	—	—	—
	铸铁	—	250	300	300	350	400	400	400
	铸钢	—	250	300	300	400	400	450	450

（2）模底板和砂箱的定位。

①模底板与砂箱的定位方式。模底板与砂箱的定位有直接定位和间接定位两种。直接定位是通过模底板上的定位销直接插入砂箱上的销套实现定位的，这种定位的优点是结构简单，定位精度高；缺点是模底板为整体结构，不便于大、中型模板加工制造和更换保存，主要用于大批量铸件生产。间接定位是模底板先与模板框定位，然后模板框再与砂箱定位，其优点是便于组织多品种、小批量的铸件生产；缺点是多了一次定位误差，对模底板和模板框之间的定位精度要求高。

②定位销和导向销的结构形式。模底板与砂箱之间常用定位销与销套定位。在造型过程中为了避免砂箱被卡死（即定位销和销套不能合进去或不能分开），同一模板上往往采用一个圆形定位销和一个带有平行平面的导向销。相应的砂箱销套一个为圆孔，另一个为椭圆形孔。安装时要保证导向销的两导向平面与定位销和导向销中心连线平行。模底板和砂箱的定位元件如图 6.10 所示。

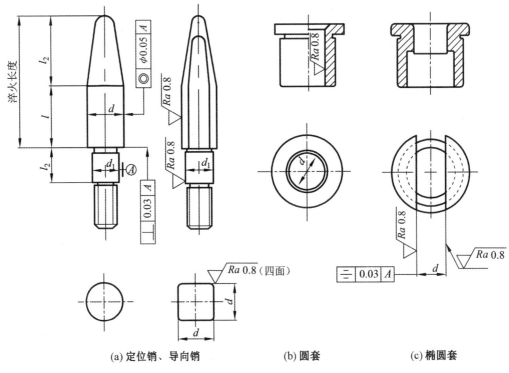

(a) 定位销、导向销   (b) 圆套   (c) 椭圆套

图 6.10　模底板和砂箱的定位元件

③模底板上的销耳。模底板上的定位销装在销耳上，销耳设在沿中心线长度方向的两端。销耳的结构如图 6.11 所示，销耳的尺寸见表 6.9。

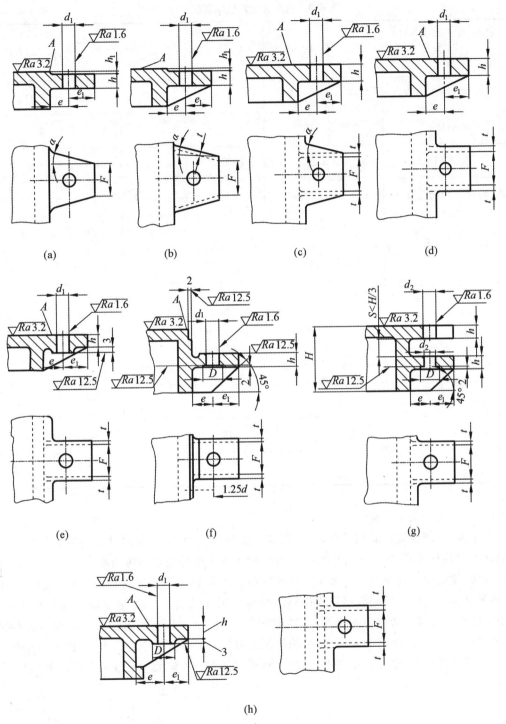

图 6.11　模底板上定位销耳的结构(销孔 d_1 和 d_2 与 A 面有垂直度要求)

表 6.9 模底板上定位销耳的尺寸 单位:mm

模底板平均轮廓尺寸 $\dfrac{(A_0+B_0)}{2}$	≤500	500~750	750~1 500	1 500~2 500		>2 500
定位销公称尺寸 d	20	25	30	30	35	40
d_1(H8)	$18_0^{+0.027}$	$20_0^{+0.033}$	$24_0^{+0.033}$	$24_0^{+0.033}$	$30_0^{+0.033}$	$34_0^{+0.039}$
d_2(H11)	$20_0^{+0.130}$	$25_0^{+0.130}$	$30_0^{+0.130}$	$30_0^{+0.130}$	$35_0^{+0.160}$	$40_0^{+0.160}$
d_1、d_2 对 A 面的垂直度	0.03	0.05	0.06~0.07	0.07~0.08		0.10
D	28	28	34	34	40	48
h	20~22	23~25	28~30	30~34	34~38	38~45
h_1	1	2	—	—	—	—
F	70	80~90	100~120	120~160	130~150	150~180
t	10~12	12~15	15~20	22~25	24~30	30~34
e	40	50	60	60	70	80
e_1	40	40	45	45	50	60
α	5°~15°					

(3)模底板的搬运结构。

对于大、中型模底板或模板框,为了安装和搬运的方便,常设置吊轴。吊轴也可以用于铸型起模时翻转砂箱,这时可考虑同时设置手柄作为人工协助翻箱时的把手。

通常,模底板平均轮廓尺寸大于 500 mm 时设置吊轴。吊轴可以和模底板一起铸造出来,称为整铸式。铸铁模底板整铸式吊轴的结构和尺寸见表 6.10。也可以用钢材加工,在铸造模底板时铸接起来称为铸接式,其结构和尺寸见表 6.11,一般铸铁模底板常用这种结构,吊轴材料可选用 20 钢和 45 钢。吊轴的位置可设在长度方向中心线上,与销耳连接在一起,位于销耳的外面;也可以设在销耳的两侧,对称分布。吊轴数量可取两个或四个。

表 6.10　铸铁模底板整铸式吊轴的结构和尺寸　　　　　　单位:mm

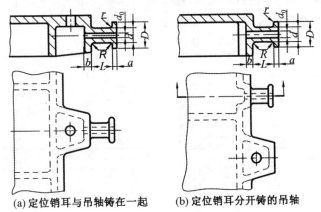

(a) 定位销耳与吊轴铸在一起　　　(b) 定位销耳分开铸的吊轴

吊轴上允许 负荷/kN	d	d_0	D	a	b	L	r	R
≤2.5	30	12	51	9	12	25～35	3	8
≤5	45	18	76	14	15	35～55	5	11
≤9	60	24	102	18	18	50～70	6	15
≤15	80	32	136	24	22	65～95	8	20
≤25	100	40	160	30	30	80～120	10	25
≤35	120	48	190	36	40	95～145	12	30

注:吊轴直径 $d=30$ mm 和 45 mm 时,则 $d_0=12$ mm 和 $d_0=18$ mm 的孔,在浇注时应插入冷铁。

表 6.11　铸接式吊轴的结构和尺寸　　　　　　单位:mm

吊轴上允许 负荷/kN	d	d_1	D	L	l	h	R	r
≤2	30	60	50	80	40	30	8	3
≤4	40	80	60	90	45	35	10	4
≤10	45	120	65	130	65	50	12	5
≤17.5	60	150	90	175	90	75	15	6
≤30	80	180	120	230	115	95	20	8
≤50	100	220	150	285	145	125	25	10

手柄也有整铸式和铸接式两种,铸接式手柄的结构和尺寸见表 6.12。除此之外也可用装配式手柄,即用钢材加工,然后用螺栓、螺母装配在模底板上。也可在模底板上做出螺纹孔,直接将手柄拧紧在模底板上。一块模底板上可设两个或四个手柄。

表 6.12　铸接式手柄的结构和尺寸　　　　　　　　　　单位:mm

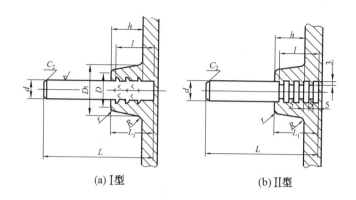

(a) I 型　　　　　　　　　　(b) II 型

规格	手柄及铸接凸块尺寸							
dL	L_1	L	l	h	D	D_1	R	r
20L	35	135～160	25	25	40	50	5	3
25L	40	140～190	30	30	50	60	5	3

注:L 可根据实际情况选取,但尾数应为 0 和 5。

6.2.3　模样及浇冒口在模底板上的装配

铸件本体模样和浇注系统模样在模底板上的布置要与铸造工艺设计一致,并考虑冒口和出气孔等排气装置模样布置,保证合理吃砂量的要求,以免影响型砂硬度的均匀性。

(1)模样在模底板上的装配。

模样在模底板上的装配主要考虑三方面的问题:模样在模底板上的放置形式、定位和紧固方法。

①模样在模底板上的放置形式。模样在模底板上的放置形式有平放式和嵌入式两种,见表 6.13。平放式将模样平放在模底板上,模底板不必挖槽,此法较方便,应用较多。嵌入式将模样下部嵌入模底板中,主要用于有下凹的模样和有特殊要求的模样。

表 6.13　模样在模底板上的放置形式

放置形式	装配图例			
平放式				
嵌入式				

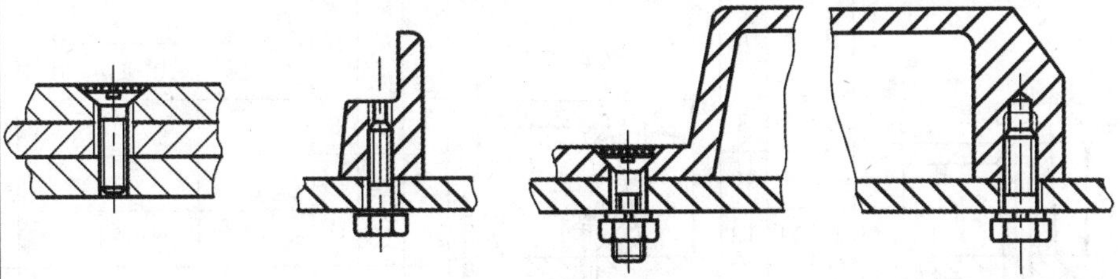

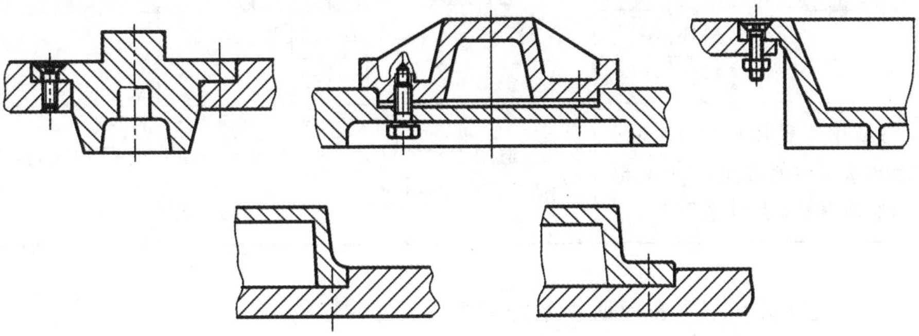

②模样在模底板上的定位。模样在模底板上常采用定位销定位,以防止模样因螺钉松动而错位。

定位销在模样上的位置一般选在模样高度较低的地方,并尽量使其间隔距离大一些。定位销常采用圆柱销,也可采用圆锥销。当模样与模底板的连接需要经常拆卸时,应该使用圆柱销,这时模样和销子、模底板和销子间的配合应当是一方为过盈配合,另一方为间隙配合;当模样和模底板连接不经常拆卸时,则均采取过盈配合。

定位销数量和尺寸大小取决于模样尺寸,对于平放式的模样,每块模样上定位销的数量最少为两个,最多不超过四个;对于嵌入式装配的模样,则根据嵌入情况,可以适当减少或不用定位销。定位销将模样装配在模底板上的形式和尺寸见表 6.14。

③模样在模底板上的紧固。模样常用螺钉、螺栓及铆钉紧固在模底板上。用螺钉紧固时有上固定法和下固定法两种。上固定法是用螺钉或螺栓穿过模样而紧固在模底板上,模样上设有沉头孔,紧固后用金属或塑料填平。模底板钻孔时可以利用模样作为钻模进行配钻,安装操作简便。其缺点是模样的工作表面易被损坏,安装后必须填平修补;下紧固法是用螺钉通过模底板,从底面把模样紧固在模底板上,这时模样上要攻螺纹,而模底板上要钻通孔。其优点是模样工作表面不受损坏;缺点是螺钉孔的位置受到模底板筋条的约束,即螺钉孔的中心到筋条的距离应符合板手空间的要求,且操作麻烦。一般要先在模底板上划线,标出每个螺钉孔中心、钻孔,然后将模样按划线放在模底板上,从模底板下面配钻模样的螺纹孔。下紧固法多用于模样较高的情况。

表 6.14　模样在模底板上的装配形式和尺寸　　　　　　　单位:mm

定位销穿过模样				定位销穿过模底板					
	d	A	R		d	h_1	R	C	
								$\alpha<10°$	$10°<\alpha<30°$	$30°<\alpha<45°$
	4	7	8		4	10	8	10	15	25
	5	9	10		5	12	10	12	20	30
	6	11	13		6	15	13	16	24	32
	8	14	16		8	20	16	22	30	40
	10	18	20		10	25	20	24	36	48
	12	21	24		12	32	24	32	48	64

注:适用于模样壁厚 $\delta=6\sim20$ mm, $h<6\delta$ 的情况,尺寸 δ 根据模样外围平均尺寸选取

注:适用于模样壁厚 $\delta=6\sim20$ mm, $h>6\delta$ 的情况,尺寸 δ 根据模样外围平均尺寸选取

(2)浇冒口和芯头在模底板上的装配。

①浇冒口和出气孔模在模底板上的装配。直浇道、冒口和出气口模等,在起模前必须单独从铸型顶部拔出,此类模样和模底板之间常用销钉定位,不紧固。直浇道模定位实例如图 6.12 所示。若直浇道直径较大,为了延长直浇道模的寿命,可装上销套,销套可在外缘做出螺纹,拧在直浇道模上,如图 6.13 所示。定位销和销套可用 45 钢制造,经过淬火,销套的硬度要求比销子高一些。冒口的定位也可与直浇道相同,但若冒口的直径较大,销钉的数量可以增加,冒口模定位实例如图 6.14 所示。出气孔模定位形式如图 6.15 所示。

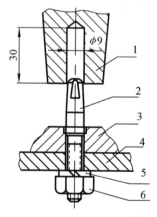

图 6.12　直浇道模定位实例

1—直浇道模;2—滑动销;3—浇口座;4—模底板;5—弹簧垫圈;6—螺母

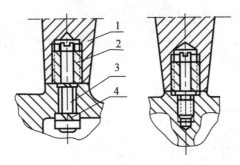

图 6.13 带销套的直浇道模的安装

1—直浇道(或冒口)模;2—带螺纹销套;3—销钉;4—模底板(或模样)

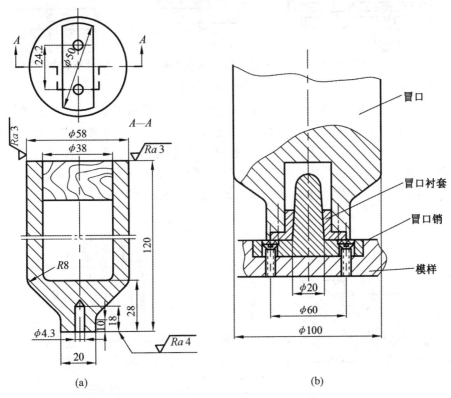

(a)　　　　　　　　　　　　　　　(b)

图 6.14　冒口模定位实例

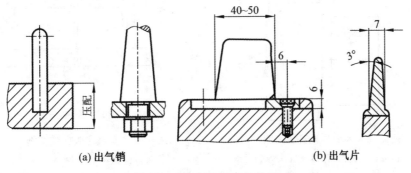

(a)出气销　　　　　　　　　　(b)出气片

图 6.15　出气孔模定位实例

②横浇道模在模底板上的装配。横浇道、内浇道一般不高,常用螺钉或铆钉直接紧固在模底板上,横浇道模紧固实例如图 6.16 所示。有时做成带螺纹的铆钉,旋入螺纹后再将上端铆紧,这种铆钉常用铝或铜制成。

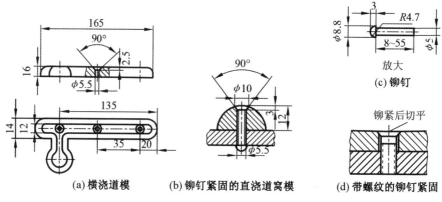

(a)横浇道模　　(b)铆钉紧固的直浇道窝模　　(c)铆钉

(d)带螺纹的铆钉紧固

图 6.16　横浇道模紧固实例

③分开制造的芯头在模底板上的定位和紧固。为了方便模样的加工、制造,芯头模常单独制造,然后与模样本体装配。装配时要注意定位和紧固方法。对水平式芯头往往两面靠紧,即一面紧靠模样,一面紧靠模底板。这时可用销钉和螺钉定位和紧固。水平芯头安装实例如图 6.17 所示。垂直芯头,尺寸较小时可以用螺纹直接拧入模样本体,尺寸较大时可以用嵌入法,然后用螺钉紧固,垂直芯头安装实例如图 6.18 所示。

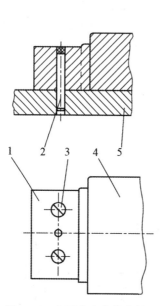

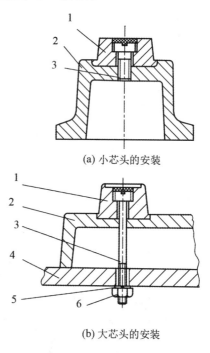

(a)小芯头的安装

(b)大芯头的安装

图 6.17　水平芯头安装实例
1—芯头;2—定位销;3—沉头螺钉;
4—模样;5—模底板

图 6.18　垂直芯头安装实例
1—芯头;2—模样;3—圆柱头螺钉;
4—模底板;5—弹簧垫圈;6—螺母

④单面模板上、下模样的定位。在单面模板上,上、下模样必须准确定位,才能保证铸件不产生错箱缺陷。

用单面模板分别造出的上、下铸型,是以模底板上的定位销和导向销为基准的,因此,上、下模样在上、下模底板上的定位也必须以模底板上的定位销和导向销为基准。一般取定位销的中心线及定位销和导向销中心线的连线为定位的垂直基准线和水平基准线。因此,模样在模底板上的定位尺寸都应以这两个基准来进行标注,如图 6.19(a)所示。

有时取两定位销中心连线的中点作垂直线为辅助垂直基准线。因此,在模板装配图中标注尺寸往往都是以这两条基准线为准向两侧标注,以保证上、下模样的对位准确,如图6.19(b)所示,但这样划线时多一次定位误差。

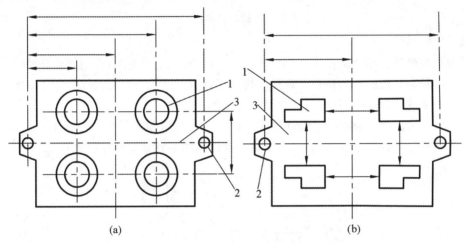

图 6.19　模样在模底板上的定位及尺寸标注

1—模样;2—销孔;3—模底板

设计模板图的注意事项:

(1)模样和浇冒口模的位置、尺寸是否符合铸造工艺图的要求,吃砂量是否合适。

(2)上、下模板上的模样布局、方向、尺寸标注等是否一致,能否满足合箱要求。

(3)根据造型机的具体要求,验算模板高度应低于起模高度等。

(4)直浇道的位置,合箱后应靠近浇注平台一侧。

(5)各种螺钉、定位元件位置是否合适,装卸是否方便。

例 6.1　设计生产半轴套管铸件所用模样及模板。半轴套管铸件轮廓尺寸为 $\phi 400$ mm×386.5 mm,铸件的质量为 86 kg,材料为 ZG345—570。小批量生产,砂型铸造,手工造型、制芯,一箱两件,采用中间分型的底注式浇注系统。其零件三维图如图 6.20所示。

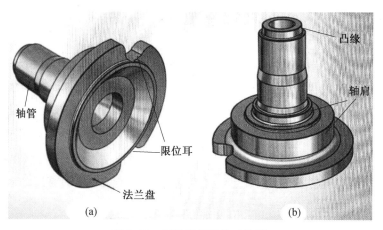

图 6.20　半轴套管零件三维图

（1）模样设计。

因为半轴套管铸钢件采用手工造型的方法进行单件、小批量生产，因此选择模样材质为木模样。半轴套管铸钢件的结构复杂程度为中等，模样结构为分体式模样，模样本体与模底板的装配为平放式，且芯头模样与铸件设计为一体。

按式（6.1）计算出模样尺寸，模样尺寸的标注基准面应与零件加工基准面一致，按零件加工基准面标注的模样尺寸如图 6.21 所示。设计出的半轴套管模样如图 6.22 所示。

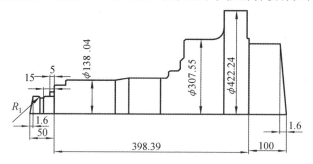

图 6.21　按零件加工基准面标注的模样尺寸

（2）模板设计。

根据单件、小批量生产半轴套管铸钢件的结构特点，结合铸造车间的实际生产条件，选择装配式单面模板，模底板材料使用铸铝。

选择模底板外轮廓尺寸与砂箱一致。其中 $A=1\,100$ mm，$B=550$ mm，$b=100$ mm，按式（6.2）和式（6.3）计算得出模底板的平面尺寸为 $1\,300$ mm×750 mm。

模底板的高度 h 一般根据使用要求和选用的造型机来确定，因为采用手工造型，按常用的普通平面式模底板高度规格，取 $h=50$ mm。模底板定位销孔中心距应与所配用砂箱定位孔中心距相一致，故模底板与砂箱定位销孔中心距为 $1\,340$ mm。

模底板的壁厚、加强筋厚度及连接圆角半径可根据模底板平均轮廓尺寸和选用材料由表 6.7 确定。生产半轴套管所用模底板平均轮廓尺寸为 $1\,025$ mm，材料为铸铝，故模底板的壁厚 $\delta=16$ mm，加强筋厚度 $\delta_1=18$ mm，$\delta_2=14$ mm，连接圆角半径 $r=5$ mm。设计出的半轴套管模底板如图 6.23 所示。

模底板与砂箱的定位采用直接定位法。定位销和导向销如图 6.24 所示。

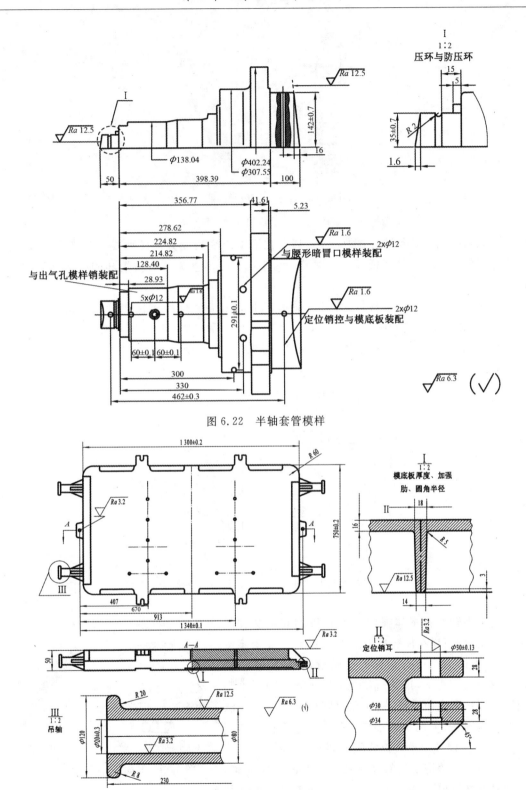

图 6.22 半轴套管模样

图 6.23 半轴套管模底板

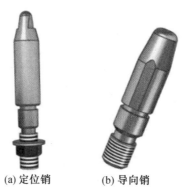

(a) 定位销　　　(b) 导向销

图 6.24　定位销和导向销

　　模底板上的定位销装在销耳上,销耳设在沿中心线长度方向的两端。参考图 6.11,根据生产半轴套管所用模底板平均轮廓尺寸为 1 025 mm,查表 6.9 得销耳的结构和尺寸,如图 6.25 所示。

　　半轴套管所用模底板材料为铸铝,采用 Solid Edge 软件的属性测量功能,估计充满砂时模板、砂箱和型砂受到的总重力小于 30 kN,为保证翻转砂箱时所需的强度,采用 45 钢铸接式吊轴,查表 6.11 得吊轴结构尺寸,示意图如图 6.26 所示。

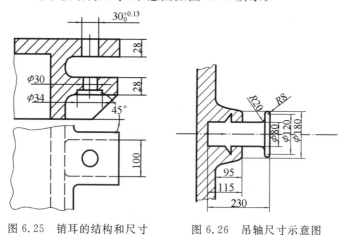

图 6.25　销耳的结构和尺寸　　　　图 6.26　吊轴尺寸示意图

　　因为半轴套管本体模样与模底板的装配选择的是平放式,故模样在模底板上装配时设计了 2 个定位销,为了不影响铸件形状和表面质量,将定位销分别置于两边的芯头上,尺寸规格为 ϕ12 mm。为了不影响铸件形状和表面质量,模样在模底板上的紧固方法选择下紧固法,采用螺钉固定,其尺寸与示意图如图 6.27 所示。模样与模底板装配如图 6.28 所示。

　　半轴套管铸造工艺的浇注系统采用陶瓷耐火管,造型时不必取模,而冒口的下端则需加工成与模样相配合的圆弧面,在其下端钻入与模样配合的定位销,起模时当定位销滑落之后亦可单独取

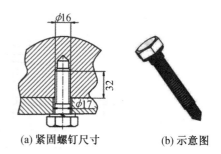

(a) 紧固螺钉尺寸　　　(b) 示意图

图 6.27　紧固螺钉尺寸与示意图

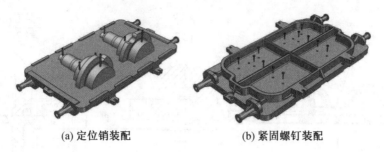

(a) 定位销装配　　　　　　　　(b) 紧固螺钉装配

图 6.28　模样与模底板装配

模。固定浇道用的浇口座如图 6.29(a) 所示。出气孔模样采用滑销装配,如图 6.29(b) 所示。冒口模样采用滑销装配,冒口上的大气压力冒口砂芯模样也采用滑销式装配,从上面取出,如图 6.29(c) 所示。滑销插入浇冒口模样的一端采用过盈配合,插入铸件本体的一端采用间隙配合。

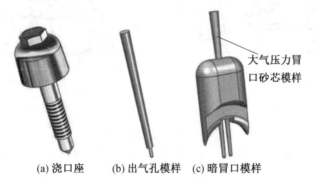

大气压力冒口砂芯模样

(a) 浇口座　　(b) 出气孔模样　(c) 暗冒口模样

图 6.29　浇冒口模样

半轴套管采用的是单面模板分别造出上、下铸型,单面模板上、下模样定位时,垂直基准线取定位销中心位置,水平基准线取定位销和导向销中心线的连线。模板设计尺寸标注如图 6.30 所示。模板装配图如图 6.31 所示。

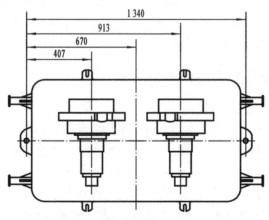

图 6.30　模板设计尺寸标注

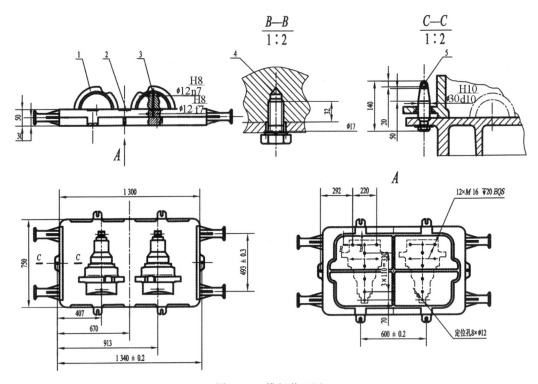

图 6.31　模板装配图

1—模样；2—模底板；3—圆柱定位销；4—紧固螺钉；5—定位销

6.3　砂箱设计

　　砂箱是铸造车间造型所必需的工艺装备，用于制造和运输砂型，砂箱结构要符合造型、运输设备的要求。正确地设计砂箱的结构和尺寸，对于保证铸件的质量、提高生产效率、减轻劳动强度和保证生产安全都有重要的意义。本节主要介绍手工及一般机械造型采用的通用砂箱的设计和选用的基本知识及数据。

6.3.1　设计和选用砂箱的依据和原则

　　(1)设计和选用砂箱的基本依据。

　　设计和选用砂箱的基本依据和必须掌握的原始资料如下：

　　①零件工艺资料。包括铸件工艺图、模样、浇冒口系统在模板上的布置、合理的吃砂量等。

　　②生产条件。包括生产批量、造型方法、本厂的冷加工能力等。

　　③设备条件。包括造型机的规格和工艺特点、起重运输设备的能力、烘干及落砂设备的结构和尺寸等。

　　(2)设计和选用砂箱的基本原则。

　　①满足铸造工艺要求。如砂箱与模样之间留有合理的吃砂量；砂箱要不妨碍浇冒口的安放，也不阻碍铸件的收缩；箱壁上要留有排气孔，以便烘干和浇注时铸型排气等。

②砂箱应有足够的强度和刚度,保证使用中不断裂或发生过大变形。

③砂箱内壁应对型砂有足够的附着力,使用中要不掉砂或塌箱,但又要便于落砂。为此,只在大的砂箱中才设置箱带。

④砂箱定位装置和公差配合的选择,应保证铸件尺寸精度的要求,并应经久耐用,在使用中应能长期保持精度。

⑤砂箱材料要价格低廉、来源广泛、坚固耐用。其结构应当保证砂箱在铸造、加工装配、维修过程中结构合理,便于制造。

⑥砂箱的规格应尽可能标准化、系列化和通用化。

(3)砂箱设计的主要内容和步骤。

①确定砂箱的材质(铸铁、铸钢、铝合金)和种类(整铸、装配、焊接)。

②根据吃砂量等因素确定砂箱的内轮廓尺寸。

③选定砂箱壁的截面形状和尺寸,确定砂箱箱壁排气孔的大小、形状和布置。

④设计砂箱内部箱挡(带),各箱挡的形状与模样相适应。

⑤确定砂箱的定位尺寸,定位销、导向销、定位套、导向套、箱耳的选用。

⑥设计砂箱卡紧装置的型式和位置。

⑦设计砂箱的搬运和翻转装置,确定箱把、箱轴、吊环的尺寸、数量和位置。

6.3.2　砂箱的类型

(1)按砂箱的用途分类。

①专用砂箱。专为某一复杂或重要铸件设计的砂箱,例如卡车后桥的专用砂箱。

②通用砂箱。凡是模样尺寸合适的各种铸件均可使用的砂箱,多为长方形。

(2)按制造方法分类。

①整铸式。用铸铁、铸钢或铸铝合金整体铸造而成的砂箱,应用范围较广。

②焊接式。用钢板或特殊轧材焊接成的砂箱,也可用铸钢元件焊接而成。

③装配式。由铸造的箱壁、箱带等元件,用螺栓组装而成的砂箱。用于单件、成批生产的大砂箱。

(3)按制造砂箱的材料分类,砂箱分为铸钢、球墨铸铁、灰铸铁和铝合金砂箱,见表6.15。

表 6.15　按制造砂箱的材料对砂箱分类

使用材料	使用特点
铸钢	铸钢砂箱强度高、质量轻、耐用,常用于机器造型
球墨铸铁	球墨铸铁砂箱主要用于机器造型和大型砂箱,可代替铸钢砂箱
灰铸铁	铸铁砂箱应用最广,材料成本低、制造方便,强度、刚度较高
铝合金	铸铝砂箱轻便、材料成本高,强度低,易被铁液损伤,多用于小件脱箱造型

(4)按造型方法分类,砂箱分为手工造型、机器造型、抛砂机造型、劈模造型、脱箱造型和地坑造型等,见表6.16。

表 6.16　按造型方法对砂箱分类

分类	应用范围	设计及使用特点
手工造型用砂箱	手提砂箱,双人手抬砂箱,吊运砂箱	根据生产工艺要求,适当加工,适用于单件、小批量生产,可设计定位孔
机器造型用砂箱	震击、震压、射压、高压、气冲造型机用砂箱	需加工、定位精度要求高,强度、刚度要求大,适用于大批量生产
抛砂机造型用砂箱	吊运式、翻转起模机构式	箱带间距不应太小,应适当考虑抛砂路线以利于型砂紧实,适用于单件或小批量生产
劈模造型用砂箱	单劈式、双劈式、多劈式	砂箱结合面均要求加工,对平行度和垂直度有一定要求,变形量要小,吊运要方便,适用于批量生产
脱箱造型用砂箱	装配式、整铸式滑脱砂箱	砂箱轮廓尺寸不宜太大,可用木材、铝合金等制造,适用于单件、小批量生产
地坑造型用砂箱	装配式、整铸式砂箱	砂箱可不加工或简单加工,无须设置紧固、定位和箱耳装置,适用于大型铸件的单件、小批量生产

(5)按砂箱尺寸大小分类,砂箱分为小型、中小型、中型、大型和重型,见表 6.17。

表 6.17　按砂箱的尺寸大小对砂箱分类

砂箱形式	手抬式砂箱	手抬吊运、自动线用砂箱	吊运、自动线用砂箱	吊运式砂箱	
砂箱规格	小型	中小型	中型	大型	重型
砂箱内框平均尺寸/mm	≤500	500～750	750～1 500	1 500～5 000	>5 000
砂箱高度/mm	100～300	100～400	150～600	250～800	400～800
空砂箱质量/kg	≤40	40～150	170～750	800～20 000	>20 000
砂箱内部容积/m³	≤0.075	0.075～0.225	0.337～1.350	1.80～2.0	>2.0
有无箱带	一般无箱带	根据情况确定	根据情况确定	有箱带	有箱带

注:①砂箱内框平均尺寸指砂箱分箱面内框长加宽的算术平均值。

②砂箱质量以铸铁为例。

6.3.3　砂箱本体结构设计

(1)砂箱内框尺寸。

砂箱尺寸一般用分型面处砂箱内框的长度 A、宽度 B 及高度 H 来表示,即 $A \times B \times H$。选择和确定砂箱尺寸的主要依据是铸造工艺图或模样、浇冒口、冷铁的尺寸和布置,并考虑一箱内放置铸件的个数和合理的吃砂量,大致地计算出砂箱内框尺寸,算出的尺寸应尽量标准化和系列化。所设计的砂箱长度和宽度应尽量是 50 或 100 的倍数,高度应尽量是 20 或 50 mm 的倍数。

（2）砂箱壁的结构。

砂箱壁结构的设计需要根据其工作环境、砂箱的内框尺寸、砂箱高度和砂箱材质来确定，设计合理的砂箱箱壁结构可以提高砂箱的强度和刚度。

①砂箱壁的截面形式和尺寸。砂箱壁的截面形式、尺寸影响砂箱强度和刚度。简易砂箱多用于手工单件、小批量生产，简易砂箱箱壁截面形式如图 6.32 所示，截面尺寸见表6.18。

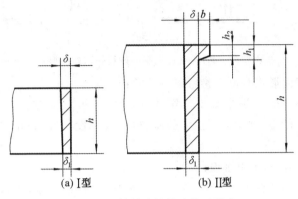

(a) I 型　　　　　　　(b) II 型

图 6.32　简易砂箱箱壁截面形式

表 6.18　简易砂箱箱壁截面尺寸　　　　　　　单位：mm

砂箱内框平均 轮廓尺寸 $\frac{(A+B)}{2}$	h	δ	δ_1	b	h_1	h_2
≤500	120～200	12～15	10～13	—	—	—
500～750	150～300	18～22	15～18	—	—	—
750～1 000	200～300	28～30	25～27	—	—	—
	300～400	25～28	22～25	—	—	—
1 000～1 500	250～300	30～35	27～32	25	30～35	27～32
	300～450	28～32	25～28			

普通砂箱箱壁截面形式如图 6.33 所示。高压、气冲造型用的砂箱箱壁截面形式如图6.34 所示。

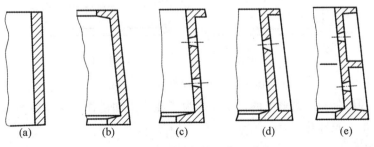

(a)　　　　(b)　　　　(c)　　　　(d)　　　　(e)

图 6.33　普通砂箱箱壁截面形式

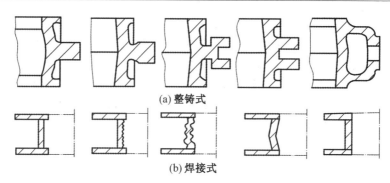

图 6.34　高压、气冲造型的砂箱箱壁截面形式

选择砂箱箱壁截面形式时可以参考以下经验：

a.简易手工造型砂箱,常用较厚的直箱壁,不设内外凸缘,制造简便,容易落砂。

b.普通机器造型砂箱,常用向下扩大的倾斜壁,底部设凸缘,防止塌箱,保证刚度,便于落砂。

c.中箱箱壁多为直壁,上下都设凸缘。

d.铸钢车间采用的砂箱,由于钢水温度比铁水高,工作条件差,所以砂箱箱壁应该适当加厚,凸缘、筋条尺寸也应适当加大。

②箱壁加强筋。为了提高箱壁的强度和刚度,节省材料,在砂箱外侧做出纵向或横向加强筋,其分布和尺寸根据砂箱的高度和内框平均尺寸而定。内框平均尺寸小于 750 mm 的铸铁(钢)中、小型砂箱可不设加强筋;高度低于 300 mm 的大型砂箱可以只设竖向加强筋或只设一条横向加强筋;高度大于 500 mm 的砂箱要设两条或两条以上的横向筋,并且在拐角处可多设一条横筋;过长的砂箱可以只设"人"字形加强筋。

③砂箱壁过渡圆角(砂箱角)。砂箱转角处是砂箱产生应力集中的地方,如设计不当,易在该处产生裂纹。设计砂箱时应给出合理的转角尺寸,并适当加大砂箱转角部分的壁厚。砂箱转角部分的结构如图 6.35 所示。

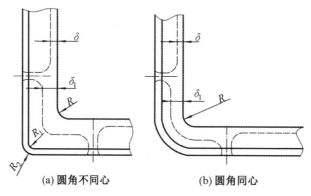

图 6.35　砂箱转角部分的结构

④箱壁上的排气孔。箱壁上的排气孔是为了在烘干和浇注时逸出铸型内产生的气体,形状多制成圆形或长圆孔。

(3)箱带的设计。

箱带的作用是增加型砂对砂箱的附着力,提高铸型的整体强度和刚度,保证在搬运、翻

转、合箱、浇注过程中铸型不掉砂、不塌箱,延长砂箱使用期限。但使型砂紧实和落砂困难,
限制浇冒口的布局,故只适用于中、大型砂箱。平均内框尺寸小于 500 mm 的普通砂箱、小
于 1 250 mm 的高压造型砂箱不设箱带;长度较大而宽度小于 500 mm 的砂箱只做出横筋,
其间距为 150～200 mm;砂箱宽度大于 600 mm 时,既设置横筋,也设置纵筋。机器造型用
的下砂箱为便于落砂也可不设箱带。各种砂箱箱带布置形式如图 6.36 所示,砂箱箱带的布
置尺寸见表 6.19。箱带布置应注意留出浇口、冒口、通气针、通气芯头和压砂板等工艺
位置。

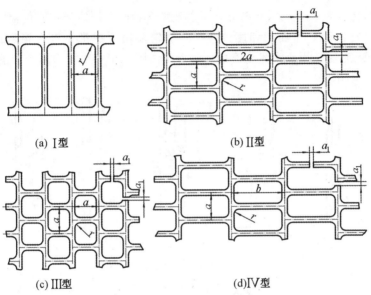

(a) Ⅰ型　　　　　　　　　(b) Ⅱ型

(c) Ⅲ型　　　　　　　　　(d) Ⅳ型

图 6.36　砂箱箱带布置形式

表 6.19　砂箱箱带的布置尺寸　　　　　　单位:mm

砂箱内框平均尺寸 $\frac{(A+B)}{2}$	砂箱箱带布置尺寸			
	a	b	箱带断口 a_1	r
≤500	130～180	—		5～10
500～750	150～200	150～250	—	5～10
750～1 000	200～250	200～300		10～15
1 000～1 500	200～250	200～300	20	10～15
1 500～2 000	250～300	250～350	25	10～15
2 000～2 500	250～300	250～350	30	10～15
2 500～3 500	300～350	350～400	35	15～20
3 500～5 000	350～400	400～500	40	15～20
>5 000	350～400	400～500	50	15～20

　　箱带与模样之间要有适当的吃砂量。专用砂箱的箱带随模样形状而起伏,至模样表面
的距离(吃砂量)为顶面 $a=15\sim40$ mm,侧面 $b=20\sim45$ mm,底部距模板 $c=25\sim45$ mm。
砂箱大的情况下取上限。

通用箱带高度取 0.25～0.3 倍砂箱高度，以适应不同模样。箱带至冒口、浇口杯模的距离应大于 30 mm。

6.3.4 砂箱定位、紧固、搬运装置设计

(1)砂箱的定位装置。

为了保证铸件的尺寸精度，砂箱上应设有定位装置。上、下箱间可用楔榫、箱垛、箱锥、止口及定位销等多种方法定位。

①定位销、导向销、定位套、导向套。机器造型合箱时只用定位销定位，合箱销的形式如图 6.37 所示。定位销分为插销和座销两类。插销多用于成批生产合箱后铸型高度小于 500 mm 的小砂箱；座销用于大量生产的各种砂箱。图 6.37(a)～(c)属于插销，图 6.37(d)、图 6.37(e)属于座销。

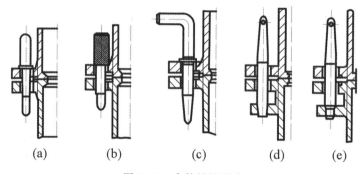

(a)　　　　(b)　　　　(c)　　　　(d)　　　　(e)

图 6.37　合箱销的形式

箱耳多布置在砂箱两端，一端装圆孔的定位套(或销)，一端装长孔的导向套(或销)。合箱时上、下箱的圆孔套对应圆形的定位销，另一端对应方形的导向销。导向销与导向套呈线接触，不易磨损，耐用性好。

通常，定位销和导向销用 45 钢制造，淬火后使用，其硬度要求为 40～45HRC。

为了防止定位孔磨损，延长砂箱使用寿命，铸造砂箱的定位孔广泛采用了定位套、导向套，如图 6.38 所示。定位套的定位孔为圆孔，起定位作用；导向套的孔有椭圆孔和长方孔，

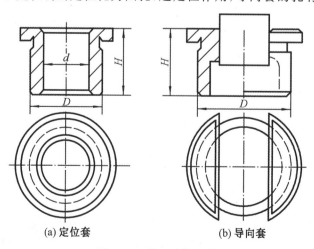

(a) 定位套　　　　　(b) 导向套

图 6.38　普通砂箱销套

它可补偿上、下砂箱定位孔间距的误差,使造型时定位销不被卡死。定位套和导向套与砂箱箱耳之间可采用过盈配合或间隙配合,但这两种配合在使用过程中都易松动,所以可采用压板将其固定在箱耳上。

②箱耳。

箱耳是用来设置定位套(或销)和导向套(或销)的,它和砂箱本体紧固相连。中、小型砂箱的箱耳都设置在砂箱长度方向的中心线上,大型砂箱的箱耳一般设在砂箱长边的两侧,如图 6.39 所示。

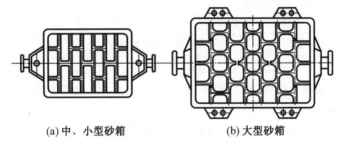

(a)中、小型砂箱　　　　(b)大型砂箱

图 6.39　砂箱箱耳的位置

在设计箱耳时,要注意以下几点:

a.销孔中心距要足够大,定位销孔中心距尺寸以 0 或 5 结尾,有利于砂箱和模板的标准化。

b.定位销孔与箱壁之间留有一定的距离,以便加工和装配销套。

c.箱耳应距分型面有足够的距离,以防砂箱变形导致造型时箱耳顶到模板平面上,且合箱时上、下箱耳直接接触,影响定位的准确。

(2)砂箱的紧固装置。

为防止胀箱、跑火等缺陷,以及防止砂箱搬运中错动,上、下箱间应紧固。常用紧固方式有如下几种。

①楔形箱卡。楔形箱卡如图 6.40 所示。这种紧固方式应用最广,砂箱外缘带有对称布置的楔形卡台,卡台数量根据砂箱大小而定,通常为 1～3 对,常用箱卡材料为 HT200、QT500－7。

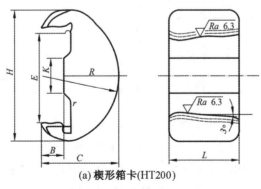

(a) 楔形箱卡(HT200)

图 6.40　楔形箱卡

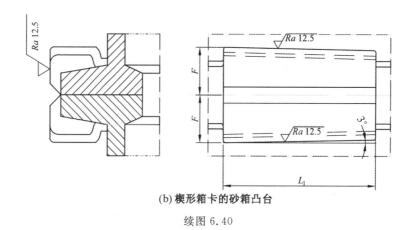

(b) 楔形箱卡的砂箱凸台

续图 6.40

②带楔片的锁紧销。带楔片的锁紧销主要用于小批量生产中的中、大型砂箱,锁紧销和楔片通常用 45 钢制造。

③螺栓卡紧结构。螺栓卡紧结构如图 6.41 所示。螺栓卡紧结构主要用于中、大型砂箱的小批量生产。

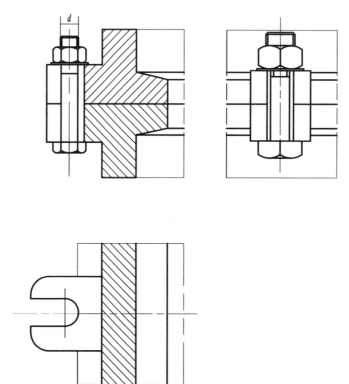

图 6.41　螺栓卡紧结构

④箱卡－螺栓组合结构。箱卡－螺栓组合结构如图 6.42 所示。这种结构不适用于大批量生产,手工操作的中、小型砂箱上有时使用这种结构。

⑤压铁。压铁的一个重要参数是质量,它是根据抬型力去掉上砂箱质量,并设计一定的系数后确定的。压铁外形结构应便于自动化运输,并设有浇注、排气、定位等位置。在不影

响使用性能的条件下,结构应尽量简单。材质可选用有相当强度的铸铁或铸钢。

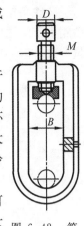

(3)砂箱的搬运装置。

目前常用的砂箱搬运装置有箱把、吊轴、插销式吊耳、吊环等。箱把用于小砂箱,一般是一边两个,有整铸的、铸接的和螺栓装配的。对于吊车起吊的中、大型砂箱,除了设置箱把之外,还应设计一对吊轴(一边一个)或加设吊环以便翻箱,吊轴设在砂箱长度方向的中心线上,其断面尺寸比砂箱壁厚要大很多,为了防止铸造时出现缩孔、缩松、裂纹等缺陷,吊轴做成中空或加内冷铁。吊环主要用于重型砂箱。

设计砂箱的搬运装置时,应使吊运平衡,翻箱方便;特别强调要安全可靠,杜绝人身事故,要考虑最大的负荷。例如,应以一次起吊一叠铸型的最大质量作为计算吊轴或吊环的依据,给出较大的安全系数。吊环、吊轴和箱把一般用钢材制造,用铸接法同砂箱相连结。小箱把也可用螺纹连结。铸接必须牢靠。吊轴、吊环上的铸接部分应加工出沟槽或倒刺。也可用整铸法,但应保证无缩孔、缩松、裂纹等缺陷。

图 6.42 箱卡－螺栓组合结构

例 6.2 设计生产半轴套管铸件用砂箱

(1)确定砂箱的材质和种类。

因为半轴套管为铸钢件,其浇注温度较高,要求砂箱有一定耐热性和强度,故选择整铸式灰铸铁砂箱。使用手工造型的方法,结合起重机吊运的通用砂箱。

(2)砂箱本体结构设计。

①砂箱内框尺寸。生产半轴套管铸件采用一箱两件,从铸件中间分型,在选取合理的吃砂量后,上箱和下箱高度原计算值分别为 450 mm 和 350 mm,相差不大,为简化工艺降低生产成本,上、下砂箱的内框尺寸都取 1 100 mm × 550 mm × 450 mm,砂箱尺寸示意图如图 6.43 所示。在投入生产时,只需割去部分挡浇注系统的箱带并在砂箱壁上做必要的标注即可。

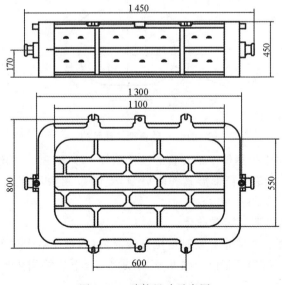

图 6.43 砂箱尺寸示意图

②砂箱壁的结构。砂箱壁的截面形状、尺寸影响砂箱的强度和刚度。铸钢件造型用的砂箱由于浇注的钢液温度较高,箱壁应适当加厚。为简化工艺,上、下箱的砂箱壁尺寸应尽量一致。砂箱壁截面形式如图 6.44 所示,砂箱壁的截面尺寸见表 6.20。

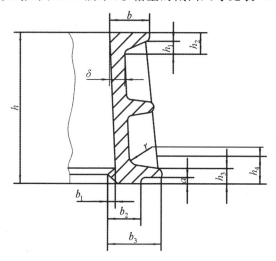

图 6.44 砂箱壁截面形式

表 6.20 砂箱壁的截面尺寸   单位:mm

砂箱内框平均尺寸	h	δ	b	b_1	b_2	b_3	h_1	h_2	h_3	h_4	a	r
825	450	15	40	10	40	70	20	25	30	35	5	10

为了排出在烘干和浇注时铸型内产生的气体,在箱壁上设计了排气孔,砂箱排气孔结构如图 6.45 所示。

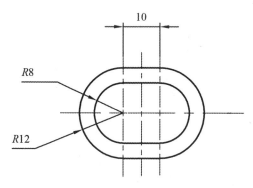

图 6.45 砂箱排气孔结构

③箱带的设计。由于铸钢件半轴套管的模样两端大小不一致,为增加强度,提升了较小一端的箱带高度,设计为专用箱带形式和吃砂量,箱带单元格尺寸为 400 mm×100 mm。设计专用箱带布置形式如图 6.46 所示。

(3)砂箱定位、紧固、搬运装置设计。

①砂箱的定位装置。为防止合箱时定位方向混淆,砂箱在生产时在其一侧铸字,有利于合箱时上、下砂箱的定位,铸字定位如图 6.47 所示。上、下砂箱间用插销定位,合箱定位销

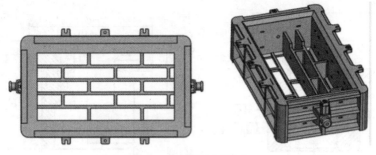

图 6.46　箱带布置形式

如图 6.48 所示。为了防止定位孔磨损,延长砂箱使用寿命,设计了定位套、导向套,其结构尺寸如图 6.49 所示。

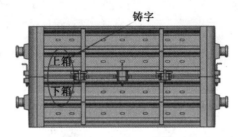

图 6.47　铸字定位

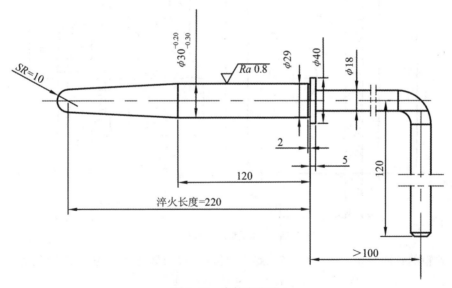

图 6.48　合箱定位销

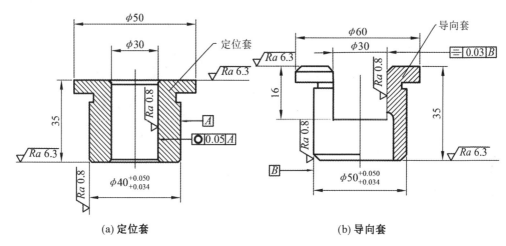

(a) 定位套 (b) 导向套

图 6.49 定位套和导向套结构尺寸

箱耳是用来设置定位套(或销)和导向套(或销)的,它和砂箱本体紧固相连。箱耳结构及尺寸如图 6.50 所示。

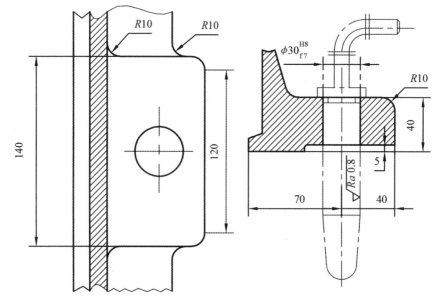

图 6.50 箱耳结构及尺寸

②砂箱的紧固装置。为防止胀箱、跑火等缺陷,以及防止砂箱搬运中错动,选用楔形箱卡对上、下砂箱进行紧固,其结构形式及尺寸如图 6.51 所示。

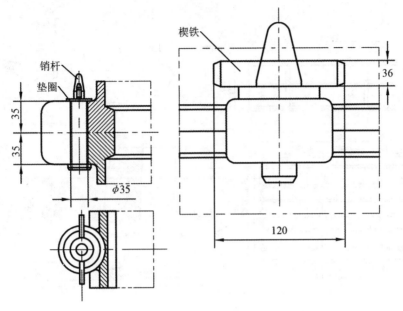

图 6.51　楔形锁紧箱卡结构形式及尺寸

③砂箱的搬运装置。为了方便砂箱的搬运,设计吊轴用整铸法同砂箱相连,其结构形式和尺寸如图 6.52 所示。

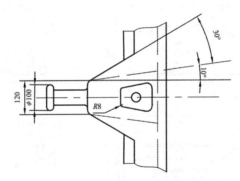

图 6.52　选用吊轴结构形式和尺寸

设计的下砂箱结构和尺寸如图 6.53 所示,砂箱装配如图 6.54 和图 6.55 所示。

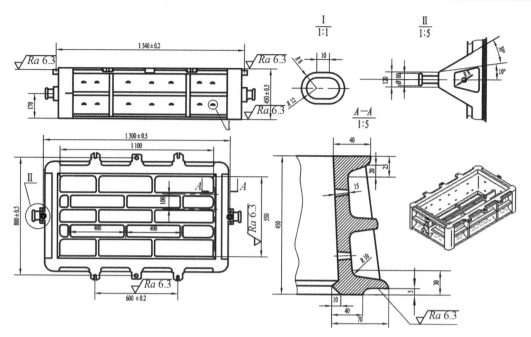

图 6.53 下砂箱结构和尺寸

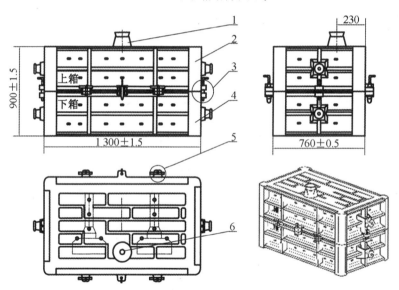

图 6.54 砂箱装配 1

1—浇口杯砂;2—上砂箱;3—定位装置;4—下砂箱;5—紧固装置;6—浇口杯

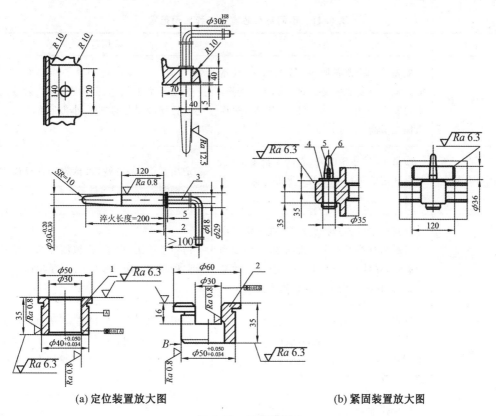

(a) 定位装置放大图　　　　　　　　　　　(b) 紧固装置放大图

图 6.55　砂箱装配 2

1—定位套；2—导向套；3—插销；4—垫圈；5—楔铁；6—销杆

6.4　芯盒设计

芯盒是制芯过程中必不可少的专用工艺装备。芯盒的结构尺寸将在很大程度上影响砂芯的质量和制芯效率。正确选择和设计芯盒是保证铸件质量、提高铸件生产效率、降低成本、减轻劳动强度的重要部分。设计芯盒时应以铸造工艺图、生产批量及制芯设备的条件为依据，根据砂芯的结构和尺寸来确定芯盒的结构形式和尺寸。本节重点介绍普通金属芯盒设计。

6.4.1　芯盒的种类及特点

铸造生产中，芯盒种类繁多，常用的芯盒可以按以下方法分类。

（1）按制芯方法分类。

按制芯方法，芯盒可分为手工制芯用芯盒和机械制芯用芯盒。机械制芯包括振动制芯、挤压制芯、射砂制芯、热芯盒制芯、壳芯盒制芯、冷芯盒制芯及自硬砂制芯等。

（2）按芯盒材料分类。

不同材料芯盒的特点和应用范围见表 6.21。

表 6.21　不同材料芯盒特点和应用范围

名称	特点	应用范围
木质芯盒	质量小、制造周期短、易于加工、成本低。但其强度和硬度较低,易吸潮变形,不耐磨损,使用寿命短,尺寸精度低,表面粗糙度值高	适用于手工制芯、振动台制芯、射砂制芯及自硬砂制芯的单件、小批量生产
铝合金芯盒	质量小、尺寸精度高、表面粗糙度值低、具有一定的强度和硬度,使用寿命长、不生锈	适用于手工、射砂、机械震击及自硬砂等多种制芯方法的大批量生产
金木结构芯盒	除具有木质芯盒特点外,还在一定程度上提高和改善了木质芯盒的刚度、强度和耐磨性,并延长了使用寿命,但其尺寸精度、表面粗糙度仍然不及金属芯盒	适用于手工、射砂、机械震击及自硬砂等多种制芯方法的单件、小批量生产
塑料芯盒	制造周期短、成本低、易于复制,芯盒的尺寸精度较高,不易变形,表面光洁,质量小,耐磨性和抗腐蚀好,但塑料较脆,更改修复困难	适用于手工、射砂、冷芯盒、机械震击及自硬砂等多种制芯方法的单件、小批量生产。适合制造武装复杂、机械加工困难的芯盒
灰铸铁芯盒	机械强度和硬度高,耐磨性好,尺寸精度高,表面粗糙度低,与钢相比还具有加工性能好、成本低等特点。但铸铁易生锈,密度较大,芯盒较为沉重	适用于机械震击、热芯盒、壳芯盒及冷芯盒等多种制芯方法的大批量生产

(3)按芯盒结构分类。

①敞开式整体芯盒。敞开式整体芯盒如图 6.56 所示,芯盒为不可拆卸的整体,其填砂面与砂芯支撑面为同一平面。填砂紧实后,芯盒翻转 180°后起芯,取芯方向与填砂面垂直。这种芯盒适用于形状简单、具有平整宽敞填砂面、与此平面垂直的各侧面具有起模斜度的整体砂芯。

②垂直对开式芯盒。垂直对开式芯盒如图 6.57 所示,芯盒由左、右两片组成,左、右芯盒设有定位、夹紧装置。芯盒的分盒面垂直于填砂面,而砂芯支撑面与填砂面为同一平面。这种芯盒适用于具有一个平直或曲折分盒面的砂芯。垂直于分盒面的一个端面为平整面。

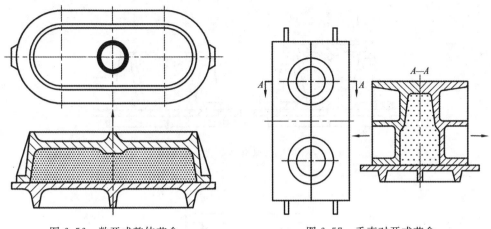

图 6.56　敞开式整体芯盒　　　　　　图 6.57　垂直对开式芯盒

③水平对开式芯盒。水平对开式芯盒如图 6.58 所示。芯盒由上、下两片组成,上、下两片芯盒设有定位、夹紧装置。芯盒的分盒面与填砂面为同一平面,砂芯的支撑面为某一型腔表面。这种芯盒适用于具有一个平直或曲折分盒面的砂芯,并需使用填砂板。

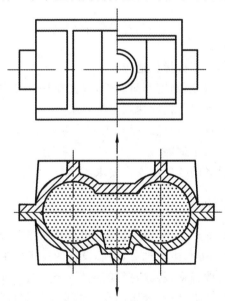

图 6.58　水平对开式芯盒

④敞开脱落式芯盒。敞开脱落式芯盒如图 6.59 所示。芯盒由芯盒本体和侧壁活块组成,本体和活块的配合面均带有斜度,芯盒的填砂面与支撑面为同一平面,填砂紧实后翻转180°,垂直向上提取芯盒本体,再依次沿水平方向移出侧壁活块。这种芯盒适用于形状复杂、具有平整宽大的填砂面、侧面阻碍起芯或难以起芯的的砂芯。

⑤多向开盒式芯盒。多向开盒式芯盒如图 6.60 所示。芯盒由多块型壁组成,六面开盒的芯盒由上、下、左、右、前、后 6 块型壁组成,型壁之间有定位装置。起芯时依次移出各型壁,取出砂芯。这种芯盒应用于几何形状复杂、3 个或 3 个以上型腔表面带在影响起芯的砂芯。多用于热芯盒、冷芯盒及木质手工芯盒。

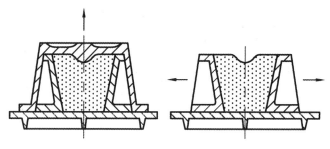

图 6.59　敞开脱落式芯盒

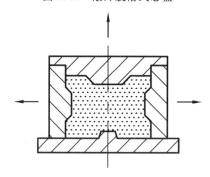

图 6.60　多向开盒式芯盒

金属芯盒设计的一般原则:

①芯盒的结构设计应与生产批量相适应。

②芯盒必须具有足够的强度、刚度和耐磨性,保证在正常操作下,达到要求的使用寿命。

③确保芯盒的几何形状和尺寸精度达到工艺要求。

④尽可能减小芯盒的质量,以降低能耗和工人的劳动强度。

⑤使用方便、制造简单、成本低廉。

⑥应满足选用的制芯设备的装配和操作要求。

6.4.2　芯盒结构设计

设计芯盒的依据是产品零件图、铸造工艺图(包括芯头的形状和尺寸、芯盒中砂芯的数量、通气针的尺寸及通气方式等)、生产批量、制芯设备的技术规格及工装加工条件等。

芯盒设计的主要内容一般包括:芯盒材料的选择;分盒面的确定;芯盒内腔尺寸的计算;芯盒结构形式及其附件结构的设计;对金属芯盒技术要求的制订等。

(1)制造芯盒的材料。

制造金属芯盒主体的材料见表 6.22。活块和镶块一般与芯盒主体的材料相同,一些小活块也可用青铜或低碳钢制成,为了有足够的强度和刚度,有些小的镶块采用低碳钢制造。

表 6.22　制造芯盒主体的材料

合金牌号	自由线收缩率/%	特点	应用范围
ZL101	0.9～1.2		
ZL102	0.8～1.1		
ZL103	1.1～1.35	不生锈,光洁度好,易切割,质量小	适用于制造中、小型芯盒
ZL104	0.9～1.1		
ZL201	1.25～1.3		
HT150	0.8～1.0	强度、硬度高,材料易得,耐磨性好	适用于制造大型芯盒
HT200	0.8～1.0		

(2)芯盒的分盒面。

一个砂芯往往存在几个分盒面。为了简化芯盒结构,保证砂芯尺寸精度,方便制芯,砂芯分盒面的选择应遵照下列原则:

①尽量使砂芯的分盒面和砂型的分型面一致,以使砂芯的起模斜度和模样的起模斜度的大小和方向一致,保证铸件壁厚均匀。

②优先采用平直分盒面。有时为了适应砂芯的形状,需要采用曲面或折面分盒。

③应有较大的敞开面,有利于芯砂的充填与紧实效果,并便于安放芯骨和开设砂芯气路。

④尽可能使砂芯的烘干支撑面为平面,以简化烘干板结构,增加烘干板的通用性。

⑤尽量将尺寸要求高的部分放在同一芯盒中,避免被分盒面分割。

⑥应使芯盒结构简单,便于制造,方便制芯操作,并能满足砂芯尺寸的精度要求。

(3)芯盒内腔尺寸的计算。

确定芯盒内腔尺寸是芯盒设计的重要内容之一,它直接关系到铸件的尺寸精度。芯盒内腔尺寸就是砂芯尺寸,可依据铸造工艺图计算芯盒内腔尺寸。芯盒内腔尺寸按下式进行计算:

$$A_b = (A_c \pm A_t)(1 + \varepsilon_l) \tag{6.5}$$

式中　A_b——芯盒内腔尺寸(mm);

　　　A_c——产品零件尺寸(mm);

　　　A_t——铸造工艺尺寸(加工余量、起模斜度、工艺补正量等)(mm);

　　　ε_l——合金铸造线收缩率(%)。

式(6.5)中,"+"号适用于因工艺尺寸使砂芯尺寸增大时;"-"号适用于因工艺尺寸使砂芯尺寸减小时。芯盒内腔尺寸是指形成铸件的有关尺寸,芯盒本身的结构尺寸不包括在内。芯头长度等尺寸因不直接形成铸件尺寸,所以不计算收缩率。

(4)芯盒主体结构设计。

芯盒主体结构包括壁厚、加强筋、芯盒凸缘、芯盒中的活块、镶块等。对这些结构的基本要求是要有足够的强度、刚度和有一定的表面粗糙度、尺寸精度等。

①芯盒的壁厚。芯盒壁厚是由芯盒平均轮廓尺寸$(A+B)/2$、制芯方法和芯盒材料决定的。确定了壁厚之后,芯盒的外壁即可随形处理,并应尽量避免有过大热节出现。为了使操作方便,特别是在手工制芯时,在满足强度、刚度的条件下,芯盒的壁厚应薄。

②加强筋。为了增加芯盒的强度与刚度,在芯盒外壁上要设置加强筋。加强筋的布置应排列合理,便于芯盒的制造和使用。通常可随芯盒周边形状布置加强筋,其高度应根据芯盒形状和大小选定,但最低高度不得小于三倍壁厚。

③芯盒的凸缘及护板。为了提高芯盒本体的强度和刚度,便于合箱、刮砂和起芯等操作,在芯盒填砂面和分盒面处设有加宽加厚的凸缘。为了防止铝质凸缘面磨损,应在凸缘面上加设耐磨护板。耐磨护板常采用 Q235A 钢制造,其厚度为 3 mm,每块耐磨护板用沉头螺钉紧固在芯盒上。

④芯盒中的活块。芯盒中妨碍出芯或难以出芯的部分应设置活块,活块常用的结构有滑座式、燕尾槽式和定位销式,其中滑座式和定位销式使用得最多。

⑤芯盒中的镶块。在制造芯盒时,常将其中某些部分单独进行加工,然后再与盒体装配,这些单独加工的部分称为镶块。采用镶块是为了尽量用机床加工代替钳工操作,所以芯盒中的圆柱体、圆锥体和妨碍芯盒进行机床加工的某些局部结构均可以做成镶块。镶块与芯盒本体的定位与紧固方式分为嵌入式和定位销式两种。

(5)芯盒外围结构设计。

芯盒外围结构包括芯盒的定位、锁紧、搬运时的手柄和吊轴等。

①芯盒的定位。垂直对开式、水平对开式和多向开盒式等结构的芯盒均需设置定位装置,才能保证砂芯的正确外形与尺寸。常用芯盒定位装置有定位销定位和止口定位。定位销是标准件,精度高,应用广。销子、销套用工具钢制造,工作部分淬火,硬度为 40 ～ 45HRC,销子直径一般为 8 mm、10 mm、12 mm,以适应芯盒大小。止口定位是在分盒面上加工出止口,依靠止口将两半芯盒定位。此种定位方式加工简单,定位精度低,适用于立放在平板上紧砂的小芯盒。

②芯盒的锁紧。对开式芯盒合盒,填砂紧实时,需要用夹紧装置锁紧。夹紧装置应做到紧固效果好,经久耐用,操作方便,机构紧凑。附着芯盒大小、形状、生产批量等具体情况不同,夹紧装置的形式多种多样。在生产实践中,常用的有快速螺杆夹紧装置、铰链卡板夹紧装置和蝶形螺母铰链式夹紧装置等。

③芯盒的手柄和吊轴。芯盒应设置手柄或其他装置,用以搬运、翻转、提取和起芯。大型芯盒则要安装吊轴。常用芯盒手柄和吊轴的结构及主要尺寸如图 6.61 所示。手柄和吊轴应设置在芯盒的长轴线方向上,其安装位置应能使芯盒平稳搬运,同时还应满足芯盒翻转等操作要求。

例 6.3 设计生产半轴套管铸件用芯盒

铸钢件半轴套管为单件、小批量生产,只需要一个砂芯且砂芯形状简单,半轴套管砂芯形状如图 6.62 所示。为保证芯盒具有一定的强度和耐磨性,芯盒材料采用铸铝,芯盒的结构形式采用垂直对开式,制芯方法采用手工制芯。

(1)芯盒内腔尺寸的计算。

半轴套管铸件的砂芯包含起模斜度、加工余量等在内的主要尺寸为 $\phi416$ mm、$\phi116$ mm 和长度 544.3 mm,铸钢线收缩率取 1.5%。根据式(6.5)计算得,芯盒主要内腔尺寸分别为 $\phi422.24$ mm、$\phi117.74$ mm 和长度 552.5 mm。

(2)芯盒主体结构设计。

芯盒主体结构包括壁厚、加强筋、芯盒凸缘、芯盒中的活块、镶块等。对这些结构的基本

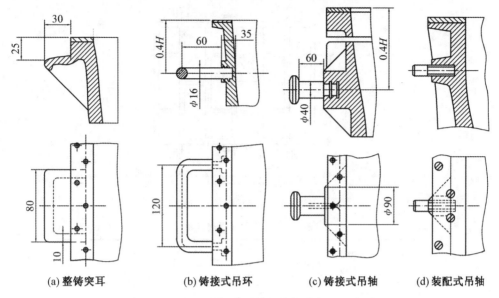

(a) 整铸突耳　　　(b) 铸接式吊环　　　(c) 铸接式吊轴　　　(d) 装配式吊轴

图 6.61　芯盒手柄和吊轴的结构及主要尺寸

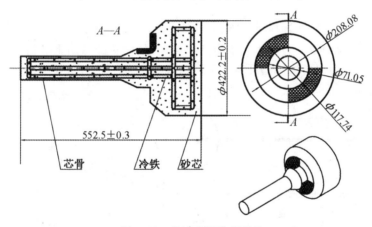

图 6.62　半轴套管砂芯形状

要求是要有足够的强度、刚度和有一定的表面粗糙度、尺寸精度等。

①芯盒的壁厚。根据芯盒平均轮廓尺寸$(A+B)/2$、制芯方法和芯盒材料设计的 1 号芯盒壁厚见表 6.23。

表 6.23　芯盒壁厚　　　　　　　　单位:mm

芯盒平均轮廓尺寸	芯盒壁厚 δ	
$(A+B)/2$	铝合金	灰铸铁
>300~500	>8~10	>7~8

考虑到半轴套管铸件单件、小批量生产的加工经济成本,铸铝芯盒的壁厚选择10 mm。

②加强筋。为了增加芯盒的强度与刚度,芯盒加强筋示意图如图 6.63 所示,芯盒加强筋尺寸见表 6.24。

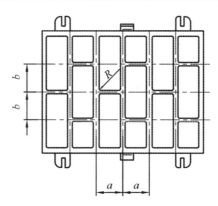

图 6.63　芯盒加强筋示意图

表 6.24　芯盒加强筋尺寸　　　　　单位:mm

芯盒平均轮廓尺寸 $(A+B)/2$	a	b	R
>300~500	125~150	100~125	8

设计芯盒的加强筋尺寸选择 $a=125$ mm,$b=100$ mm,$R=8$ mm。

③芯盒的凸缘及护板。为了防止铝质凸缘面磨损,应在凸缘面上加设耐磨护板。考虑到加工经济成本,耐磨护板选用 Q235A 钢制造,其厚度为 3 mm,每块耐磨护板用沉头螺钉紧固在芯盒上,如图 6.64 所示。

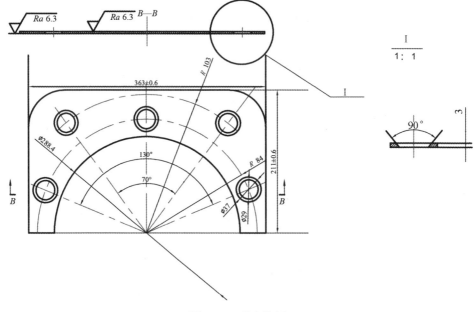

图 6.64　耐磨护板

(3)芯盒外围结构设计。

芯盒外围结构包括芯盒的定位、锁紧、搬运时的手柄和吊轴等内容。

①芯盒的定位。半轴套管铸件的芯盒结构型式采用垂直对开式,其定位装置使用的是

止口定位,如图 6.65 所示。

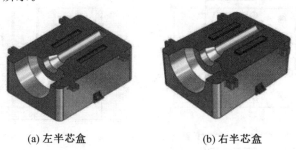

(a) 左半芯盒　　　　　　　(b) 右半芯盒

图 6.65　芯盒的定位形式

②芯盒的锁紧。对开式芯盒合盒填砂紧实时,需要用夹紧装置锁紧,故设计了蝶形螺母铰链式夹紧装置。蝶形螺母及其装配型式如图 6.66 所示,蝶形螺母铰链式夹紧装置结构尺寸见表 6.25。

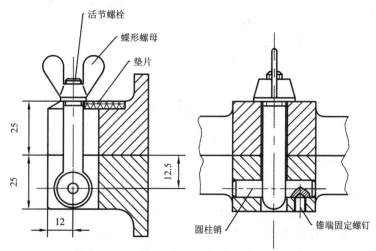

图 6.66　蝶形螺母及其装配形式

表 6.25　蝶形螺母铰链式夹紧装置结构尺寸　　　　　　　　单位:mm

活节螺栓	蝶形螺母	垫片	圆柱销
M12×55	M12	45×35	10×45

③芯盒的手柄和吊轴。为了搬运、翻转芯盒,设计的芯盒手柄结构及主要尺寸如图 6.67 所示。设计的芯盒装配图如图 6.68 所示。

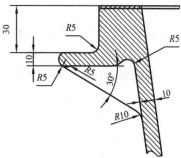

图 6.67　芯盒手柄结构及主要尺寸

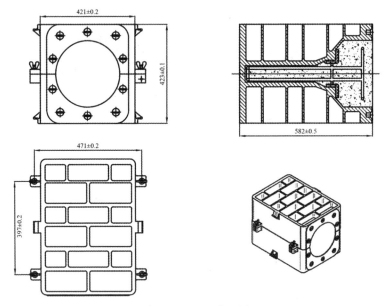

图 6.68 芯盒装配图

6.5 其他铸造工装设计

6.5.1 烘芯板设计

烘芯板用于承托湿态砂芯进行烘干及输送。烘芯板有两种,一种是平板式烘芯板,简称烘芯板;另一种是有一定特殊形状的烘芯板,简称烘芯器。

制造烘芯板的材料可选用灰铸铁 HT150、HT200,铝合金 ZL204、ZL103 和碳钢 Q235A。灰铸铁烘芯板多用于中、大型砂芯,铝合金烘芯板主要用于小型砂芯,铸铝合金烘芯板分单面和双面两种形式。

6.5.2 砂芯检验用具设计

砂芯的形状多种多样,需依具体条件设计检验用具。一类是检查砂芯形状、尺寸的量具,如卡规、量规、环规、塞规等;另一类是检验砂芯在型内的位置是否准确的样板,如图6.69所示。

量具可用工具钢制造,先将工作表面淬火,再磨削成需要的尺寸;样板多用 3 mm 厚的钢板焊上底座制成。先经消除应力退火,再精加工测量面和基准面。通常用样板控制铸件的加工基准面和尺寸要求严格的部位。

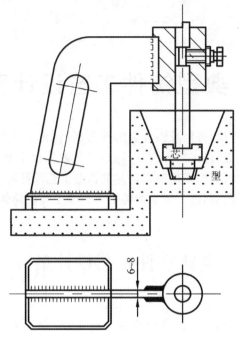

图 6.69 检验砂芯位置的样板

课后练习

一、判断题（A 正确，B 错误）

1.活块常用的定位固定方法有三种：燕尾式、滑销式、榫式。（   ）

2.一般金属模设计时尽量采用钳工加工，减少车削和刨削等加工。（   ）

3.金属芯盒按结构不同，大致可分为整体式、拆开式和脱落式三大类。（   ）

4.因为箱带能增加对型砂的附着面积和附着力，提高砂型总体强度和刚度，所以小砂箱必须设箱带。（   ）

二、单项选择题

1.模样的作用是形成铸件的（   ）。

A、浇注系统   B、冒口   C、内腔   D、外形

2.可以连续使用的铸模是（   ）。

A、砂模   B、金属模   C、干砂模   D、二氧化碳模

3.（   ）由于强度高、表面光洁、使用寿命长，适合大批量生产的各种铸件。

A、木模样   B、金属模样   C、塑料模样   D、气化模样

三、填空题

1.模样本体结构按有无分模面可分为 _____ 模和 _____ 模两种。

2.模板上的金属模按与模底板结合的方式有 _____ 式和 _____ 式两种。

四、简答题

1.模板的组成是什么？

2.设计和选用砂箱的基本原则是什么？

第7章 典型铸件工艺设计案例分析

本章以灰铸铁、球墨铸铁、铸钢及铝合金铸件为例,讨论了零件的特点及铸造工艺性分析,铸造工艺方案的确定,浇、冒注系统设计,铸造工艺数值模拟及方案优化,铸造工艺装备设计等内容。通过实例说明如何运用前面讲述的铸造工艺设计原则和方法进行铸造工艺及工装设计,使读者可以通过实例进一步掌握铸造工艺及工装设计的基本知识和技能,拓宽专业思路,开阔技术视野。

7.1 灰铸铁件工艺设计案例分析

以悬梁零件为例进行铸造工艺及工装设计。悬梁零件材料为 HT250,质量为 441.07 kg,要求采用砂型铸造工艺,生产批量为单件、小批量生产。悬梁零件图如图 7.1 所示。

(1)零件的特点及铸造工艺性分析。

① 零件结构及特点分析。

a.零件结构分析。零件类型为箱体类的悬梁,整体结构相对对称,轮廓尺寸长为 1 695 mm,宽为 420 mm,高为 260 mm,质量为 441.07 kg,最大壁厚为 30 mm,最小壁厚为15 mm。零件上有 24 个 M6 的孔,2 个 M20 的孔,3 个直径为 120 mm 的孔;零件内部还有 3 个直径为 120 mm 的孔,6 个直径为 110 mm 的孔,两个直径为 80 mm 的孔。

b.技术要求。根据零件图可知,悬梁零件的技术要求如下:

(a)铸件表面上不允许有冷隔、裂纹、缩孔和穿透性缺陷及严重的残缺类缺陷(如欠铸、机械损伤等)。

(b)铸件需经时效处理。

(c)铸件燕尾导轨面要求无砂眼、气孔、夹渣等缺陷。

(d)表面喷红色防锈漆,内腔涂黄色防锈漆。

(e)未注铸造圆角半径为 R3~R5,未注拔模应小于 1°,未注壁厚大于 15 mm。

(f)燕尾导轨面与床身配磨,保证平面及斜面的接触面,接触面要求按企标。

(g)精加工前打腻子喷浅色漆。

② 零件用途。该零件为铣床悬梁,如图 7.2 所示,其主要作用为连接床身和刀架支杆,为刀架支杆提高运行轨道,并保证刀架支杆与床身的相对位置精度。

工作时,电动机将动力通过齿轮箱传递给主轴,主轴带动刀具旋转对工作台上的零件进行加工。刀杆支架对刀具起支撑和定位作用,悬梁保证刀杆支架和主轴的同轴度。悬梁主体由燕尾导轨、箱体及内部肋板组成,悬梁内部空腔的肋板减小了悬梁的质量并提高了悬梁的力学性能,同时保证了悬梁下部大平面上燕尾导轨的平整度。

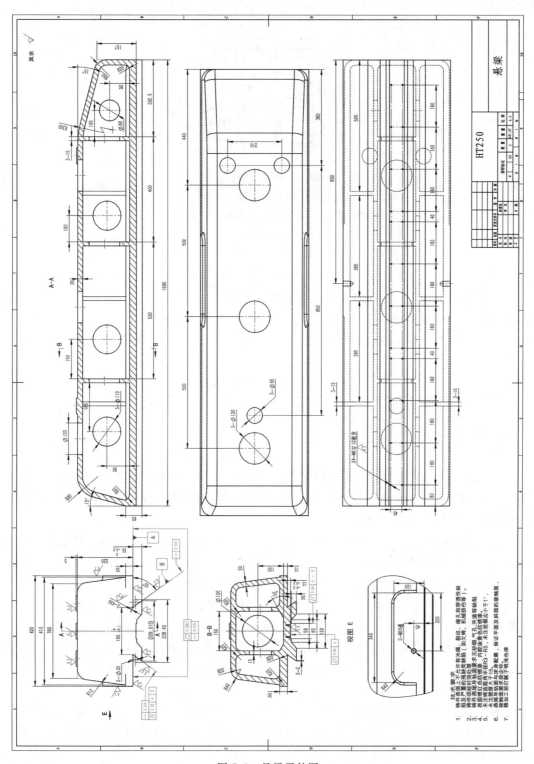

图 7.1 悬梁零件图

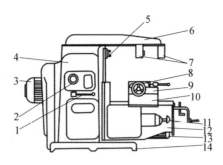

图 7.2　铣床结构图

1—主轴变速手柄；2—主轴变速盘；3—主
轴电动机；4—床身；5—主轴；6—悬梁；
7—刀架支杆；8—工作台；9—转动部分；
10—溜板；11—进给变速手柄及变速盘；
12—升降台；13—进给电动机；14—底盘

③ 零件材质特点。HT250 为珠光体基体灰铸铁，含碳量高，熔点比较低，流动性好，体收缩和线收缩小，缺口敏感性差，综合机械性能低，抗压强度比抗拉强度高 3～4 倍；吸震性好，常用来铸造汽车发动机汽缸、汽缸套、车床床身等承受压力及振动部件。其化学成分见表 7.1。

表 7.1　HT250 的化学成分

元素	碳 C	锰 Mn	磷 P	硫 S	硅 Si
化学成分/%	3.16～3.30	0.89～1.04	0.120～0.170	0.094～0.125	1.79～1.93

④ 零件的铸造工艺性分析。悬梁零件的壁厚在 15～30 mm 之间，属于中型壁厚，铸件导轨较长，容易产生弯曲变形，且导轨较厚大，容易产生组织缺陷，在铸件内腔筋板交叉部位很容易出现热节，形成黏砂现象。

悬梁零件轮廓尺寸为 1 695 mm×420 mm×260 mm，根据文献，最大轮廓尺寸为 1 250～2 000 mm，材质为灰铸铁，故铸件允许的最小壁厚为 8～10 mm，该零件最小壁厚为 15 mm，零件的内壁壁厚小于外壁壁厚，满足铸件最小允许壁厚要求。

铸件的临界壁厚可用该零件的最小壁厚的三倍来确定，悬梁的最小壁厚是 15 mm，故临界壁厚是 45 mm，而最大壁厚是 30 mm，小于临界壁厚，满足铸件的临界壁厚要求。

悬梁零件已经进行了圆角过渡和倒角过渡处理，但燕尾导轨部分存在厚大部位，并且壁厚过渡不均匀，容易产生裂纹、缩孔、缩松等缺陷，后期通过放置冷铁加快铸件局部冷却速度，消除局部热应力，防止裂纹。

悬梁零件中肋的分布避免了肋与肋的十字相交，减少了热节点，肋的厚度小于铸件壁厚，符合铸造工艺要求。同时，在减小铸件质量的前提下，提高了铸件的力学性能，并且抑制了燕尾导轨所在平面的翘曲变形。

根据以上对悬梁零件结构的铸造工艺性分析可知，其满足铸造工艺性要求。

（2）铸造工艺方案的确定。

① 造型、制芯材料及方法。

a.造型、制芯方法。悬梁零件净重 441.07 kg,轮廓尺寸为 1 695 mm×420 mm× 260 mm,属于中型零件,且为单件、小批量生产,铸造生产不易采用机械化流水线生产,所以采用手工造型、手工制芯的生产方式。

b.造型、制芯材料。悬梁零件材质为 HT250,按质量及结构尺寸区分为中、大型铸铁件,在凝固过程中易产生缩孔、缩松等缺陷,影响铸件的内部质量和外部质量。采用树脂砂作为型砂和芯砂能够获得强度较高的砂型和砂芯,浇注初期砂型强度高,可以利用铸铁凝固过程的石墨化膨胀有效地消除缩孔、缩松缺陷,实现灰铸铁、球墨铸铁件的少冒口、无冒口铸造。综合考虑酸固化呋喃树脂自硬砂、酯硬化碱性酚醛树脂自硬砂、酚尿烷树脂自硬砂三种树脂砂的性能和悬梁零件生产要求,选用呋喃树脂自硬砂作为造型、制芯材料。具体成分配比见表 7.2。

表 7.2　造型制芯材料成分配比

名称	旧砂/%	新砂/%	黏结剂/%	固化剂(占树脂百分比)/%	抗压强度/(kg·cm^{-2})
型砂	90	10	0.9~1.1	35	6~8
芯砂	90	10	1.1~1.2	50	10~12

c.涂料的选择。为保证铸件表面质量,减少铸件机械黏砂和化学黏砂及冲砂缺陷,大部分型(芯)砂表面需涂敷一层涂料。本次工艺选择的涂料为铝矾土,铝矾土是铸铁件生产中较常用的耐火涂料,涂料配比见表 7.3。

表 7.3　涂料配比　　　　　　　　　　　　　　单位:%

耐火材料		黏结剂	
铝矾土	石墨粉	聚乙烯醇缩丁醛	溶剂
50~60	5~10	适量	35~40

② 浇注位置的确定。对于悬梁铸件选取了三种浇注位置。各种浇注位置方案见表 7.4。

表 7.4　浇注位置方案

方案编号	浇注位置	分析
1		优点:重要工作面和大平面位于侧面,质量容易得到保证。 缺点:砂芯放置不方便,悬臂芯不稳定,在熔融金属液浮力作用下易偏斜。燕尾导轨上、下部分成分不均匀

续表 7.4

方案编号	浇注位置	分析
2	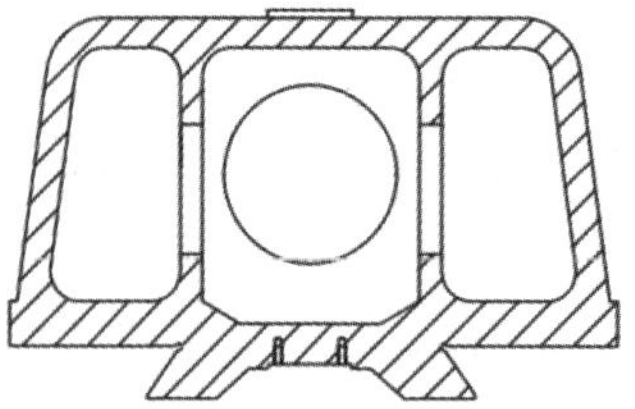	优点:大平面及重要工作表面位于下方,质量容易得到保证。 缺点:砂芯放置不方便
3	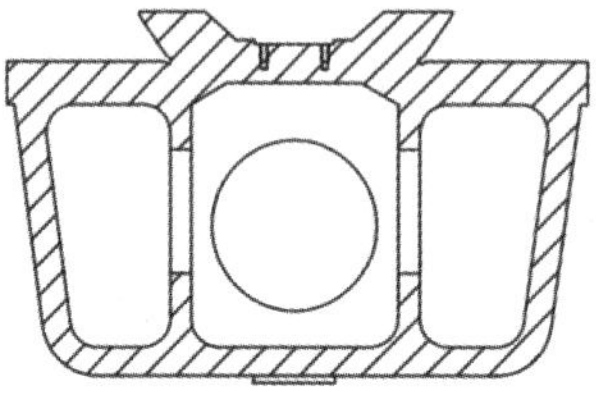	优点:便于砂芯放置,造型相对简单。 缺点:大平面及工作面位于上方,质量不佳

综上所述,选择方案 2 作为悬梁铸件的浇注位置,以保证重要工作面燕尾导轨的质量。

③ 分型面的选择。根据悬梁铸件结构特点及选择的浇注位置,设计了两种分型方案,见表 7.5。

表 7.5　分型面方案

方案编号	分型面位置	分析
1		本铸件大部分位于同一箱内,减少了因错型造成的尺寸偏差,但难以起模
2	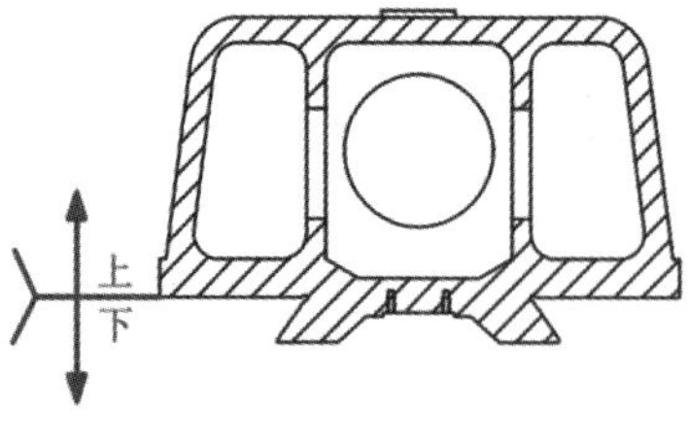	分型面在最大平面上,方便起模,但砂芯不便放置

综上所述,选择分型方案 2。

④ 砂箱内铸件数目与排列。根据悬梁零件的轮廓尺寸,采用一箱一件。由于该零件质量为 441.07 kg,查表 2.5,按铸件质量确定悬梁铸件的吃砂量,见表 7.6。

表 7.6　悬梁铸件的吃砂量　　　　　　　　　　单位:mm

铸件质量/kg	a（上吃砂量）	b（下吃砂量）	c（模样至箱壁）	d（浇道至箱壁）	f（浇道至模样）
251~500	120	120	70	80	70

悬梁铸件质量在 251~500 之间,查表 7.6 得:模样与砂箱顶、底的吃砂量均为120 mm,模样与砂箱内壁的吃砂量为 70 mm,浇注系统与砂箱内壁的吃砂量为 80 mm,浇注系统与模样的吃砂量为 70 mm。由于树脂砂吃砂量一般不超过 80 mm,呋喃树脂砂一般不超过 100 mm,超过 100 mm 的按 100 mm 算。故模样与砂箱顶、底的吃砂量均调整为 100 mm。

初步确定砂箱尺寸为:上箱为 1 950 mm × 750 mm × 350 mm,下箱为 1 950 mm × 750 mm × 150 mm。悬梁铸件砂箱布局如图 7.3 所示。

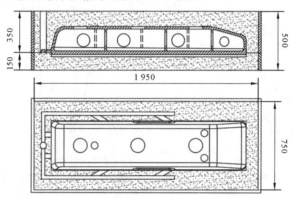

图 7.3　"悬梁"铸件砂箱布局

⑤铸造工艺参数的确定。

a.铸件尺寸公差。铸件尺寸公差等级分为 16 级,表示为 DCTG1~DCTG16。根据表 2.11,砂型铸造手工造型,造型材料为化学黏结剂砂的灰铸铁件,尺寸公差等级为 DCTG11~13,故取悬梁铸件的尺寸公差等级为 DCTG11,即 GB/T 6414—DCTG11。查表 2.9,铸件尺寸公差数值见表 7.7。

表 7.7　铸件尺寸公差数值

公称尺寸/mm	铸件尺寸公差等级	铸件尺寸公差数值/mm
250~400	DCTG 11	6.2
400~630		7
1 600~2 500		10

悬梁零件的轮廓尺寸为 1 695 mm × 420 mm × 260 mm,选取的尺寸公差等级为 DCTG11,查表 7.7 得铸件的尺寸公差数值为长度方向为 10 mm,宽度方向为 7 mm,高度方向为 6.2 mm。

b.铸件重量公差。铸件重量公差等级与铸件尺寸的公差等级相对应选取,故悬梁铸件的重量公差等级应为 MT11,查表 2.12,铸件重量公差数值见表 7.8。

表 7.8　铸件重量公差数值

公称质量/kg	铸件重量公差等级	铸件重量公差数值/%
400～1 000	MT11	8

悬梁零件的质量为 441.07 kg，其铸件质量为 400～1 000 kg，查表 7.8 得该铸件重量公差数值为 8%。

c.机械加工余量。悬梁为灰铸铁件，采用砂型铸造手工造型，由表 2.14 可知，机械加工余量等级为 F～H 级。根据铸件的浇注位置，对铸件不同部位设置不同的加工余量等级，其上表面和铸孔比其他表面需要更大的加工余量。悬梁铸件的加工余量设置位置如图 7.4 所示。

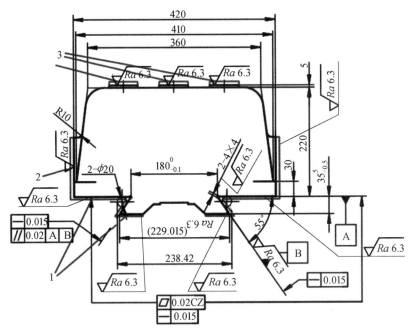

图 7.4　加工余量设置位置

悬梁铸件的最大轮廓尺寸为 1 600～2 500 mm，查表 2.13，悬梁铸件机械加工余量见表 7.9。

表 7.9　悬梁铸件机械加工余量

位置	加工余量等级	加工余量数值/mm
1	F	5
2	G	6
3	H	9

注：加工余量的数值要圆整，尽量不要有小数。

d.铸造收缩率。悬梁属于中型细长铸件，沿长度方向阻碍收缩的型壁阻力较大，铸件线收缩率比沿其他方向小，且造型、制芯材料为树脂砂。树脂砂的退让性好，对铸件的收缩阻力较小，铸件线收缩率可以取较大值，故根据表 2.15，长度方向收缩率选择 0.8%，宽度方向和高度方向收缩率取 1.0%。

　　e. 起模斜度。根据文献得,自硬砂造型时,悬梁铸件起模斜度见表 7.10。

表 7.10　悬梁铸件起模斜度

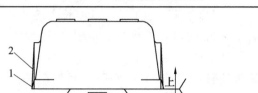

起模斜度位置

序号	测量面高度 h 或 h_1/mm	自硬砂造型时,木模样外表面起模斜度	
		α	a/mm
1	30	2°05′	1.6
2	150	0°40′	2.0

　　f. 最小铸出孔。悬梁为灰铸铁件,根据表 2.18 查出应铸出最小孔径为 30 mm。因此铸件上 2 个 M20 的孔、24 个 M6 的孔不铸出,其余孔均应铸出。不铸出孔示意图如图 7.5 所示。

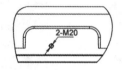

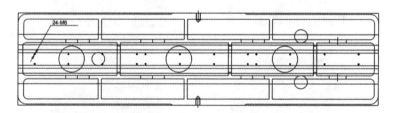

图 7.5　不铸出孔示意图

　　g. 分型负数。造型时,起模后的修型和烘干过程中砂型的变形导致分型面凹凸不平,合型不严密。为防止浇注时从分型面跑火,合型时需在分型面上放耐火泥条或石棉绳,增加型腔的高度。另外,由于砂型的反弹也可以造成型腔高度尺寸的增加,为了保证铸件尺寸符合图样要求,在模样上必须减去相应的高度,减去的数值称为分型负数。模样的分型负数见表 7.11。

表 7.11　模样的分型负数　　　　　　　　　　单位:mm

砂箱高度	分型负数	
	干型	表干型
≤1 000	2	1

本次工艺为树脂砂造型,分型负数取 1 mm,且位于上模样上。

⑥ 砂芯设计。

a.砂芯设计方案。对于悬梁,主要采用呋喃树脂自硬砂制芯,由于内腔形状复杂,所以采用组合砂芯。使用吊芯,加长上芯头,通过上芯头顶部螺柱固定于上箱,再翻转上箱与下箱配合,进行浇注。吊芯固定装置图如图 7.6 所示。

b.砂芯形状。根据悬梁铸件的结构,设置砂芯形状如图 7.7 所示。

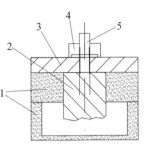

图 7.6　吊芯固定装置图

1—砂型;2—砂芯;

3—上砂箱表面固定板;

4—螺母;5—螺柱

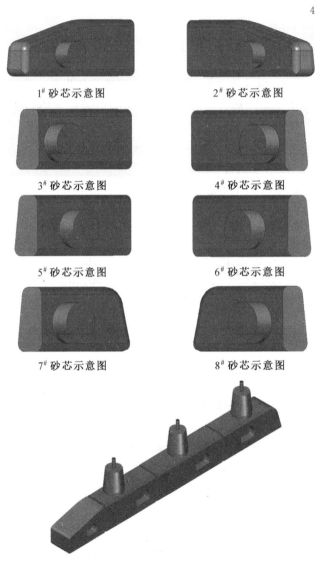

1# 砂芯示意图　　　　2# 砂芯示意图

3# 砂芯示意图　　　　4# 砂芯示意图

5# 砂芯示意图　　　　6# 砂芯示意图

7# 砂芯示意图　　　　8# 砂芯示意图

9# 砂芯示意图

图 7.7　砂芯形状

将 1#～8# 砂芯用特殊定位芯头和砂芯黏合剂定位和固定在 9# 砂芯上,用于形成铸件内腔。砂芯组合示意图如图 7.8 所示

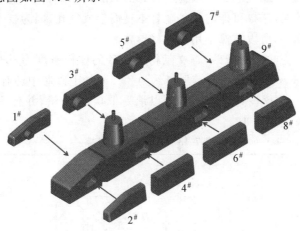

图 7.8　砂芯组合示意图

9# 砂芯上侧设有芯头,为了实现吊芯固定,加长了芯头,使之与砂箱上表面平齐,加大斜度,同时不留间隙。1#～8# 砂芯由于组芯要求,其芯头需要单独制作,具有定位功能,最后组合到 9# 砂芯上。芯头尺寸见表 7.12。

表 7.12　芯头尺寸　　　　　　　　　　　　　　　　　　单位:mm

芯头编号	芯头尺寸
1#、2#	
3#、4#、5#、6#、7#、8#、	
9#	

c. 芯撑设计。砂芯在铸型中主要靠芯头固定,但本次铸件所采用的砂芯无下芯头,采用吊芯方案,在翻箱过程中靠上芯头难以稳固,因此采用芯撑来加固砂芯,以起到辅助支撑的作用。但在使用芯撑时,芯撑可能与铸件融合不良而形成气孔,因为技术要求燕尾导轨面无砂眼、气孔、夹渣等缺陷,所以芯撑不用于燕尾导轨面。

采用的砂芯材料为呋喃树脂砂,查文献得树脂砂的体积密度为 $0.93 \sim 0.96$ g/cm³,砂芯的体积约为 85 768 cm³,计算得出其质量约为 83 kg,加上砂芯中还有芯骨等,大致推算砂芯质量约为 100 kg。芯撑设计要求芯撑可以承受 100 kg 质量,并且还要保证铸件壁厚均匀。单光柱方形芯撑见表 7.13。

表 7.13 单光柱方形芯撑

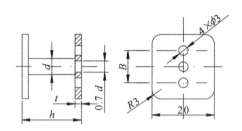

规格	A/mm	B/mm	d/mm	T/mm	h/mm	质量/kg	承载能力/N	
							Ⅰ	Ⅱ
DGF15	20	10	5	0.5	15	0.005 2	1 470	400
DGF20	20	10	5	0.5	20	0.006 0	1 430	630

本次设计所用芯撑选用单光柱方形芯撑;组合砂芯内部 15 mm 壁厚部分采用 DGF15 规格的芯撑;砂芯与外部型腔 20 mm 部分采用 DGF20 规格的芯撑;以上所选用芯撑用于保证壁厚均匀,并在翻箱时提供支撑。

芯撑要有足够的面积。芯撑的数量根据经验确定,也可以按照下式计算:

$$n = \frac{F}{A'R_{mc}} \tag{7.1}$$

式中　n——芯撑数量(个);

　　　F——由芯撑支持的负荷(N);

　　　A'——芯撑板的面积(mm²);

　　　R_{mc}——铸型或砂芯的允许抗压强度(MPa)。

根据文献取 $R_{mc} = 0.7$ MPa,$A' = 20 \times 20 = 400$ mm²,$F = 1\ 000$ N,代入式(7.1)得

$$n = \frac{F}{A'R_{mc}} = \frac{1\ 000}{400 \times 0.7} = 3.57 \text{(个)}$$

取整为 4 个芯撑,上表面和侧面均有放置,每面放置 4 个,因此取 12 个芯撑。内部砂芯与砂芯之间为了保持固定间隙,也加入芯撑用于保证铸件壁厚均匀,内部芯撑取 8 个。芯撑位置示意图如图 7.9 所示。

上部芯撑用于下芯时保证上表面壁厚均匀,中间小芯撑用于保持内部型腔的壁厚均匀,侧面芯撑在保持侧面壁厚均匀的同时,在翻箱时也起到一定支撑作用。

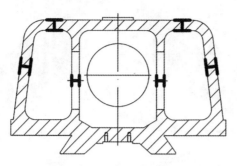

图 7.9 芯撑位置示意图

d.芯骨设计。根据文献可知,体积大于 0.05 m² 即为中、大型砂芯。本铸件中的砂芯属于中、大型砂芯,因此必须设置芯骨保证砂芯在制芯、搬运、配型和浇注过程中不开裂、不变形、不被金属液冲击折断。但是铸件内部型腔与外界联通孔径较小,如果使用整体芯骨将无法取出,因此 9# 砂芯选用可拆卸式芯骨,材质为 HT150,而不易取出的 1#～8# 砂芯采用一次性陶瓷芯骨,后期通过振荡等方式将其破碎然后取出。芯骨尺寸见表 7.14,芯骨放入砂芯示意图如图 7.10 所示。

表 7.14 芯骨尺寸

芯骨编号	吊攀直径/mm	芯骨吃砂量/mm
1#、2#、3#、4#、5#、6#、7#、8#	—	25
9#	10	40

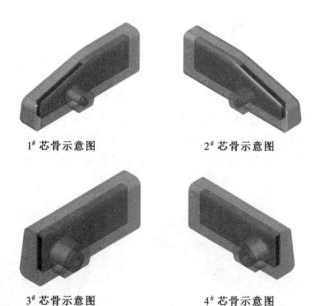

图 7.10 砂芯芯骨形状

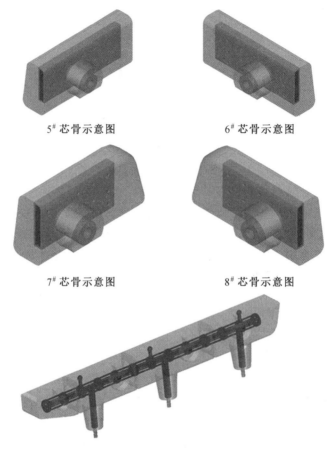

5# 芯骨示意图   6# 芯骨示意图

7# 芯骨示意图   8# 芯骨示意图

9# 芯骨示意图

续图 7.10

e. 砂芯排气。在设计、制造砂芯及下芯、合箱的过程中,要注意砂芯的排气,使砂芯中产生的气体能够及时的从芯头排出。下芯时应注意不要堵塞芯头出气孔,在铸型中与芯头出气孔对应的位置应开设排气通道,以便将砂芯中的气体引出型外。9# 砂芯通过上芯头向外排气,1#～8# 砂芯因被金属液包裹而无法在外表面设置排气孔,因此采用炉渣块吸收浇注过程中产生的气体。砂芯排气示意图如图 7.11 所示。

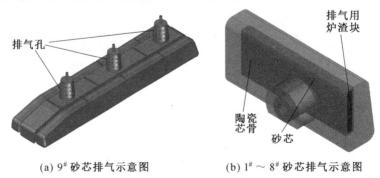

(a) 9# 砂芯排气示意图   (b) 1#～8# 砂芯排气示意图

图 7.11 砂芯排气示意图

（3）浇注系统的设计。

① 浇注系统类型的选择。悬梁铸件采用半封闭式浇注系统，各组元比设为 $\sum F_{内}$: $\sum F_{横}$: $\sum F_{直}=1.0:1.5:1.2$。悬梁属于中型铸件，且铸件导轨面较长，在浇注过程中应尽量保证充型平稳，遵守顺序凝固原则。底注式内浇道位于铸件底部，金属液充型平稳，对型、芯冲击力小，金属氧化程度小，有利于型腔内气体和由浇注系统及金属液带来的气体的排除，适用于要求较高或形状复杂的铸铁件。因此本次工艺选择底注式浇注系统。

② 浇注时间的计算。悬梁为复杂薄壁件，若浇注时间过长，铸件易产生浇不足、冷隔、气孔、夹砂等缺陷，故采取快速浇注。浇注时间按式（3.11）计算。采用快速浇注，S_1 取 1.7，δ 取 15 mm，计算得型内金属液总质量为 530 kg，将各数据代入式（3.11）可得浇注时间为 34 s。

③ 核算金属液面上升速度。悬梁铸件最低点到最高点的距离为 273.5 mm，浇注时间为 34 s，代入式（3.6）计算得出金属液面上升速度约为 8 mm/s。查表 3.5 可知上升速度低于最小上升速度，不满足要求，因此将铸型沿长度方向上倾斜 5°，此时铸件高度由 C 变为 C_1，C_1 值可做近似计算。

$$C_1 = 273.5 + 1\ 695 \times \sin 5° = 421.23\ (\text{mm})$$

可求出金属液面上升速度 $v=421.23/34=12.39\ (\text{mm/s})$，满足上升速度的要求，同时砂箱垫起高度为 166 mm，因此按倾斜 5° 计算。

④ 阻流面截面积计算。

a.方案一。方案一为浇注系统在倾斜面上端，选用 1 个直浇道，2 个横浇道，6 个内浇道，如图 7.12 所示。

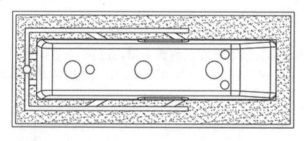

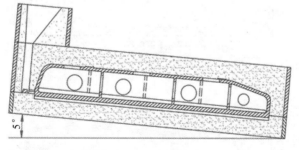

图 7.12　方案一

用阻流截面法，通过式（3.13）计算得出 $\sum F_{阻}=16.03\ \text{mm}^2$。

阻流截面在内浇道，故 $\sum F_{内}=16.03\ \text{mm}^2$。$F_{内}=16.03/6=2.67\ (\text{cm}^2)$；$F_{横}=$

$(1.5 \times 16.03)/2 = 12.02$（$cm^2$）；$F_直 = 1.2 \times 16.03 = 19.24$（$cm^2$）。查文献得：内浇道截面积取 2.9 cm^2，得 $a = 30$ mm，$b = 28$ mm，$c = 10$ mm；横浇道截面积取 12.5 cm^2，得 $a = 34$ mm，$b = 27$ mm，$c = 41$ mm；直浇道截面积取 19.63 cm^2，得 $d = 50$ mm。

方案一浇注系统计算结果见表 7.15。

表 7.15　方案一浇注系统计算结果

浇道	数量/个	面积/cm^2	尺寸示意图
直浇道	1	1×19.63	φ50
横浇道	2	2×12.5	27 / 41 / 34
内浇道	6	6×2.9	28 / 10 / 30

b. 方案二。方案二为浇注系统在倾斜面下端，选用 1 个直浇道，2 个横浇道，6 个内浇道，如图 7.13 所示。用阻流截面法计算出的方案二浇注系统计算结果见表 7.16。

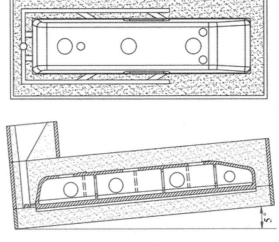

图 7.13　方案二

表 7.16 方案二浇注系统计算结果

浇道	数量/个	面积/cm²	尺寸示意图
直浇道	1	1×23.76	φ55
横浇道	2	2×13	28 / 40 / 36
内浇道	6	6×2.9	28 / 10 / 30

c.方案三。方案三为浇注系统在倾斜面下端,与方案二不同的是方案三选用 1 个直浇道,2 个横浇道,4 个内浇道,只有内浇道的截面积与方案二不同,如图 7.14 所示。用阻流截面法计算出的方案三浇注系统计算结果见表 7.17。

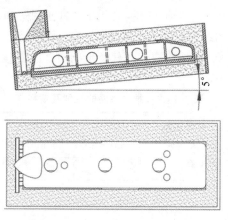

图 7.14 方案三

表 7.17　方案三浇注系统计算结果

浇道	数量/个	面积/cm²	尺寸示意图
直浇道	1	1×23.76	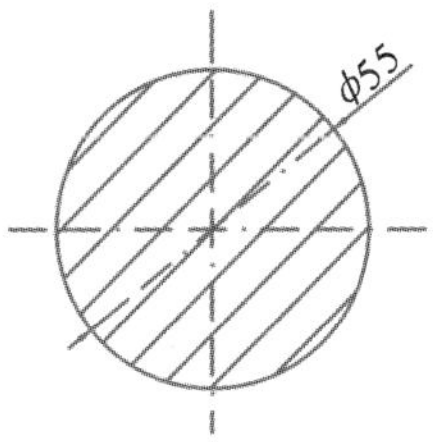 ⌀55
横浇道	2	2×13	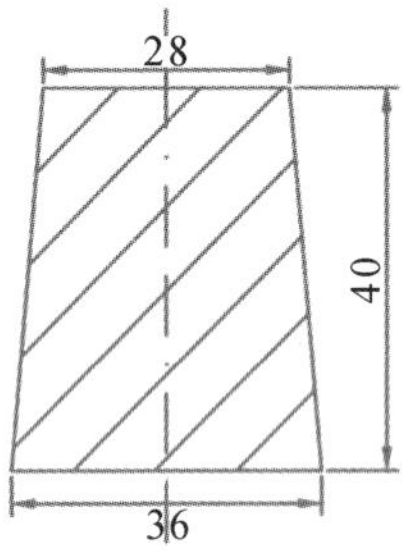 28 / 40 / 36
内浇道	4	4×4.3	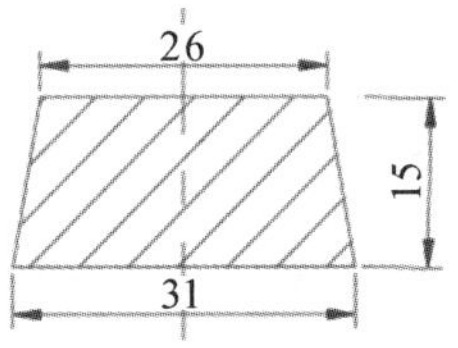 26 / 15 / 31

⑤ 浇口杯的设计。选用三角形浇口杯,配合纤维过滤网达到过滤渣滓的作用。

⑥ 过滤网的设计。采用纤维过滤网过滤渣滓,其性能及规格见表 7.18。纤维过滤网很薄,造型时不必考虑预留空间,可按需要剪成任意形状、尺寸,直接铺放在分型面或砂芯配合面上,不影响合箱及下芯操作。

表 7.18　纤维过滤网的性能及规格

熔点 /℃	工作温度 /℃	持续工作时间/min	常温抗拉强度(4 个)/N⁻¹	发气量 /(cm³·g⁻¹)	面积 /mm²	网厚 /mm	网孔 /mm²	孔隙率 /%
1 750	1 450	≤10	>80	<30	150×300	0.35	1.5×1.5	55

(4)铸造工艺数值模拟及方案优化。

采用 ProCAST 铸件成型过程数值模拟软件对悬梁铸件砂型铸造的充型过程的速度场、凝固过程的温度场和凝固场及最终缺陷的产生进行模拟,对结果进行分析,实现优化工艺的目的。

① 模型导入及网格划分。采用 Solid Edge 三维建模软件进行悬梁铸件三维实体的绘制,导入 ProCAST 中的 mesh 部分进行网格划分。为保证网格划分后铸件模型形状、精度,

悬梁铸件浇注系统方案一、方案二划分网格 964 245 个,方案三划分网格 833 577 个,如图 7.15 所示。

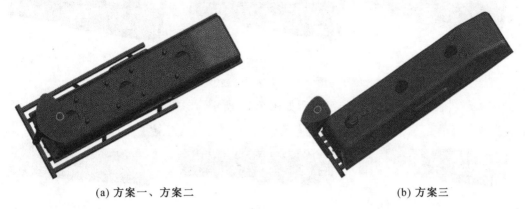

(a) 方案一、方案二　　　　　　　　　　　　　　　(b) 方案三

图 7.15　三维模型网格划分

② 模拟参数设定。浇注时主要参数有浇注温度、浇注时间、各部分材料及换热系数。模拟中浇注温度为 1 360℃,浇注时间为 34 s,铸件的材质为 HT250,砂型为呋喃树脂砂。换热系数见表 7.19。

表 7.19　换热系数

接触面类型	换热系数/(W·m^{-2}·K^{-1})
铸件—冷铁	1 000～5 000
铸件—型砂	300～1 000
保温冒口—型砂	20～100

故铸件和砂型之间热交换系数取 500 W/(m^2·K)。

③ 模拟结果及分析。

a.充型速度场分析。悬梁铸件浇注系统方案一充型过程如图 7.16 所示。

(a)　　　　　　　　　　(b)　　　　　　　　　　(c)

图 7.16　方案一充型过程

从图 7.16(a)的充型模拟结果可以看出,由于采用倾斜浇注,金属液由高向低进入型腔,速度较快,对型腔下部造成冲击;从图 7.16(b)的充型模拟结果可以看出金属液从内浇道进入型腔速度过快,充型不平稳。故舍弃方案一,不再对其进行优化。

悬梁铸件浇注系统方案二充型过程如图 7.17 所示。

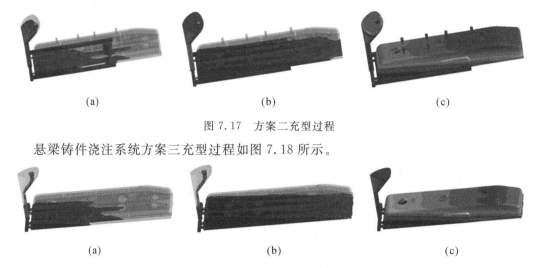

(a)   (b)   (c)

图 7.17　方案二充型过程

悬梁铸件浇注系统方案三充型过程如图 7.18 所示。

(a)   (b)   (c)

图 7.18　方案三充型过程

从图 7.17、图 7.18 的充型模拟结果可以看出,方案二、方案三整体充型比较平稳,充型效果良好。

b. 铸造缺陷及工艺优化分析。缺陷分析主要以分析缩孔、缩松为主,旨在确认两种工艺中缺陷分布、大小、是否易于消除等,来确定悬梁铸件的初步铸造工艺。借助 ProCAST 模拟软件可以观察到铸件的缩孔、缩松缺陷。悬梁铸件浇注系统方案二、方案三的缺陷分布如图 7.19、图 7.20 所示。

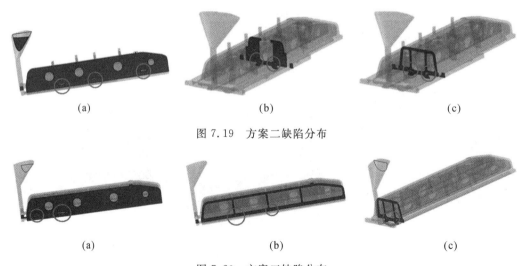

(a)   (b)   (c)

图 7.19　方案二缺陷分布

(a)   (b)   (c)

图 7.20　方案三缺陷分布

从图 7.19 和图 7.20 可以看出,方案二和方案三的缺陷主要集中在导轨面上,方案三主要集中在导轨靠近与浇注系统的位置。方案三相对于方案二缺陷分布较均匀,且充型相对平稳,故后续采用方案三继续优化。

④ 冷铁的初步设计与计算。

根据初步模拟结果分析,冷铁设计的位置应主要在导轨面上,为了加快悬梁铸件导轨面的冷却速度,在铸件导轨面安放冷铁与冒口配合使用,控制铸件的凝固顺序,达到消除铸件

导轨面缩孔、缩松缺陷的目的。机床导轨面冷铁尺寸见表 7.20。冷铁位置及分布如图 7.21
所示。

表 7.20　冷铁尺寸

冷铁种类	冷铁尺寸/mm	冷铁间隙/mm	数量/个
1 号	130×47×25	20	22
2 号	160×85×28	40	8

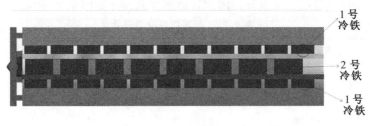

图 7.21　冷铁位置及分布

⑤初步优化结果与分析。通过设置冷铁后再次对悬梁铸件凝固过程进行模拟。设置冷
铁后的缺陷分布图如图 7.22 所示。经过初步优化,导轨面在冷铁的激冷作用下,缺陷已基
本消除,但因为改变了凝固顺序,缩孔、缩松位置发生了转移,从导轨面转移到了铸件侧表面
较厚部位,通过后续在该位置设置冒口对其进行补缩,同时顶部也设置冒口,对其进行补缩
和排气。

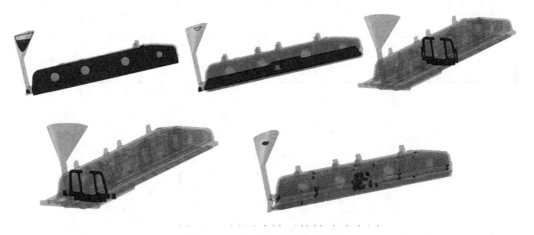

图 7.22　设置冷铁后的缺陷分布图

⑥ 铸造工艺二次优化。对初步优化后存在缩松遗留的区域进行分析,造成该处金属液
温度过高的原因大致如下:该处分布在热节中间,金属液温度高;在其周围热节处设置冷铁,
加快其周围金属凝固速度。故决定设置冒口和出气孔。

a.冒口的设计。冒口形状直接影响其补缩结果,为了降低冒口散热速度,延长冒口的凝
固时间,应尽量减小冒口的表面积,因此最理想的冒口形状为球型;但因其起模困难,且悬梁
铸件顶部呈长矩形,故最终决定使用圆柱形明顶冒口和暗冒口。

从初步优化模拟结果来看,铸件上表面缩孔、缩松主要集中于肋板交接处,但为了防止

浇注位置过高导致金属液从冒口中溢出,靠近直浇道位置的冒口设计为暗冒口,远离直浇道的冒口设计为明冒口。暗冒口主要用来补缩上表面的缩孔、缩松并起到一定的排气、集渣作用,明冒口用于补缩铸件上部浇不足等缺陷。

根据文献中"机床及通用机械类铸铁件明冒口尺寸",选用编号 2 的明冒口,其形状及尺寸见表7.21,以达到补缩铸件及排气的作用。再根据文献中"按牌号及热节圆直径确定冒口尺寸",悬梁铸件材料为 HT250,热节圆直径为 $\phi25$ mm,计算得冒口尺寸数据为 $d=19$ mm,$D_R=38$ mm,$H_R=70$ mm,$h=4$ mm。设计的暗冒口形状及尺寸见表7.22。按照灰铸铁机床类铸件侧冒口尺寸设计出的侧冒口形状及尺寸如图 7.23 所示。

表 7.21　明冒口形状及尺寸　　　　　　　　　　　单位:mm

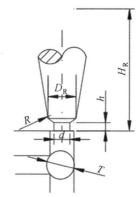

编号	T	D_R	H_R	d	h	R
2	40	80	240	35	12	12

表 7.22　暗冒口形状及尺寸　　　　　　　　　　　单位:mm

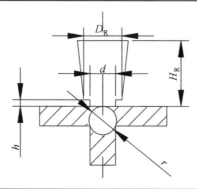

牌号	冒口尺寸			
	d	D_R	H_R	h
HT250	$0.75T$	$2d$	$(3\sim4)d$	$0.2d$

b. 出气孔设计。设计暗出气孔排出砂型中型腔、砂芯及由金属液析出的各种气体。由于与大气不相通,常做成片状或针状空腔,选用针状出气孔。出气针结构及尺寸见表7.23。

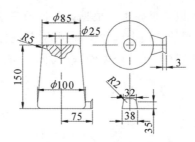

图 7.23 侧冒口形状及尺寸

表 7.23 出气针结构及尺寸 单位:mm

图例			
R	5	6~10	11~20	21~30
d	$\phi6$	$\phi5$~14	$\phi10$~20	$\phi12$~35
H	30~60	40~80	50~90	70~100
r	2	3~5	3.5~7	4~14

出气孔根部总截面积应大于或等于内浇道总断面积,以保证出气孔能顺畅排出型腔中的气体,内浇道总截面积为 17 cm²,选用出气针 $d=\phi20$ mm,$H=70$ mm,$r=5$ mm,计算可得最少使用 6 个出气针。

针对以上因素,对工艺做出如下改进:优化缩松区域冷铁分布;对侧壁缩孔区域设置侧冒口进行补缩,同时对其出气孔位置进行改进,第二次优化后的铸造工艺如图 7.24 所示。

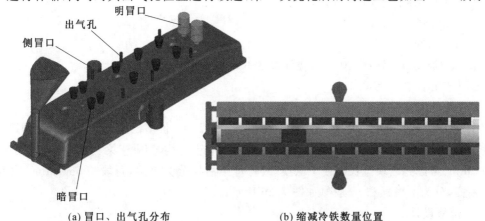

(a) 冒口、出气孔分布　　　　　　(b) 缩减冷铁数量位置

图 7.24 第二次优化后的铸造工艺

c.铸造工艺的二次优化模拟结果分析。根据第二次改进后的方案进行模拟,模拟结果如图 7.25 所示,图 7.22 中出现的缺陷全部消失,同样对其他位置进行检查,均未出现缩孔、缩松缺陷。缺陷全部集中于冒口中,导轨面无砂眼、气孔、夹渣等缺陷。

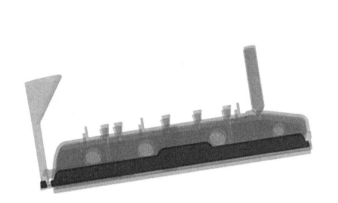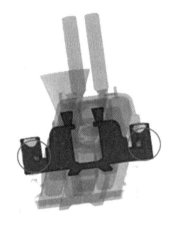

图 7.25　二次优化模拟结果

综合评价,本次工艺采用半封闭底注式浇注系统,通过设置冒口与冷铁使铸件有一个合理的凝固顺序,保证了铸件金属的致密性,同时消除了铸件的缩孔、缩松缺陷;因此,可以初步判断,从经济性和工艺合理性上来说,这是一套可行的设计方案。

⑦可行工艺。经过以上分析,最终确定最佳工艺为方案三的半封闭底注式浇注方式,金属液由底层 4 个内浇道自下而上进入型腔,充型平稳,型腔内气体排出顺利,有利于顺序凝固和冒口的补缩,铸件组织致密,能避免缩孔、缩松、冷隔、浇不到等缺陷;利用多内浇道,可减轻内浇道附近的局部过热现象。所以,这种浇注方案有利于得到合格的产品,获得致密的组织,提高铸件的工作性能。该方案的工艺参数如下:

a.铸件毛重 452.8 kg,浇注铁液质量为 549 kg。

b.造型方法:手工造型。

c.造型材料:呋喃树脂砂。

d.分型面设计:水平分型。

e.浇注系统:半封闭底注式。

f.浇注时间:(34 ± 2) s。

g.打箱时间:(8 ± 1) h。

h.出炉温度:$(1\ 460\pm10)$ ℃,浇注温度:$(1\ 360\pm5)$ ℃。

i.工艺出品率:$\eta=82.5\%$。

(5)铸造工艺装备设计。

① 模样设计。本次工艺装备设计中模样采用易加工、价格低的分体式木模样制造。悬梁铸件燕尾导轨部分采用活块,用燕尾式的固定结构。因悬梁铸件的两条导轨长 1 695 mm,考虑到活块过长不便于取模,故将每条活块分为三段,每段长 565 mm。共设计两个模样,分为上模样和下模样,如图 7.26 所示。

② 模板设计。

a.模底板的结构尺寸。根据悬梁铸件为单件、小批量生产的特点,选择的模板为装配

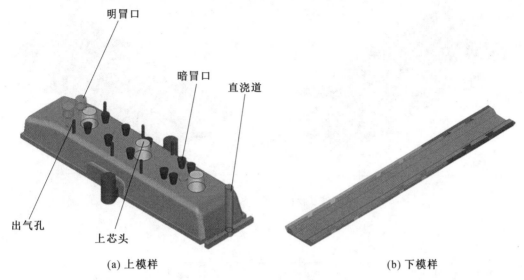

明冒口

暗冒口　直浇道

出气孔　上芯头

(a) 上模样　(b) 下模样

图 7.26　上、下模样示意图

式、单面、铝制模底板。选择模底板外轮廓尺寸与砂箱一致。其中 $A = 1\,950$ mm，$B = 750$ mm，$b = 65$ mm。因此模底板的尺寸为 $A_0 = 1\,950 + 2 \times 65 = 2\,080$（mm）；$B_0 = 750 + 2 \times 65 = 880$（mm）。选取模底板高度 $h = 90$ mm。

模底板平均轮廓尺寸为 $1\,480$ mm，查表 6.7 得，模底板的壁厚 $\delta = 20$ mm，加强筋厚度 $\delta_1 = 22$ mm，$\delta_2 = 14$ mm，连接圆角半径 $r = 5$ mm。查表 6.8 得，$K = 240$ mm，$K_1 = 200$ mm。

b. 模底板搬运结构。模底板搬运结构采用吊轴。根据实际负载情况，模底板装配模样后质量约为 320 kg，查表 6.11，选用吊轴尺寸为 $d = 40$ mm，$d_1 = 80$ mm，$D = 60$ mm，$L = 90$ mm，$l = 45$ mm，$h = 35$ mm，$R = 10$ mm，$r = 4$ mm，单根吊轴负重小于 4 000 N。

c. 模底板与砂箱的定位。因为模样与模底板是平放式装配，为了减小误差，模底板与砂箱的定位采用直接定位法。

模底板上定位销耳位置设在沿长度方向中心线的两端，定位销装在销耳上。为了避免砂箱被卡死，同一模板上一般采用一个圆形定位销和一个带有平行平面的导向销，对应的砂箱销套一个为圆形，一个为椭圆形。

d. 模样在模底板上的紧固。为了不影响铸件形状和表面质量，模样在模底板上的固定方法为下紧固法，采用螺钉固定。模样与模底板的装配示意图如图 7.27 所示。

③ 砂箱设计。根据悬梁铸件大小、形状及所用合金性能，采用整铸式灰铸铁砂箱，使用手工造型的方法，结合翻转、起吊机构的砂箱。砂箱壁使用圆形排气孔，采用定位销和定位孔的配合方式来保证上、下砂箱的定位精度，所用定位销直径为 $\phi 30$ mm。为了避免砂箱被卡死，还另需采用一个带有平行平面的导向销，对应的销套为椭圆形。砂箱紧固采用箱卡—螺栓组合结构，砂箱搬运选用嵌入式吊轴。最终设计出的砂箱结构及尺寸如图 7.28 所示。

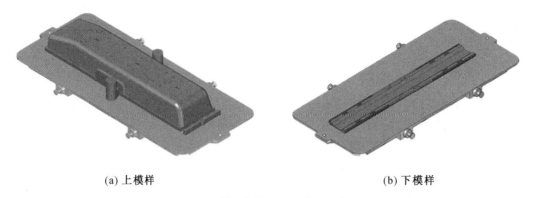

(a) 上模样   (b) 下模样

图 7.27　模样与模底板的装配示意图

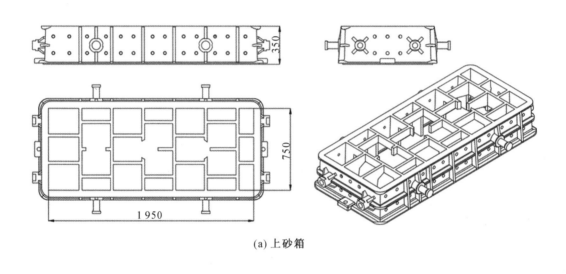

(a) 上砂箱

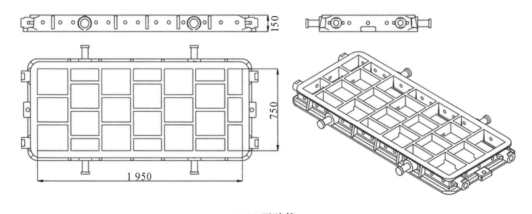

(b) 下砂箱

图 7.28　砂箱结构及尺寸

④ 芯盒设计。采用呋喃树脂自硬砂制芯。砂芯及芯盒形状见表 7.24。

表 7.24　砂芯及芯盒形状

砂芯编号	砂芯形状	左芯盒	右芯盒
1#	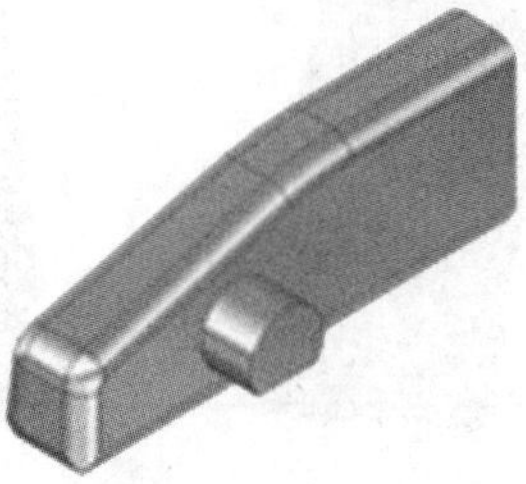		
2#	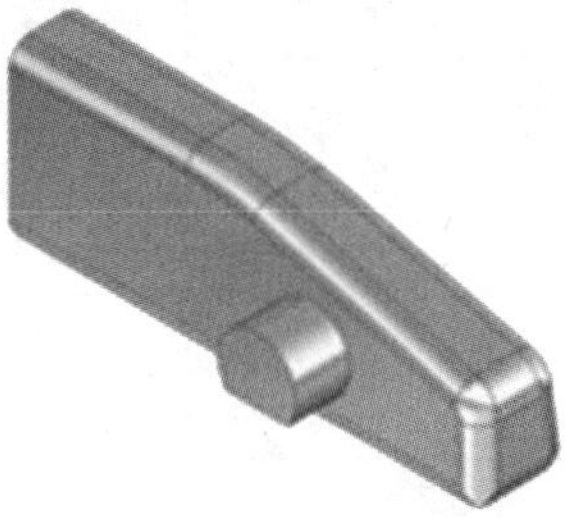	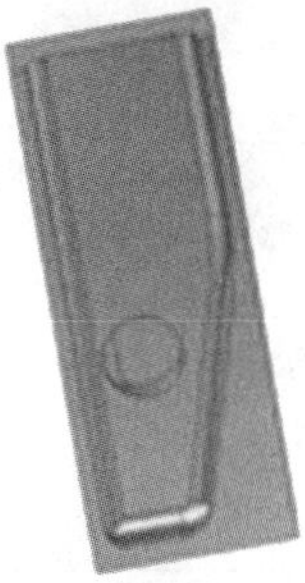	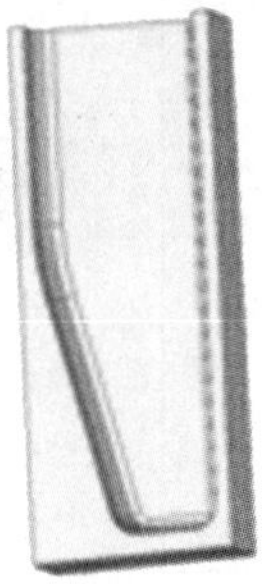
3#			
4#			

续表 7.24

砂芯编号	砂芯形状	左芯盒	右芯盒
5#	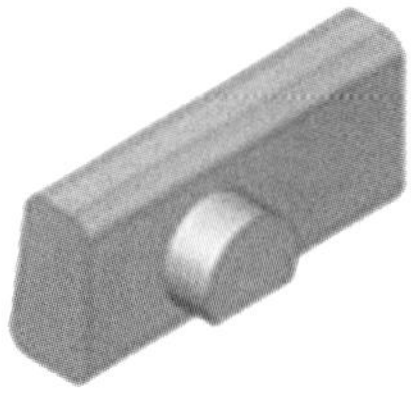		
6#	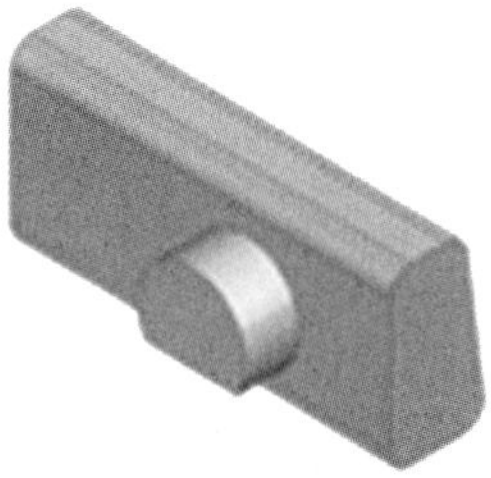	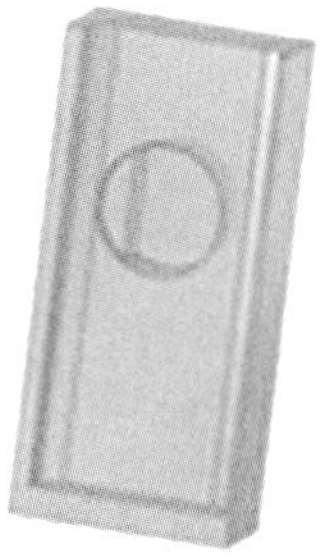	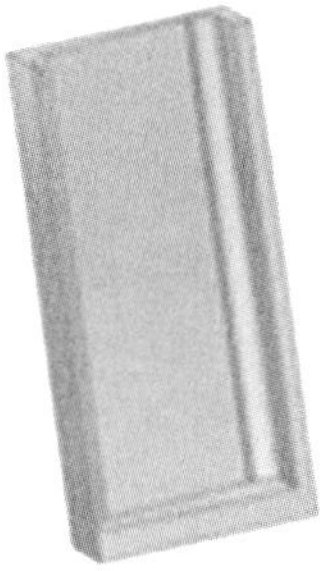
7#	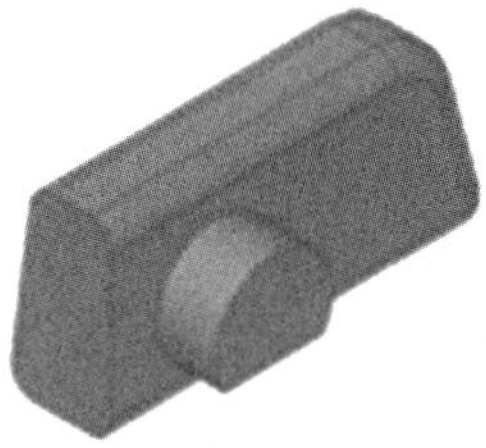		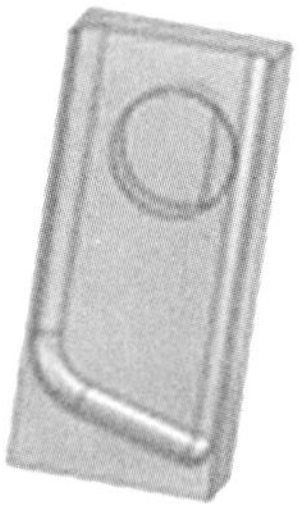
8#	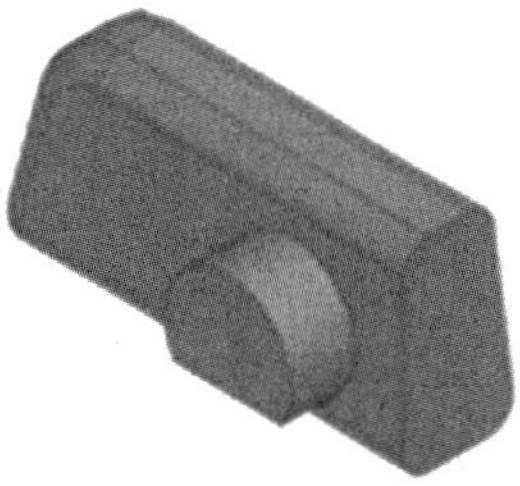		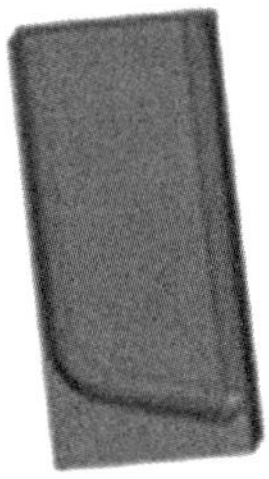

续表 7.24

砂芯编号	砂芯形状	左芯盒	右芯盒
9#	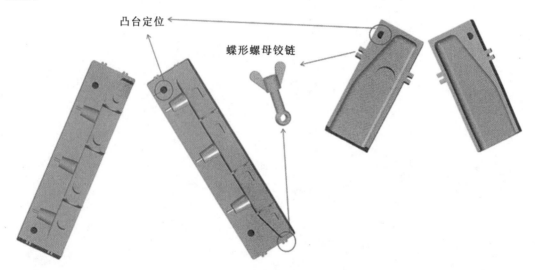		

所有芯盒均为垂直对开式,通过分盒面上的凸台与凹槽配合实现左、右芯盒的定位,然后通过外部的蝶形螺母铰链实现锁紧,以 1# 和 9# 芯盒为例,芯盒定位及锁紧如图 7.29 所示。

凸台定位

蝶形螺母铰链

图 7.29 芯盒定位及锁紧

(6)工艺文件。

① 悬梁铸件铸造工艺二维图如图 7.30 所示。

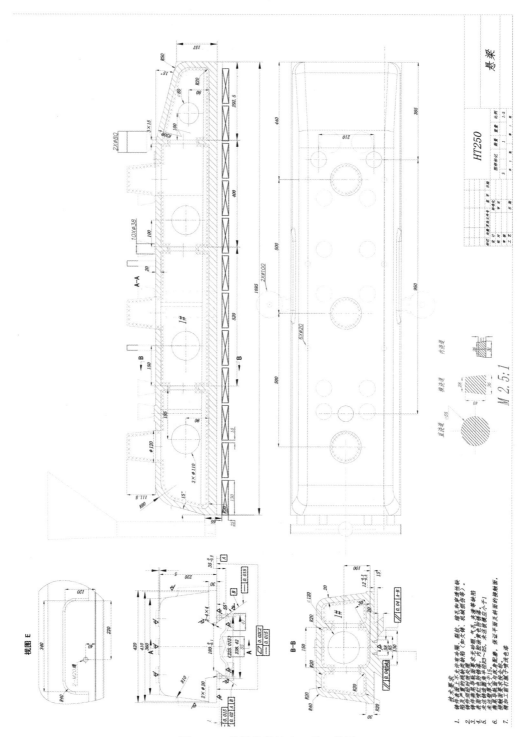

图 7.30　悬梁铸件铸造工艺二维图

② 悬梁铸件铸造工艺三维图如图 7.31 所示。

图 7.31　悬梁铸件铸造工艺三维图

③ 悬梁铸件铸造工艺卡见表 7.25。

表 7.25　铸造工艺卡

悬梁铸造工艺卡											
材质	HT250	浇注系统				砂型种类		收缩率 /%		长方向：0.8 宽方向：1		
净重 /kg	441.1	形状	尺寸/mm	数量	外型	面砂	呋喃树脂砂	模型	种类	木模	
毛重 /kg	452.8	包孔	\	\	\		背砂	呋喃树脂砂		数量	2	
浇冒口质量/kg	96.2	直浇口	圆形	$\phi55$	1	泥芯	面砂	呋喃树脂砂	芯盒	种类	木制芯盒	
总重/kg	549	横浇口	梯形	$abc=36\times28\times40$	2		背砂	呋喃树脂砂		数量	9	
收得率 /%	82.5	内浇口	梯形	$abc=31\times26\times15$	4	砂箱 尺寸 /mm	上箱：1 950× 750×350 下箱：1 950× 750×150		冷铁			
										间隙 /mm	尺寸 /mm	数量
										1	20	130×47×25	22
										2	—	160×85×28	1
浇注温度/℃	1 360±5	造型方法	手工造型	过滤网材质	纤维	保温时间/h	8±1	芯撑	DGF20×12 DGF15×8			

模型要求（简要对模型质量、材料、制造注意事项等提出的要求）：

（1）模型材料为木材，木模各组成部分一律不得用边没皮料，工作表面和受力部分不能有节疤，木材含水量为 8%～16%。

（2）木模的中心距公差、配合尺寸公差、壁厚尺寸公差、平面度公差要满足要求。

（3）木模的起模斜度按铸造工艺图上的斜度进行设置。

（4）木模的工作表面必须刷两层硝基漆，涂刷油漆前要用腻子嵌平、磨光，保证油漆层光滑，并具有一定的强度和硬度。

造型操作要求（对造型操作过程、质量、材料、安全、注意事项等进行描述）：

（1）造型底板应放平稳、清理干净，并擦净模样上的黏砂。

（2）对浇冒口处用手工适当捣实，拔出浇口模样后用手拍实防止浇注冲砂。

（3）起上型要平稳，起出的砂型要干净、整齐，使用压缩空气清理型腔内的落砂。喷刷涂料，点火烘烤，放在旁边。

（4）起模要平稳，不要塌砂，起出的模样或模板要擦净，待反复使用。

（5）起模后检查型腔各部位紧实度是否符合要求。如有局部松散、缺角，需用同类型砂填补修整。

（6）下芯时先在砂型底面放置芯撑，以保证砂芯壁厚均匀，下芯精度要控制精确，防止螺栓与紧固装置错位。

清理技术要求（对清理操作过程、质量、温度、安全、注意事项等进行描述）：

（1）铸件浇注后 8 h，拧下吊芯装置上的螺母，敲击型砂，使铸件从砂箱中脱落，铸件内外表面所有黏附的型、芯砂应清理干净。

（2）铸件表面有严重缺陷报废的产品，应将砂清掉，单独和浇品存放在一起，用做机铁。

（3）经清砂的铸件，用氧乙炔火焰切割割去浇冒口。

（4）打磨除去铸件的飞翅、毛刺。

（5）铸件清理完毕，将工作现场打扫干净。

浇注方案（对浇注操作过程、温度、安全、注意事项等进行描述）：

（1）浇注温度按产品工艺要求严格控制在 1 360 ℃左右。

（2）采用转包浇注，包嘴离浇口杯的高度一般控制在 150～200 mm。

（3）浇注时浇口杯应保持常满，正常情况下浇注不应中断。浇注时浇口杯内不得产生旋涡、飞溅和外溢。

（4）浇包应经常保持清洁完整，如损坏或结渣太多则应修好且清理干净后继续使用。浇注后剩余的铁水或温度太低不能浇成的铁水倒回推包，由推包推到低温铁砂处浇成铁锭做压铁使用。

（5）浇注后打箱不得小于 8 h。

（6）浇注后如有跑铁水现象，应立即用砂将跑铁水处堵住，将由铁水引燃的托板压灭。

7.2　球墨铸铁件工艺设计案例分析

以支座铸件为例进行铸造工艺及工装设计。支座铸件材料为 QT500，质量为 160 kg，要求采用砂型铸造工艺，生产批量为单件、小批量生产。支座铸件图如图 7.32 所示。

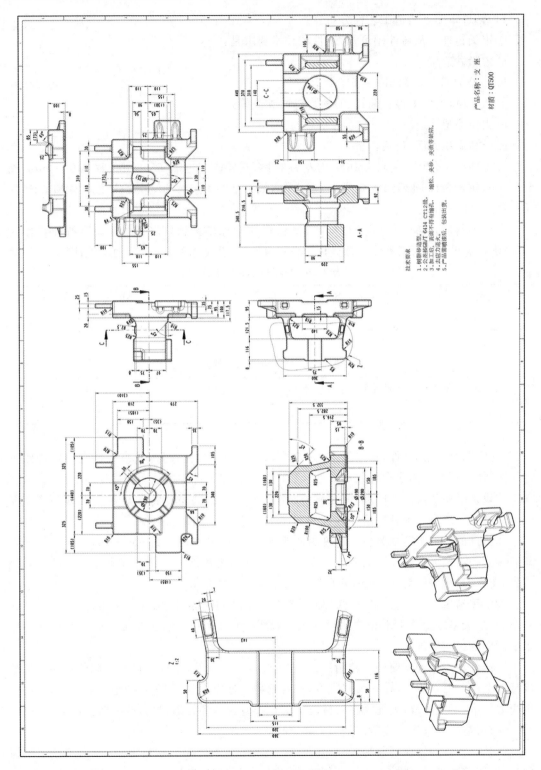

图 7.32　支座铸件图

(1)铸件审阅及铸造工艺性分析。

①审阅铸件。从铸件图可知,铸件的技术要求是:

a.树脂砂造型。

b.公差为 GB/T 6414—CT12 级。

c.加工后,表面不得有缩孔、缩松、夹砂、夹渣等缺陷。

d.去应力退火。

e.产品需喷漆后,包装出货。

a.铸件结构分析。铸件整体结构左右对称,其轮廓尺寸长 650 mm,宽 340.5 mm,高 589 mm,质量为160 kg,最大壁厚为 124 mm,最小壁厚为 30 mm,最大孔径为 $\phi290$ mm,最小孔径为 $\phi190$ mm。

b.铸件材质。铸件材质为 QT500,是铁素体型球墨铸铁,QT 为"球铁",抗拉强度为 500 MPa,金相组织为铁素体+珠光体。QT500 的化学成分见表 7.26,力学性能见表 7.27。

表 7.26　QT500 的化学成分

元素	C	Si	Mn	P	S	Mg	稀土元素 Re
质量分数/%	3.55～3.85	1.85～2.2	<0.6	<0.08	<0.025	0.02～0.04	0.03～0.05

表 7.27　QT500 的力学性能

抗拉强度 σ_b/MPa	条件屈服强度 $\sigma_{0.2}$/MPa	延伸率 δ/%	硬度 HB
≥500	≥320	≥7	170～230

"支座"为球墨铸铁件,材质为 QT500。QT500 的流动性较好,收缩特性会使铸件致密性下降,铸件易产生内应力导致形成裂纹、开裂,铸件厚大部位可能会产生缩孔、缩松。所以在工艺设计时要考虑以上问题,避免铸件缺陷。球墨铸铁共晶转变石墨析出,出现石墨化膨胀。该特点可以有效地补偿凝固过程中的体积收缩,有一定的自补缩能力,铸造性能良好。

②铸件的铸造工艺性分析。铸件材质为球墨铸铁,基本尺寸为 650 mm×340.5 mm×589 mm,铸件最大轮廓尺寸为 400～800 mm,查文献得铸件最小允许壁厚为 8～10 mm,该铸件"支座"最小壁厚为 30 mm,满足铸件最小允许壁厚要求。

砂型铸造各种合金的临界壁厚应按最小壁厚的三倍来考虑。该铸件最小壁厚为 30 mm,最大壁厚为 124 mm,最大壁厚大于临界壁厚 90 mm,因此在后期的工艺设计时应采取相应的工艺措施。

该铸件的连接处均使用了圆角连接,这避免了产生缩孔、缩松等铸造缺陷的可能。但是该铸件壁厚过渡不均匀,存在尺寸突变,铸件壁薄的地方先凝固,壁厚的地方后凝固,容易产生应力集中,形成裂纹,因此需在铸件厚大部位设置冷铁和补缩冒口,改善铸件的凝固条件。

(2)铸造工艺方案的确定。

"支座"铸件的轮廓尺寸为 650 mm×340.5 mm×589 mm,质量为 160 kg,属于中型铸件,根据铸件特点,铸造方法选用砂型铸造,造型、制芯方法选用手工造型、手工造芯。

① 造型、制芯材料的选取。由于技术要求该铸件使用树脂砂造型,目前使用最多的树脂砂造型方法的材料主要分为三类:呋喃树脂砂、碱性酚醛树脂砂、胺固化酚尿烷自硬砂。

呋喃树脂砂的成本价格是三者中最低的,但缺点较多,且浇注时会产生有害气体,不仅危害环境,并且会对工人的身体造成极大的危害,所以不优先使用。胺固化酚尿烷自硬砂的硬化速度快,可提高生产率,但价格较高,且型、芯耐高温性差,芯易被冲蚀,产生铸造缺陷。碱性酚醛树脂自硬砂中不含 N、P、S 等元素,不容易产生铸造缺陷,特别适合于不锈钢件、球墨铸铁件及非铁合金铸件的生产。综上所述,支座铸件最合适的造型、制芯材料为碱性酚醛树脂砂。型砂、芯砂配比见表 7.28。

表 7.28　型砂、芯砂配比

类别	新砂质量分数/%	旧砂质量分数/%	碱性酚醛树脂/%	甘油酸酯(占树脂)/%
型砂	15~20	80~85	1.7~2.0	30~40
芯砂	40~50	50~60	1.5~1.7	30~40

涂料的作用是提高铸型耐火度和铸件表面质量。该铸件材质为球墨铸铁,采用的造型材料为碱性酚醛树脂自硬砂,因此可选用醇基涂料。铸铁件树脂砂型用醇基涂料配比见表 7.29。

表 7.29　铸铁件树脂砂型用醇基涂料配比

成分	鳞片状石墨粉	无定形石墨粉	锂基膨润土	PVB	酚醛树脂	酒精	用途
质量分数/%	30	70	6~8	0~0.2	4~6	适量	树脂砂

②浇注位置的确定。"支座"铸件的浇注位置选取了以下三种进行对比分析,浇注位置方案见表 7.30。

表 7.30　浇注位置方案

方案	浇注位置	优缺点分析
a		该方案铸件大平面朝下,厚大部位朝上。大平面朝下可避免金属液长时间烘烤砂型使砂脱落,造成夹砂缺陷;厚大部位朝上便于设置冒口进行补缩,可避免缩孔、缩松等缺陷。该方案的缺点是铸件中部存在两薄壁,不利于顺序凝固,不利于铸件的补缩
b		该方案厚大部位朝下,大平面朝上。其缺点是大平面朝上时,金属液会长时间烘烤顶部型腔,使型砂脱落,造成夹砂,厚大部位朝下不方便设置冒口。同样也存在方案 a 的缺点

续表 7.30

方案	浇注位置	优缺点分析
c	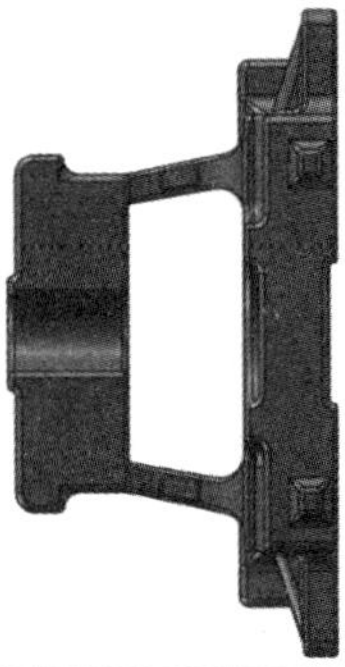	该方案在厚大部位不方便设置冒口进行补缩,可能会产生缩孔、缩松等缺陷,且该方案在金属液浇注过程中,金属液面上升,在上薄壁位置处两边的金属液汇集,极易产生冷隔缺陷

综上对该铸件三种浇注位置方案的分析对比,最终浇注位置选择大平面朝下、厚大部位在上部的方案 a。

③分型面的确定。在确定的浇注位置基础上,根据分型面选择的基本原则,对铸件"支座"选取了三种分型方案进行对比分析,分型面方案见表 7.31。

表 7.31　分型面方案

方案	分型面	优缺点分析
一	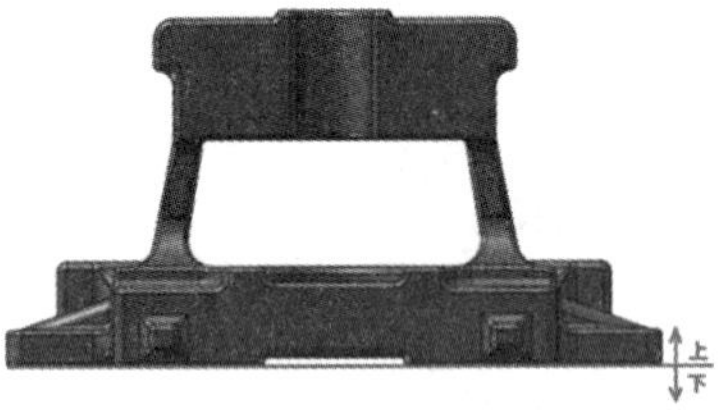	该方案分型面位于铸件底部大平面上,铸件全部位于上半型内,可避免错箱引起的尺寸误差,但为铸出底部凹槽必须采用挖砂造型
二	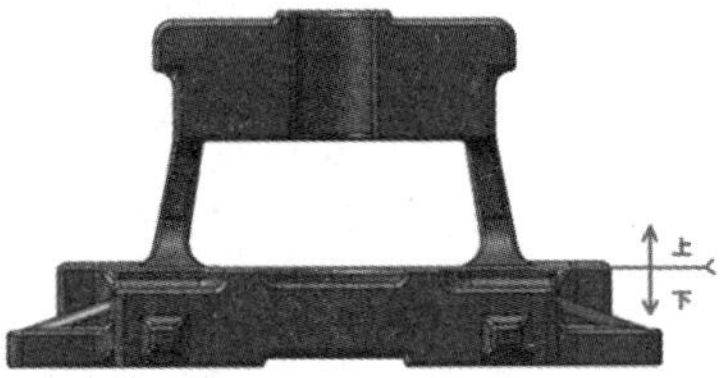	该方案分型分模面位于铸件中部的平面上,但取模时易挡砂,且铸件易产生错型缺陷
三	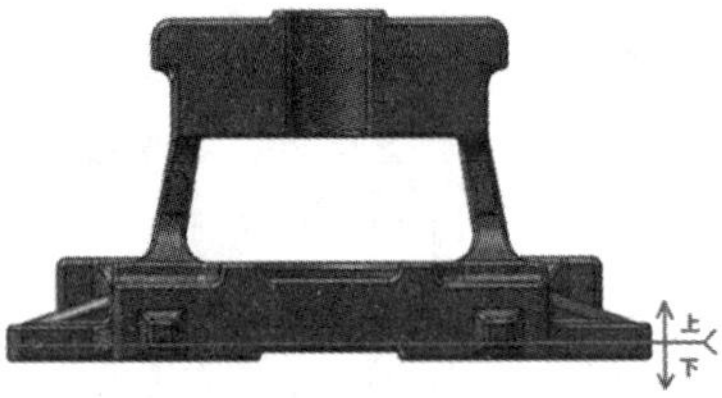	该方案分型分模面位于两根立柱的底面,该方案利于造型和取模,但铸件易产生错型缺陷

综上所述,分型面方案选用方案三。该方案分型分模面位于大平面往上 15 mm、两个

小立柱的底部,这种方案利于造型和取模,但在铸件中间分型,存在错箱风险,因此工装设计时要采取合理的定位方式,比如设置定位销来避免错箱。

④砂箱中铸件数量及排列的确定。"支座"铸件长 650 mm,宽 340.5 mm,高 589 mm,质量为 160 kg,属于中型铸件,一箱放一个铸件。查表 2.5,按铸件质量确定铸件的吃砂量,见表 7.32。

表 7.32　"支座"铸件的吃砂量　　　　　　　　单位:mm

铸件质量 /kg	a (上吃砂量)	b (下吃砂量)	c (模样至箱壁)	d (浇道至箱壁)	f (浇道至模样)
101~250	100	100	60	70	60

初步确定砂箱尺寸为上箱:800 mm×800 mm×450 mm,下箱:800 mm×800 mm×150 mm,"支座"铸件砂箱布局图如图 7.33 所示。

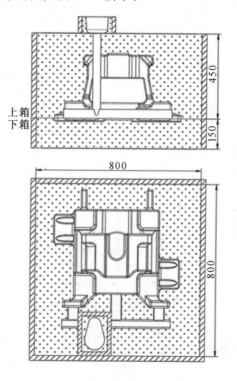

图 7.33　"支座"铸件砂箱布局图

⑤砂芯设计。

a.砂芯方案的确定。砂芯、活块位置示意图如图 7.34 所示。根据"支座"铸件的结构特点,图 7.34 中 1、2、3 处需要设置砂芯来形成铸件内腔,设置成一个砂芯,编号为 1♯芯;4、5 处在造型过程中取模困难,需设置活块。

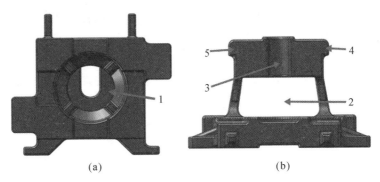

| (a) | (b) |

图 7.34　砂芯、活块位置示意图

b.芯头的设计。为了下芯时定位及防止砂芯旋转,下芯头设计成特殊芯头,上芯头设计成与砂芯形状相同的芯头。设计出的芯头尺寸见表 7.33。

表 7.33　芯头尺寸　　　　　　　　　单位:mm

芯头	高度	斜度	间隙
上芯头	30	9	1.5
下芯头	50	4	1.0

c.芯骨的设计。为了加强砂芯的强度及便于搬运,设计了砂芯的芯骨和搬运吊攀。芯骨材料采用铸铁,横断面为尺寸为 $\phi 10$ mm 的圆。根据砂芯尺寸为(300 mm×300 mm)～(500 mm×500 mm),查表 2.34 得芯骨吃砂量为 20～40 mm,芯骨吃砂量取 30 mm,设计出的芯骨结构如图 7.35 所示。

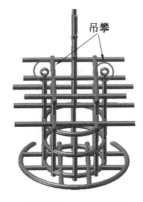

图 7.35　芯骨结构

d.砂芯的排气。针对砂芯的排气,采用在砂芯与砂型接触面上、下芯头处扎设排气孔。此外,还在芯骨上缠绕麻绳或用排气绳辅助排气,砂芯排气示意图如图 7.36 所示。

⑥铸造工艺设计参数的确定。

a.铸件尺寸公差。根据"支座"铸件的技术要求,铸件尺寸公差按 GB/T 6414—CT12级,查表 2.9,铸件尺寸公差数值见表 7.34。

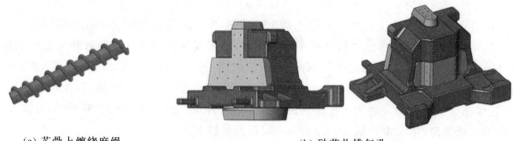

(a) 芯骨上缠绕麻绳　　　　　　　　(b) 砂芯扎排气孔

图 7.36　砂芯排气示意图

表 7.34　铸件尺寸公差数值

公称尺寸/mm	铸件尺寸公差等级	铸件尺寸公差数值/mm
250~400		9
400~630	CT 12	10
630~1 000		11

"支座"铸件长 650 mm,宽 340.5 mm,高 589 mm,查表 7.34 得铸件的尺寸公差数值:长方向尺寸公差为 11 mm,宽方向尺寸公差为 9 mm,高方向尺寸公差为 10 mm。

b.铸件重量公差。铸件重量公差等级对应尺寸公差等级。故"支座"铸件的重量公差等级为 MT12。"支座"铸件质量为 160 kg,查表 2.12 得,其重量公差数值为 12%。

c.铸造收缩率。"支座"铸件材质为球墨铸铁,零件结构较为复杂,金属液在凝固之后的冷却过程中收缩受阻,查表 2.15 取收缩率为 1.0%。

d.起模斜度。在造型、制芯过程中为方便取出模样,需要设计一定的起模斜度。"支座"铸件起模斜度示意图如图 7.37 所示。

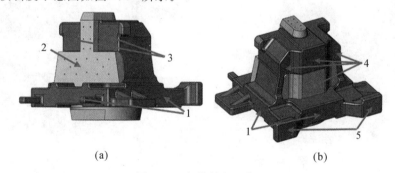

(a)　　　　　　　　　　　　　　　(b)

图 7.37　起模斜度示意图

根据"支座"铸件需设计起模斜度面位置的测量高度,查文献得,"支座"铸件起模斜度值见表 7.35。

表 7.35　"支座"铸件起模斜度值

位置	测量面高度/mm	起模斜度 a/mm
1 和 5	11~100	1.6
3	101~160	2.0
2 和 4	161~250	2.6

e.最小铸出孔。查文献中球铁最小铸出孔可知,"支座"铸件上所有的孔都需要铸出。

f.其他工艺参数。考虑本铸件壁厚及结构特点,无须对其设定反变形量和工艺补正量。该铸件"支座"分型面在铸件的中间,分型面由于烘烤、修整等原因一般都不很平整,上、下型接触面很不严密。为了防止浇注时跑火,合箱前需要在分型面之间垫石棉绳、泥条或油灰条等,这样在分型面处明显地增大了铸件的尺寸。为了保证"支座"铸件尺寸精确,需要设置分型负数。查文献,取分型负数 $a = 2$ mm,均设在上模样上。

(3)浇注系统的设计。

浇注系统的设计包括浇注系统类型设计、内浇道的引入位置及浇注系统各组元截面尺寸的计算。

① 浇注系统的类型选择。"支座"铸件属于中型球墨铸铁件,根据铸件结构及球墨铸铁件的浇注系统特点,为保证铸件充型平稳,减小金属液对型腔的冲刷力,并保证有足够充型速度,降低浇不足、冒口补缩困难等现象发生的概率,采用半封闭底注式浇注系统。浇注系统各组元总截面比例为 $\sum F_直 : \sum F_横 : \sum F_内 = 1 : 3 : 2$。

② 浇注系统中各组元的布置及数目。"支座"铸件属于中型件,单件、小批量生产,所以选择一箱一件进行铸造。考虑了两种金属液引入位置的方案。方案一:内浇道设于铸件底面往上 15 mm 处,设计 1 个直浇道,2 个横浇道,4 个内浇道。方案二:内浇道设于铸件底面往上 15 mm 处,设计 1 个直浇道,2 个横浇道,3 个内浇道。两种方案的浇注系统分布如图7.38(a)和图 7.38(b)所示。

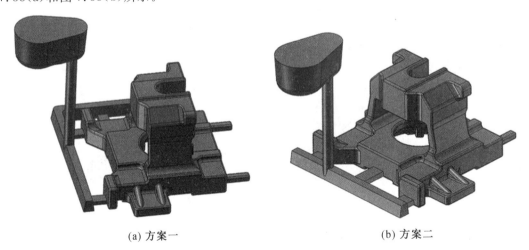

(a) 方案一　　　　　　　　　　　　(b) 方案二

图 7.38　浇注系统分布

为了分析对比两种浇注系统的优缺点,后期通过 ProCAST 进行金属液的充型、凝固过程和缺陷分析,最后根据模拟结果来选择浇注系统方案。

③ 浇注系统的计算。

a.计算浇注时间。球墨铸铁件可按灰铸铁件浇注时间计算方法确定,然后将其减少 $1/2 \sim 1/3$。浇注时间按式(3.11)计算,S_1 取 2,δ 取 30 mm,铸件质量为 160 kg,将各数据代入式(3.11)算出浇注时间为 33.7 s,然后减少 $1/2 \sim 1/3$,取 19 s。

b.浇注系统的设计校核。

(a) 型内液面上升速度的计算。按浇注时的位置,"支座"铸件最低点到最高点的距离为 340.5 mm,浇注时间为 19 s,代入式(3.6)计算得出金属液面上升速度约为17.92 mm/s。查表 3.5 可知壁厚为 30 mm,最小上升速度为 10~20 mm/s,所以满足要求。

(b) 最小剩余压头高度 h_M 的计算。铸件"支座"的最小剩余压头高度 h_M＝231 mm。金属液的流程 L＝443.22 mm,根据铸件壁厚 δ＝30 mm,查表 3.6,取压力角 α＝7°,$L\tan\alpha$＝54.42 mm $\leqslant h_M$,因此最小剩余压头高度 h_M 足够,满足要求。

c.阻流截面及各组元截面面积计算。用阻流截面法,通过式(3.13)计算得出 $\sum F_{阻}$＝9.84 mm²。

因为"支座"铸件采用半封闭式浇注系统,选取的浇注系统各组元截面比例为 $\sum F_{直}$：$\sum F_{横}$：$\sum F_{内}$＝1：3：2,阻流截面在直浇道,所以 $\sum F_{直}$＝$\sum F_{阻}$＝9.84 cm²

有 1 个直浇道,故 $F_{直}$＝$\sum F_{直}$＝9.84 cm²。$\sum F_{横}$＝3$\sum F_{直}$＝3×9.84＝29.52 (cm²),有 2 个横浇道,故 $F_{横}$＝14.76 cm²。$\sum F_{内}$＝2$\sum F_{直}$＝2×9.84＝19.68 (cm²)。

方案一:有 4 个内浇道,故 $F_{内}$＝4.92 cm²。

方案二:有 3 个内浇道,故 $F_{内}$＝6.56 cm²。

d.确定浇注系统各组元形状和尺寸。

(a) 浇口杯。"支座"铸件采用转包浇注方式,因其挡渣能力弱,故采用挡渣能力强的池形浇口杯,增强浇注系统的挡渣能力,从而避免铸件产生夹渣缺陷。池形浇口杯参数见表 7.36。

表 7.36　池形浇口杯参数

铸件质量 /kg	浇口杯容量 /kg	浇口杯尺寸 /mm							
		L	R	R_1	r	r_1	H	l	d
100~200	50	140	83	47	31	15	130	96	32

(b) 直浇道。因为 $F_{直}$＝9.84 cm²,查文献,取 $F_{直}$ 为 12.6 cm²,得直浇道直径 d＝40 mm。

(c) 横浇道。因为 $F_{横}$＝14.76 cm²,选择梯形横浇道,查文献得表 7.37。

表 7.37　横浇道尺寸

	横浇道截面积 $F_横$/cm²	a/mm	b/mm	c/mm
	17	44	30	46

（d）内浇道。方案一：因为 $F_内 = 4.92$ cm²，选择 I 型内浇道，查文献得表 7.38。

表 7.38　内浇道尺寸

	内浇道截面积 $F_内$/cm²	a/mm	b/mm	c/mm
	5.0	42	38	13

方案二：因为 $F_内 = 6.56$ cm²，选择 I 型内浇道，查文献得表 7.39。

表 7.39　内浇道尺寸

	内浇道截面积 $F_内$/cm²	a/mm	b/mm	c/mm
	9.0	56	50	17

浇注系统各组元示意图见图 7.39。

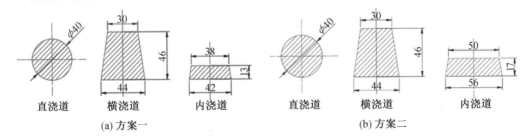

图 7.39　浇注系统各组元示意图

④过滤网设计。目前，广泛使用纤维过滤网和陶瓷过滤器过滤金属液。国内应用较多的是高硅氧玻璃纤维网，这种过滤网有较高的耐火度且价格低廉，厚度很薄（0.35 mm 左右），造型时不必考虑预留空间，可按需要剪成任意形状和尺寸使用。本设计采用高硅氧玻璃纤维网，放置在直浇道顶部与池形浇口杯之间，纤维过滤网的性能及规格见表 7.40。

表 7.40　纤维过滤网的性能及规格

网材料	网孔尺寸/mm²	厚度/mm	面积/mm²	孔隙率/%	工作温度/℃	熔化点/℃
高硅氧玻璃纤维网	1.5×1.5	0.35	150×300	50~60	1 400~1 450	1 710

由于放置过滤网会使金属液的流动阻力变大,所以应把直浇道截面积适当扩大。

(4)铸造工艺模拟分析及方案优化。

采用 ProCAST 铸件成型过程数值仿真模拟软件,对"支座"铸件砂型铸造充型过程的速度场、凝固过程的温度场和凝固场及最终缺陷的产生进行模拟,对模拟结果进行分析,实现优化铸造工艺的目的。

① 初始条件设定。

a.浇注温度:$T_{浇注}=1\ 350\ ℃$。

b.型、芯砂初始温度:$T_{型,芯}=20\ ℃$。

c.铸件与型砂的热交换系数:$K=500\ W/(m^2 \cdot K)$。

d.冷铁与型砂的热交换系数:$K=500\ W/(m^2 \cdot K)$。

e.铸件与冷铁的热交换系数:$K=2\ 000\ W/(m^2 \cdot K)$。

② 模型导入及网格划分。采用 Solid Works 三维建模软件进行"支座"铸件三维实体的绘制,再导入 ProCAST 中 mesh 部分进行网格划分,先对铸件进行面网格划分,划分后检查面网格质量,如果网格质量较差,则先进行修复再进行体网格的划分。

"支座"铸件浇注系统方案一(4 个内浇道)和方案二(3 个内浇道)的三维模型网格划分如图 7.40 所示。

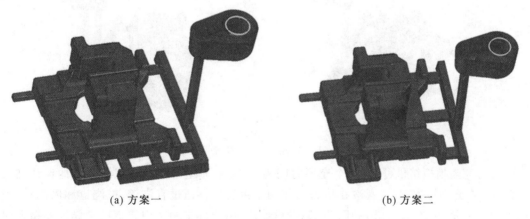

(a) 方案一　　　　　　　　　　　　　　(b) 方案二

图 7.40　三维模型网格划分

③ 模拟结果及分析。

a.充型过程分析。

方案一,4 个内浇道,浇注系统充型过程如图 7.41 所示。

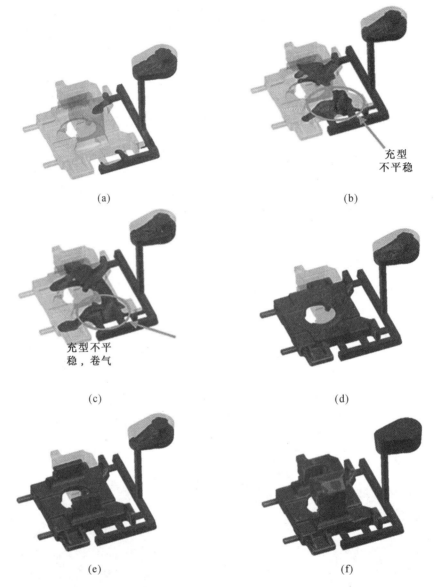

图 7.41　方案一浇注系统充型过程

通过充型模拟结果可知,整个充型时间为 18.2 s,充型时间符合浇注系统的设计结果(19 s)。在充型过程中,金属液在重力的作用下由浇口杯通过直浇道、横浇道和内浇道,进入型腔。但是,由图 7.41(b)和图 7.41(c)可看出,由于其中两个内浇道的金属液充型方向与另外两个成 90°角,金属液进入型腔后产生对冲,充型不平稳,甚至出现卷气现象。

方案二,3 个内浇道,浇注系统充型过程如图 7.42 所示。

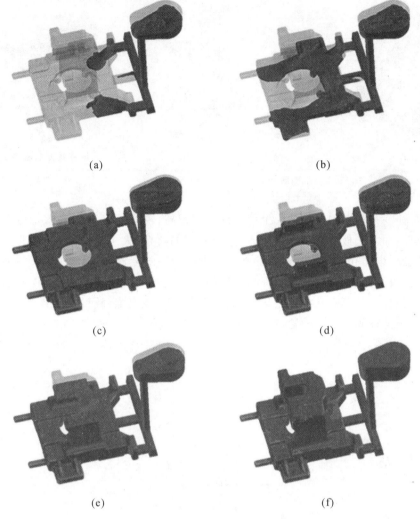

(a)　　　　　　　　　　　　　　　(b)

(c)　　　　　　　　　　　　　　　(d)

(e)　　　　　　　　　　　　　　　(f)

图 7.42　方案二浇注系统充型过程

通过充型模拟结果可知,整个充型时间为 18.19 s,充型时间符合浇注系统的设计结果 (19 s)。在充型过程中,金属液在重力的作用下由浇口杯通过直浇道、横浇道和内浇道进入型腔。通过对充型过程的观察可以看出,采用同一个方向充型的 3 个内浇道,金属液的充型较为平稳。

综合分析方案一与方案二的金属液充型过程,采用 3 个内浇道的方案二充型过程比采用 4 个内浇道的方案一平稳,因此浇注系统选用方案二进行凝固缺陷分析。

b.凝固缺陷分析。利用 ProCAST 软件对浇注后铸件缩孔、缩松和塌陷进行分析,如图 7.43 所示。

从图 7.43(a)中可以看出,在铸件的顶部出现塌陷,需要在后续优化过程中设置冒口进行补缩。从图 7.43(b)中可以看出,在铸件薄壁与水平大平面相交的位置处产生缩孔、缩松,在后续优化过程中需要设置冷铁来控制凝固顺序,以消除缩孔、缩松。

④ 铸造工艺方案优化。

a.优化分析。"支座"铸件凝固场如图 7.44 所示。

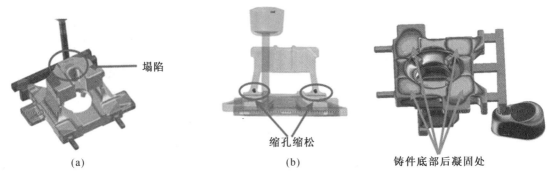

(a)　　　　　　　　　　　　(b)

图 7.43　凝固缺陷分析　　　　图 7.44　"支座"铸件凝固场

从图 7.44 看出,图中标出的 4 个位置处温度较高、较后凝固,这些位置均位于底部大平板,厚度较厚,而大平板上方是厚度较薄、较先凝固的薄壁,大平板后凝固,且没有金属液进行补缩,就会产生缩孔、缩松缺陷,因此需要在大平板底部设置冷铁,加快厚大的平板凝固速度,实现铸件自下而上的顺序凝固,提高冒口的补缩效果,才能消除缩孔、缩松缺陷。

b.冒口设计与计算。从模拟结果来看,铸件顶部出现塌陷,故设计冒口进行补缩,采用经验比例法设计球墨铸铁件的冒口。设计出的冒口结构及尺寸如图 7.45 所示。

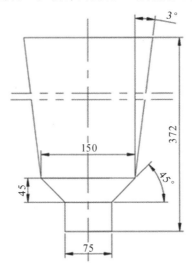

图 7.45　冒口结构及尺寸

c.出气孔设计。采用圆形直接出气孔。直接出气孔截面尺寸不宜过大,其底部尺寸一般等于铸件该处壁厚的 $1/2\sim3/4$。根据"支座"铸件的壁厚,选择断面尺寸为 $\phi20$ mm 的圆形出气孔。

d.冷铁设计。采用外冷铁,材质为铸铁。查表 4.13 得 $\delta_{冷铁}=(0.3\sim0.8)T$,"支座"底部大平板厚度 $T=95$ mm,设计冷铁厚度为 30 mm。

设计出的冷铁、冒口和出气孔位置如图 7.46 所示。

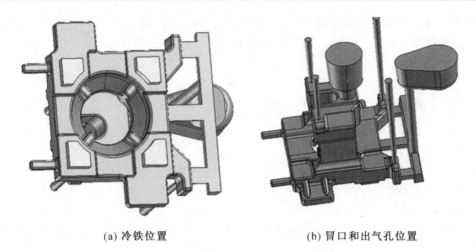

(a) 冷铁位置   (b) 冒口和出气孔位置

图 7.46 冷铁、冒口和出气孔位置

e.优化结果与分析。通过对方案二原铸造工艺方案进行优化,模拟结果如图 7.47 所示。

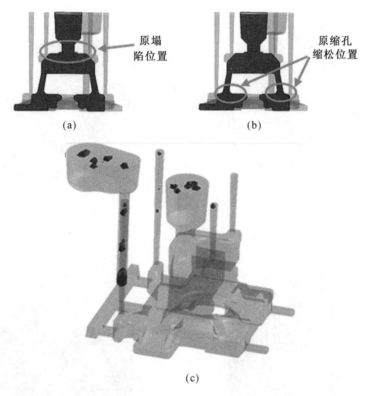

图 7.47 优化结果

从图 7.47(a)中可以看出,经过工艺优化后,在铸件顶部出现的塌陷缺陷已经消除;从图 7.47(b)、图 7.47(c)中可看出,在经过工艺优化后,原来出现缩孔、缩松缺陷的位置缺陷已经被消除;从图 7.47(c)中可看出,在缩孔、缩松大小截止值设为 0.3% 时,在铸件上已经没有了缩孔、缩松缺陷,缺陷已经集中在直浇道、池形浇口杯以及冒口、出气孔中,后续铸件清理过程中切割除去浇冒口不会对铸件产生影响,此次优化效果较为理想,所以采用该优化方案作为最终方案。其工艺参数如下：

　　a.铸件毛重 160 kg,浇注金属液质量为 185 kg。

　　b.造型方法:手工造型,一箱一件。

　　c.造型材料:碱性酚醛树脂自硬砂。

　　d.浇注系统:半封闭式、底注式浇注系统。

　　e.浇注时间:19 s;浇注温度:(1 350±5) ℃。

　　f.打箱时间:(5±1) h。

　　g.工艺出品率＝铸件质量/(铸件质量＋浇、冒口质量)×100％,工艺出品率＝86.4％。

　　(5)铸造工艺装备设计。

　　① 模样设计。

　　a.模样材料。因为"支座"铸件的造型方法为手工造型,生产批量为单件、小批量生产,因此模样材质选择木模样。

　　b.模样结构。"支座"铸件的结构复杂程度为中等,模样结构选择分体式模样。模样结构如图 7.48 所示。模样上妨碍起模的部分做成活块,采用燕尾式进行固定。活块在模样上的定位和固定如图 7.49 所示。

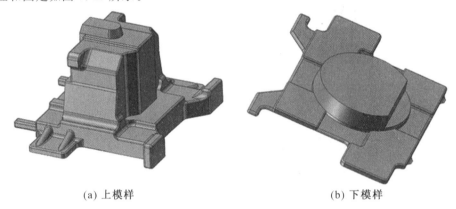

　　　　(a) 上模样　　　　　　　　　　　　　　(b) 下模样

图 7.48　模样结构

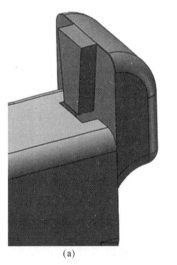

　　　　　　(a)　　　　　　　　　　　　　　　　(b)

图 7.49　活块在模样上的定位和固定(燕尾式)

② 模板设计。

a.模板类型的选择。根据"支座"铸件的结构及单件、小批量生产特点,选择的模板为装配式、单面、铸铝模板。

b.模底板的结构尺寸。

(a) 模底板的尺寸。选择模底板外轮廓尺寸与砂箱一致。其中 $A=800$ mm,$B=800$ mm,$b=40$ mm,按式(6.2)和式(6.3)计算得出模底板的平面尺寸为 880 mm×880 mm。

模底板的高度一般根据使用要求和选用的造型机来确定,普通平面式模底板 $h_{铸铝}$ 为 30~90 mm,取模底板的高度 $h=50$ mm。

模底板平均轮廓尺寸为 880 mm,根据模底板平均轮廓尺寸和选用材料查表 6.7 可得,模底板的壁厚取 $\delta=15$ mm,加强筋厚度取 $\delta_1=17$ mm,$\delta_2=12$ mm,连接圆角半径 $r=4$ mm。

(b) 模底板和砂箱的定位。为了减少误差引入,模底板与砂箱的定位采用直接定位法。同时为了防止模底板与砂箱错位,在模底板的一边设计一个圆形定位销进行定位。为了避免砂箱被卡死,需要在模底板的另一边设计一个带有平行平面的导向销。相应的砂箱销套一个为圆孔形,一个为椭圆形。

模底板上沿中心线长度方向的两端应设置定位销耳,定位销装在定位销耳上,与砂箱进行定位。参考图 6.11,根据生产"支座"铸件所用模底板平均轮廓尺寸为 880 mm,查表 6.9 得销耳的结构和尺寸如图 7.50 所示。

(c) 模底板的搬运结构。选用铸接式吊轴为模底板的搬运结构,因为模底板材料为铸铝,利用 Solid Edge 软件的属性测量功能,估计充满砂时模板、砂箱和型砂的总重量小于 10 kN,查表 6.11 得吊轴结构及尺寸如图 7.51 所示。设计出的模底板结构如图 7.52 所示。

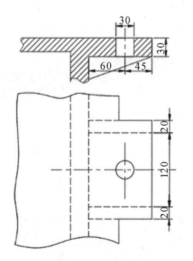

图 7.50　模底板上的定位销耳的结构和尺寸

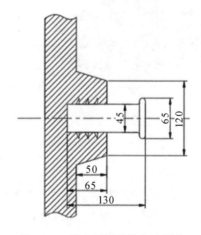

图 7.51　模底板吊轴结构及尺寸

c.模样及浇冒口在模底板上的装配。铸件本体模样和浇注系统模样在模底板上的布置要与铸造工艺设计一致,并考虑冒口和出气孔等模样布置,保证合理吃砂量的要求,以免影

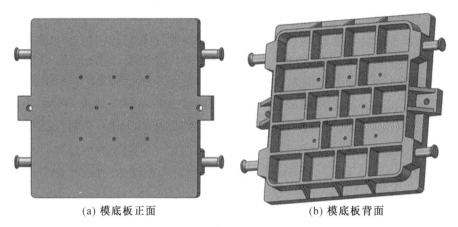

(a) 模底板正面　　　　　　　　　　(b) 模底板背面

图 7.52　模底板结构

响型砂硬度的均匀性。

（a）模样在模底板上的装配。"支座"铸件本体模样在模底板上的放置形式选择平放式。为了防止模底板上的模样因紧固螺钉松动而产生错位，常设计定位销来定位。根据"支座"铸件模样特点，参照表 6.14，选用直径为 $\phi 10$ mm 的定位销穿过模样的装配形式。

为了不影响铸件形状和表面质量，模样在模底板上的固定方法选用下固定法，采用螺钉固定。

（b）浇冒口模样在模底板上的装配。上大下小的直浇道、冒口等模样，在起模前先从砂型中拔出，此类模样不需紧固在模底板上。在直浇道、冒口安放的相应位置的模样上做出定位垛，靠此定位垛进行定位。出气孔与模样采用滑销装配，浇冒口、出气孔在模底板上的装配如图 7.53 所示。模样与模底板的装配效果图如图 7.54 所示。

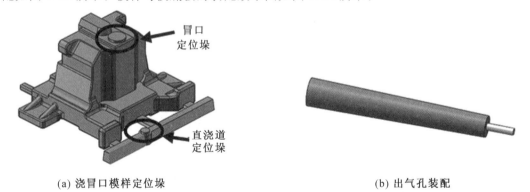

(a) 浇冒口模样定位垛　　　　　　　　　(b) 出气孔装配

图 7.53　浇冒口、出气孔在模底板上的装配

③ 砂箱设计。

a. 确定砂箱的材质和类型。根据"支座"铸件形状、尺寸及金属合金性能，选择整铸式灰铸铁砂箱。使用手工造型的方法，结合起重机或行车吊运的通用砂箱。

b. 砂箱本体结构设计。

（a）砂箱内框尺寸。在考虑吃砂量之后，上砂箱的内框尺寸取 800 mm×800 mm×450 mm，下砂箱的内框尺寸取 800 mm×800 mm×150 mm。

（b）砂箱壁的结构。砂箱壁结构的设计需要根据其工作环境、砂箱的内框尺寸、砂箱高

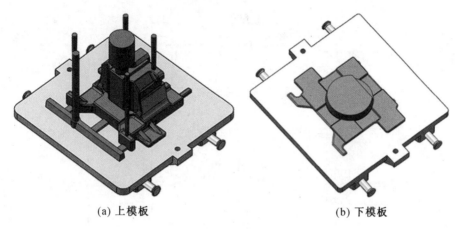

(a) 上模板	(b) 下模板

图 7.54　模样与模底板的装配

度和砂箱材质来确定。设计合理的砂箱箱壁结构可以提高砂箱的强度和刚度。参照图6.33和表 6.18 设计的砂箱箱壁结构及尺寸如图 7.55 所示,由于上、下砂箱高度相差较大,因此设计了不同的上、下砂箱箱壁结构。

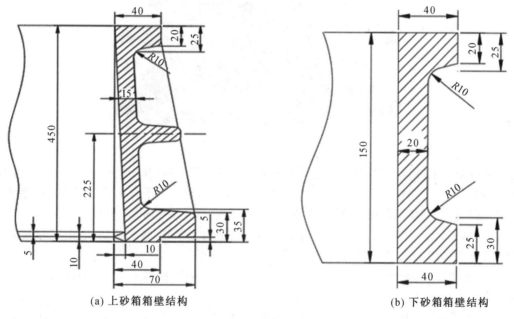

(a) 上砂箱箱壁结构	(b) 下砂箱箱壁结构

图 7.55　砂箱箱壁结构及尺寸

　　砂箱壁上需设置排气孔,一般砂箱的排气孔形式有圆形和椭圆形两种。排气孔的设置应以不影响砂箱强度为原则,排气孔之间的距离可以适当增大或缩小。根据砂箱内框平均尺寸,选用直径为 $\phi 20$ mm 的圆形排气孔。

　　(c) 箱带设计。箱带的作用是增加对型砂的附着力,提高铸型强度,防止在砂箱的搬运和翻转过程中型砂塌箱,延长砂箱使用期限。参照图 6.36 和表 6.19,根据砂箱内框平均尺寸,设计的砂箱箱带结构和尺寸如图 7.56 所示。

　　c.砂箱定位、紧固、搬运装置设计。

　　(a)砂箱定位装置。为防止合箱时定位方向混淆,砂箱在生产时在一侧的箱壁上铸字,

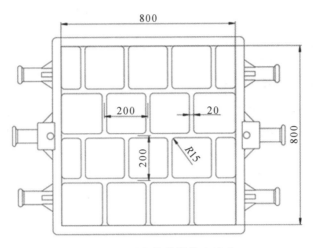

图 7.56　砂箱箱带结构和尺寸

有利于合箱时上、下箱的定位。砂箱铸字如图 7.57 所示。

图 7.57　砂箱铸字

　　除砂箱壁上的铸字外，合箱时还需要用定位销进行定位，一般在砂箱两短边的中间有两个定位箱耳，一个用于设置定位销，另一个用于设置导向销。为了防止定位箱耳上的定位孔磨损，延长砂箱的使用寿命，定位销和导向销需配合定位套和导向套使用。

　　(b)砂箱紧固装置。为防止在金属液浇注过程中发生胀箱、跑火等缺陷，上下箱间应有紧固装置。选用 U 型箱卡进行夹紧。

　　(c)砂箱搬运、翻箱装置。常用的搬运装置有手把、吊轴、插销式吊耳、吊环等，本次设计选用吊轴。最终设计出的砂箱如图 7.58 所示。

　　④ 芯盒设计。"支座"铸件只需要一个砂芯，制芯方法采用手工制芯，芯盒选用木质芯盒，芯盒的结构形式采用垂直对开式。砂芯及芯盒形状见表 7.41。

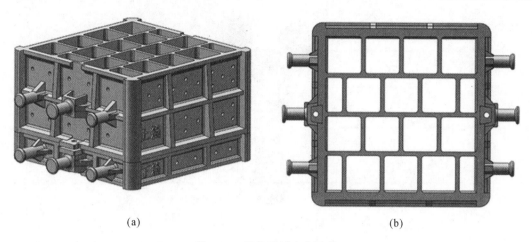

図 7.58　最终设计出的砂箱

表 7.41　砂芯及芯盒形状

砂芯编号	砂芯形状	左芯盒	右芯盒	整体芯盒
1# 砂芯		定位装置	活块	搬运装置　夹紧装置

a.芯盒定位装置。为了防止左、右芯盒在合盒时错位导致型芯尺寸偏差,进而影响铸件质量,选用定位销及定位销套作为芯盒定位装置,二者分别装配在左、右芯盒上,合盒时进行定位。定位销(套)的结构形式选用过盈配合式,定位销材质为 45 钢,硬度为 45～50 HRC。

b.芯盒夹紧装置。对开式芯盒合盒及填砂紧实时,需要用锁紧装置锁紧,否则无法完成制芯操作。在芯盒的左右两边各设计了两个蝶形螺母铰链式夹紧装置,以达到较好的紧固效果。芯盒夹紧装置如图 7.59 所示。

图 7.59　芯盒夹紧装置

　　c.芯盒搬运装置。为了便于制芯过程中芯盒的搬运、翻转和起芯,芯盒应设置搬运装置。由于本次设计的芯盒不大,因此在芯盒的左右两边设置手柄,用于芯盒的翻转和搬运。

　　⑤ 造型、下芯、合箱过程。

　　a."支座"铸件造上箱过程如图 7.60 所示。

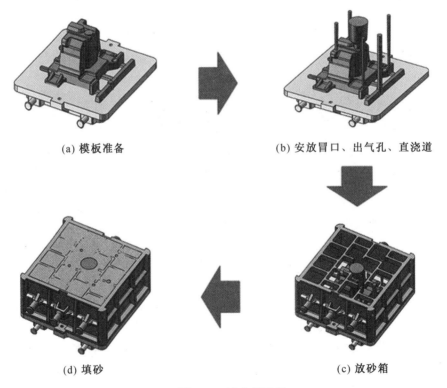

(a) 模板准备　　　　　　　　　　(b) 安放冒口、出气孔、直浇道

(d) 填砂　　　　　　　　　　　　(c) 放砂箱

图 7.60　造上箱过程

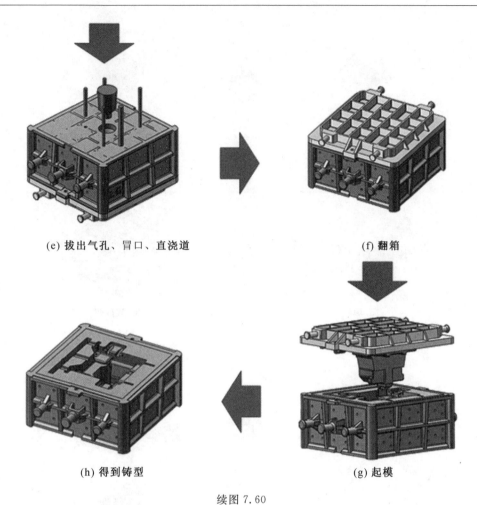

(e) 拔出气孔、冒口、直浇道　　　　　　　　　(f) 翻箱

(h) 得到铸型　　　　　　　　　　　　　　(g) 起模

续图 7.60

b. "支座"铸件造下箱过程如图 7.61 所示。

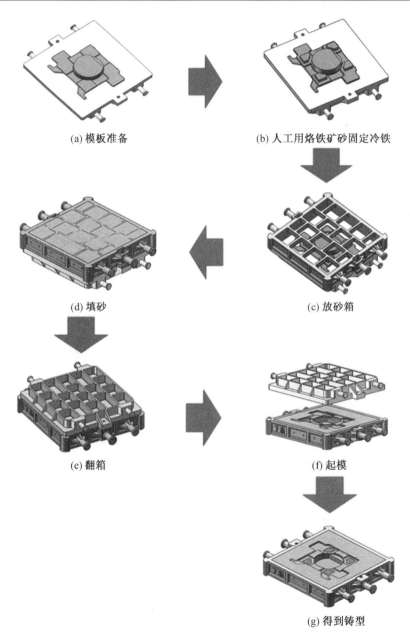

(a) 模板准备

(b) 人工用烙铁矿砂固定冷铁

(d) 填砂

(c) 放砂箱

(e) 翻箱

(f) 起模

(g) 得到铸型

图 7.61　造下箱过程

c."支座"铸件制芯过程如图 7.62 所示。

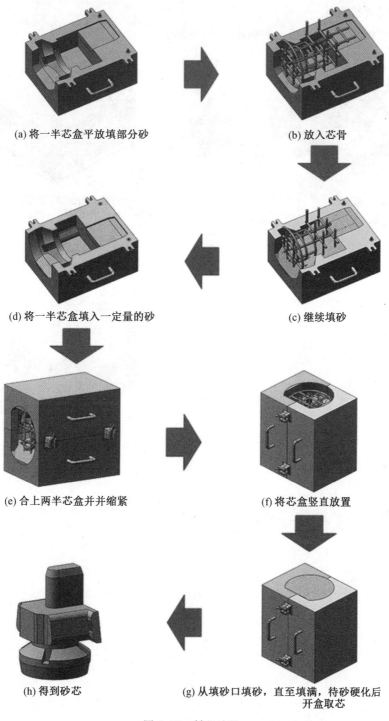

(a) 将一半芯盒平放填部分砂

(b) 放入芯骨

(d) 将一半芯盒填入一定量的砂

(c) 继续填砂

(e) 合上两半芯盒并并缩紧

(f) 将芯盒竖直放置

(h) 得到砂芯

(g) 从填砂口填砂，直至填满，待砂硬化后
开盒取芯

图 7.62   制芯过程

得到砂芯后用砂钩在对应位置处挖出吊攀，吊运至下芯位置进行下芯，下芯后再对吊攀位置处的砂芯进行修补。

d.“支座”铸件下芯、合箱过程如图 7.63 所示。

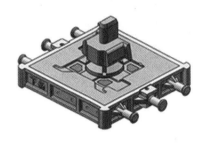

(a) 下箱下芯

(b) 上箱冒口处放陶瓷筒，周围填砂；直浇道上
放浇口杯，周围填砂

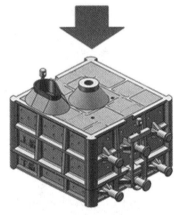

(c) 合箱，用U型箱卡锁紧，等待浇注

图 7.63　下芯、合箱过程

（6）工艺文件。

①“支座”铸件铸造工艺二维图如图 7.64 所示。

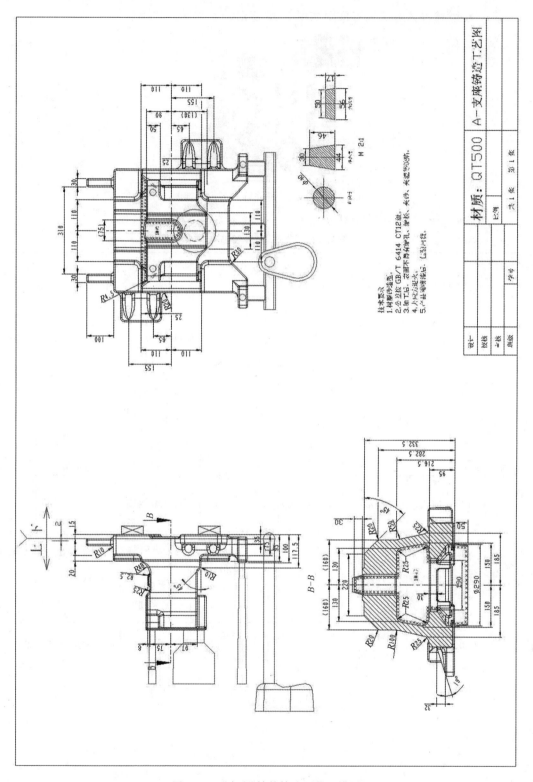

图 7.64　"支座"铸件铸造工艺二维图

②"支座"铸件铸造工艺三维图如图 7.65 所示。

图 7.65 "支座"铸件铸造工艺三维图

③"支座"铸件铸造工艺卡见表 7.42。

表 7.42 "支座"铸件铸造工艺卡

支座铸造工艺卡											
材质	QT500	浇注系统				砂型种类			收缩率/%	1.0	
净重/kg	—		形状	尺寸/mm	数量	外型	面砂	碱性酚醛树脂自硬砂	模型	种类	木模
毛重/kg	160	包孔	—	—	—		背砂	碱性酚醛树脂自硬砂		数量	2
浇冒口质量/kg	25	直浇口	圆形	φ40	1	泥芯	面砂	碱性酚醛树脂自硬砂	芯盒	种类	木芯盒
总质量/kg	185	横浇口	梯形	44×30×46	2		背砂	碱性酚醛树脂自硬砂		数量	1
收得率/%	86.4	内浇口	梯形	56×50×17	3	砂箱尺寸/mm	上:800×800×450 下:800×800×150		冷铁	种类	铸铁
										数量	4
浇注温度/℃	1 350±5	过滤网	纤维过滤网	—	—	打箱时间/h	5±1		造型方法	手工造型	

模型要求(简要对模型质量、材料、制造注意事项等提出的要求):

(1)模型材料为木材,木模各组成部分一律不得用边没皮料,工作表面和受力部分不能有节疤,木材含水量为 8%～16%。

(2)木模的中心距公差、配合尺寸公差、壁厚尺寸公差、平面度公差要满足要求。

(3)木模的起模斜度按铸造工艺图上的斜度进行设置。

(4)木模的工作表面必须涂刷两层硝基漆,涂刷油漆前要用腻子嵌平、磨光,保证油漆层光滑,并具有一定的强度和硬度。

造型操作要求(对造型操作过程、质量、材料、安全、注意事项等进行描述):

(1)造型底板应放平稳和清理干净并擦净模样上的黏砂。

(2)对浇冒口处用手工适当捣实,拔出浇口模样后用手拍实,防止浇注冲砂。

(3)起上型要平稳,起出的砂型要干净、整齐,使用压缩空气清理型腔内的落砂。喷刷涂料,点火烘烤。

(4)起模要平稳,不要塌砂,起出的模样或模板要擦净,待反复使用。

(5)起模后检查型腔各部位紧实度是否符合要求。如有局部松散、缺角,需用同类型砂填补修整。

清理技术要求(对清理操作过程、质量、温度、安全、注意事项等进行描述):

(1)铸件浇注后 5 h,敲击型砂,使铸件从砂箱中脱落,铸件内、外表面所有黏附的型、芯砂应清理干净。

(2)铸件表面有严重缺陷报废的产品,将砂清掉单独和浇品存放一起用做机铁。

(3)经清砂的铸件,用氧乙炔火焰切割去浇冒口。

(4)打磨除去铸件的飞翅、毛刺。

(5)铸件清理完毕,将工作现场打扫干净

浇注方案(对浇注操作过程、温度、安全、注意事项等进行描述):

(1)浇注温度按产品工艺要求严格控制在 1 350 ℃左右。

(2)采用转包浇注,包嘴离浇口杯的高度一般控制在 150～200 mm。

(3)浇注时浇口杯应保持常满,正常情况下浇注不应中断。浇注时浇口杯内不得产生旋涡、飞溅和外溢。

(4)浇包应经常保持清洁完整,如损坏或结渣太多则应修好和清理干净后继续使用。浇注后剩余的铁水或温度太低不能浇成的铁水倒回推包,由推包推到低温铁砂模处浇成铁锭做压铁使用。

(5)浇注后打箱不得小于 5 h。

(6)浇注后如有跑铁水现象,则立即用砂将跑铁水处堵住,将由铁水引燃的托板压灭。

7.3　铸钢件工艺设计案例分析

　　以行星架零件为例进行铸造工艺及工装设计。行星架零件材质为 ZG35CrMo,质量为 1 300 kg,要求采用砂型铸造工艺,生产批量为单件、小批量生产。行星架零件图如图 7.66 所示。

　　(1) 零件的特点及铸造工艺性分析。

　　① 零件结构及特点分析。

　　a.零件结构分析。行星架零件属于圆盘类,结构关于轴心对称,零件主要特征及参数见表 7.43。

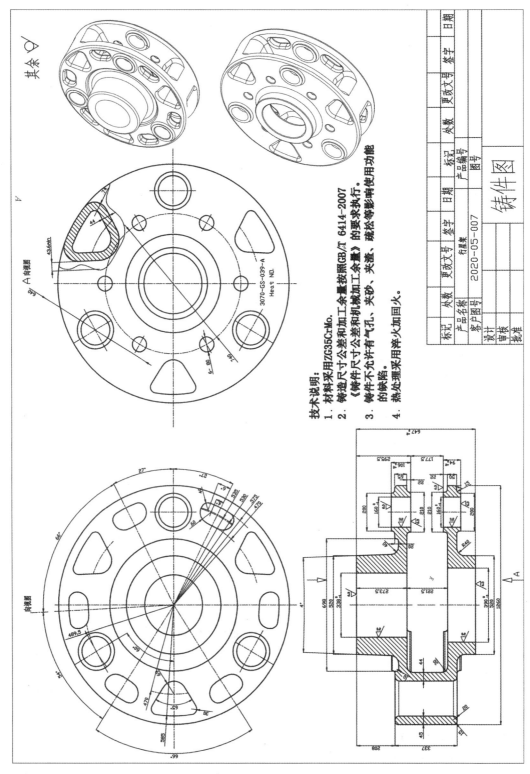

图 7.66 行星架零件图

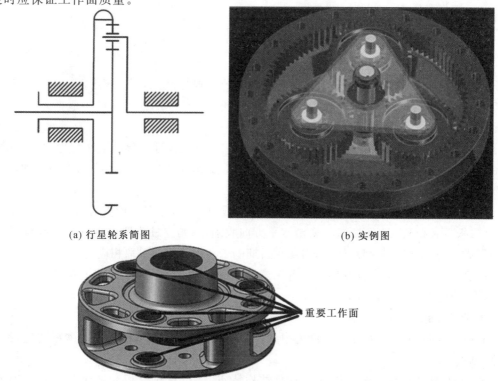

表 7.43　零件主要特征及参数

特征	参数
零件的轮廓尺寸	$\phi 1\ 260\ mm \times 647\ mm$
最大壁厚	91 mm
最小壁厚	44 mm
最大孔径	$\phi 390\ mm$
最小孔径	$\phi 80\ mm$
零件质量	1 300 kg

b. 技术要求。根据零件图可知,行星架零件的技术要求是:

(a)材料采用 ZG35CrMo。

(b)铸造尺寸公差和加工余量按照《铸件　尺寸公差、几何公差与机械加工余量》(GB/T 6414—2017)的要求执行。

(c)铸件不允许有气孔、夹砂、夹渣、疏松等影响使用功能的缺陷。

(d)热处理采用淬火加回火。

② 零件用途。行星架在行星轮系中起着重要的连接和支撑作用。行星轮通过轴承与行星架装配,太阳轮通过花键与行星架连接,行星架起着传力和运动的重要作用,主要承受外力矩。行星轮系简图、实例图及行星架重要工作面分别如图 7.67(a)、图 7.67(b)和图 7.67(c)所示,图 7.67(c)中红色部位是行星架的重要工作面,后期在进行铸造工艺方案确定时应保证工作面质量。

(a) 行星轮系简图　　　　　　　　　　　　　　(b) 实例图

(c) 行星架重要工作面位置

图 7.67　行星架

③ 零件材质特点。行星架零件材质牌号为 ZG35CrMo。铸钢的熔点高,浇铸温度高,钢液对砂型的热作用大且冷却快,钢液容易氧化,流动性差,体收缩和线收缩都较大,综合机械性能高,抗压和抗拉强度相等,吸震性差,缺口敏感性大。铸件允许最小壁厚比灰铸铁要厚,不易铸出复杂件,铸件内应力大,易挠曲变形。铸件结构应尽量减少热节点,并创造顺序凝固的条件。相连壁的圆角和不同壁的过渡段要比灰铸铁大些。ZG35CrMo 的化学成分和力学性能见表 7.44 和表 7.45。

表 7.44　ZG35CrMo 化学成分

合金牌号	质量分数/%						
	C	Si	Mn	S	P	Cr	Mo
ZG35CrMo	0.30~0.37	0.30~0.50	0.50~0.80	≤0.035		0.80~1.20	0.20~0.30

表 7.45　ZG35CrMo 力学性能

合金牌号	热处理方式	力学性能			
		屈服点 σ_s/MPa	抗拉强度 σ_b/MPa	伸长率 δ_s/%	冲击性能 A_k/J
ZG35CrMo	调质	510	740~880	12	≥27

④ 零件的铸造工艺性分析。

行星架零件轮廓尺寸为 ϕ1 260 mm×647 mm,根据文献,最大轮廓尺寸为 1 250~2 000 mm,材质为低合金钢,故铸件允许的最小壁厚为 20 mm,该零件最小壁厚为 44 mm,满足铸件最小允许壁厚要求。

铸件的临界壁厚可用该零件的最小壁厚的三倍来确定,行星架的最小壁厚是 44 mm,故临界壁厚是 132 mm,而行星架的最大壁厚是 91 mm,小于临界壁厚,满足铸件的临界壁厚要求。

行星架轮毂较厚且辐板较薄,相交部位易形成热节,因此需要设置冒口。三角立柱与上、下辐板垂直相交,上、下辐板主要沿水平方向收缩,三角立柱主要沿垂直方向收缩,凝固后易形成应力,集中产生裂纹缺陷,因此在后期的工艺设计时应采取相应的工艺措施。

通过以上对行星架零件结构的铸造工艺性分析可知,其满足铸造工艺性要求。

(2) 铸造工艺方案的确定。

① 造型、制芯材料及方法。

a.造型、制芯方法。行星架零件为中型件,单件、小批量生产,因此采用砂型铸造,手工造型、制芯。

b.造型、制芯材料。根据铸件材质及结构特点,通过对比分析酯硬化改性水玻璃砂、CO_2硬化的普通水玻璃砂和呋喃树脂自硬砂的优、缺点,最终选用酯硬化改性水玻璃砂造型、制芯,其配比见表 7.46。

表 7.46　酯硬化改性水玻璃砂配比　　　　　　　　单位:%

原砂	水玻璃	有机酯
石英砂	2.0~2.2(占砂量)	12±0.5(占水玻璃量)

c.涂料的选择。选用较适用于酯硬化水玻璃砂的醇基快干涂料,其配比见表 7.47。

表 7.47　醇基快干涂料　　　　　　　　单位:%

锆英粉	锂膨润土	PVB	酚醛树脂	乙醇
100	4~8	0~0.2	2~4	适量

② 浇注位置的确定。选择了三种较为合适的行星架铸件的浇注位置进行对比分析,见表 7.48。

表 7.48　浇注位置对比

方案	浇铸位置图示	分析
一	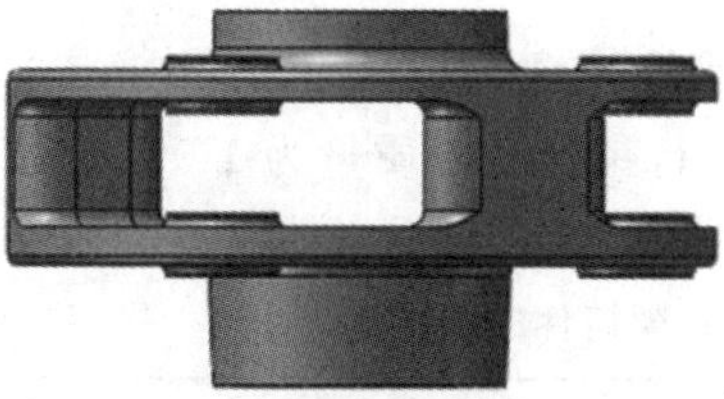	优点:①重要加工面呈直立状态。②便于安放冒口。 缺点:厚大部位在下,不利于顺序凝固
二	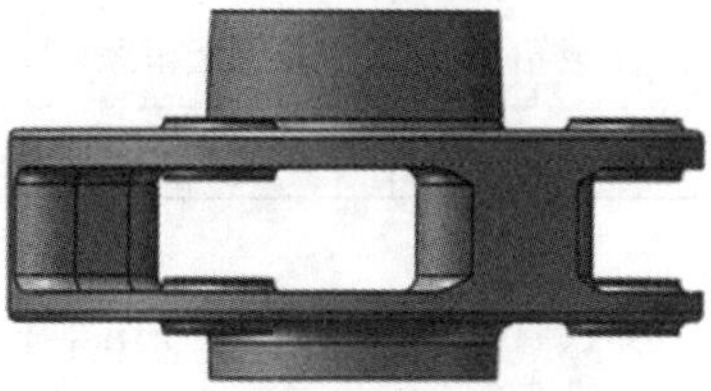	优点:①重要加工面呈直立状态。②便于安放冒口。③厚大部位在上,有利于顺序凝固
三	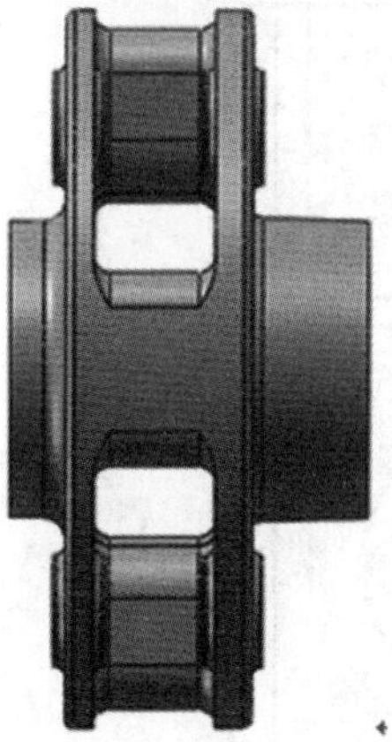	优点:辐板较大且壁薄呈直立状态,可保证金属液的填充。 缺点:①铸件上下两侧质量不均。②拔模时凸台存在挡砂问题。③安放冒口不便
结论		选择方案二

③ 分型面的选择。在确定的浇注位置下选择两种较为合适的分型方案进行对比分析，见表 7.49。

表 7.49　分型方案对比

方案	分型面图示	分析
一		优点:分型面不经过重要的工作面。 缺点:①上砂箱过高。 ②合箱时易损坏砂芯
二		优点:①铸件大部分位于下箱。 ②砂箱不至于过高。 ③便于合箱
结论	选择方案二	

④ 砂箱内铸件数目与排列。行星架零件轮廓尺寸为 $\phi1\ 260$ mm$\times647$ mm,质量为 1 300 kg,属于中型铸件,一箱放一个铸件。行星架铸件质量为 1 001～2 000 kg,查表 2.5,按铸件质量确定行星架铸件的吃砂量,见表 7.50。

表 7.50　行星架铸件的吃砂量　　　　　　　　　　　单位:mm

铸件质量 /kg	a（上吃砂量）	b（下吃砂量）	c（模样至箱壁）	d（浇道至箱壁）	f（浇道至模样）
1 001～2 000	200	200	100	100	150

初步确定砂箱尺寸为上箱:1 800 mm$\times$1 700 mm$\times$600 mm,下箱:1 800 mm$\times$1 700 mm$\times$600 mm。行星架铸件砂箱布局如图 7.68 所示。

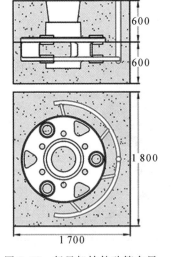

图 7.68　行星架铸件砂箱布局

⑤铸造工艺参数的确定。根据技术要求,铸造尺寸公差和加工余量按照《铸件　尺寸公差、几何公差与机械加工余量》的要求执行。

a.铸件尺寸公差。根据表 2.11,砂型铸造手工造型,造型材料为化学黏结剂砂的铸钢件尺寸公差等级为 DCTG12～14,故取行星架铸件的尺寸公差等级为 DCTG13,即 GB/T 6414－DCTG13。查表 2.9,铸件尺寸公差数值见表 7.51。

表 7.51　铸件尺寸公差数值

公称尺寸/mm	铸件尺寸公差等级	铸件尺寸公差数值/mm
630～1 000	DCTG13	16
1 000～1 600		18

行星架零件轮廓尺寸为 ϕ1 260 mm×647 mm,故铸件高度方向尺寸公差数值为 16 mm,铸件径向方向尺寸公差数值为 18 mm。

b.铸件重量公差。铸件重量公差等级与铸件尺寸公差等级应对应选取,故选取行星架重量公差等级为 MT13,行星架零件的公称质量为 1 300 kg,其铸件质量为 1 000～4 000 kg,查表 2.12 得,该铸件重量公差数值为 10%。

c.机械加工余量。据铸件技术要求,铸造加工余量按照《铸件　尺寸公差、几何公差与机械加工余量》执行,由表 2.14 可知,砂型铸造手工造型铸钢件的机械加工余量等级为 G～J。根据铸件的浇注位置,对铸件不同部位设置不同的加工余量等级,其浇注位置的上表面、铸出孔需要设置更大的加工余量,因此可以选择高一级的加工余量等级。故行星架铸件上端面、孔内表面、空腔内面的机械加工余量等级设置为 J 级,铸件下端面设置为 G 级。

行星架铸件的最大轮廓尺寸为 1 000～1 600 mm,查表 2.13 得,行星架铸件机械加工位置及加工余量值见表 7.52。

表 7.52　机械加工位置及加工余量值

加工面位置示意图	机械加工位置	加工余量等级	机械加工余量/mm
	铸件上端面、孔内表面、空腔内面	J	11
	铸件下端面	G	6

注:加工余量的数值要圆整,尽量不要有小数。

d.铸造收缩率。行星架铸件砂芯较多,结构较为复杂,可视为受阻收缩。因选择酯硬化改性水玻璃砂造型、制芯,退让性较好,铸件收缩率应选择偏大的数值,查文献取收缩率为1.5%。

e.起模斜度。根据文献得,自硬砂造型时,木模样外表面的起模斜度值及行星架铸件需要设计起模斜度位置,起模斜度位置及数值如图7.69所示。

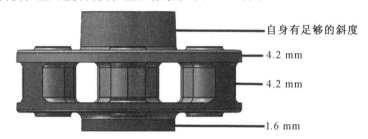

自身有足够的斜度

4.2 mm

4.2 mm

1.6 mm

图7.69 起模斜度位置及数值

f.最小铸出孔。行星架上的最小孔为 $\phi80$ mm,该孔上无加工符号,根据表2.18中铸钢件最小铸出孔的规定,该件上的所有孔均铸出。

g.分型负数。由于行星架的模样分为了上、下两半且不对称,为了保证铸件尺寸符合图样要求,在上模样上取分型负数 $a=1.5$ mm。

⑥ 砂芯设计。

a.砂芯设计方案。根据行星架铸件结构设计两类砂芯,均采用酯硬化改性水玻璃砂制芯。中间型腔由于尺寸太大,为方便制芯及下芯采取分块制造方式,编号为 $1^{\#}$ 和 $2^{\#}$。三个三角孔需要三个砂芯,这三个砂芯的形状、尺寸相同,统一编号为 $3^{\#}$。$1^{\#}$、$2^{\#}$、$3^{\#}$ 砂芯均为垂直砂芯,且下芯顺序为 $1^{\#}$、$2^{\#}$、$3^{\#}$。砂芯位置示意图如图7.70所示。

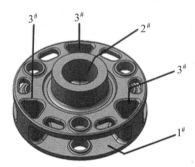

$3^{\#}$ $3^{\#}$ $2^{\#}$ $3^{\#}$ $1^{\#}$

图7.70 砂芯位置示意图

b.芯头设计。根据行星架的结构,$1^{\#}$ 砂芯只设计下芯头不设计上芯头,$2^{\#}$ 砂芯只设计上芯头不设计下芯头,$3^{\#}$ 砂芯设计了上、下芯头。根据砂芯的尺寸查表2.26、表2.28和表2.30得,三类砂芯的芯头参数见表7.53。砂芯形状及砂芯装配如图7.71所示。

表 7.53　芯头参数　　　　　　　　单位:mm

编号		h_1	h	S	a	
					上芯头	下芯头
1#	中心孔	—	60	1.5	—	5
	$\phi160$ 孔	—	50	0.75	—	4
2#	中心孔	35	—	1.5	11	—
	$\phi160$ 孔	30	—	0.75	9	—
3#	三角孔	30	50	0.75	9	4

注:h_1—上芯头高度;h—下芯头高度;S—垂直芯头与芯座之间的间隙;a—垂直芯头的斜度。

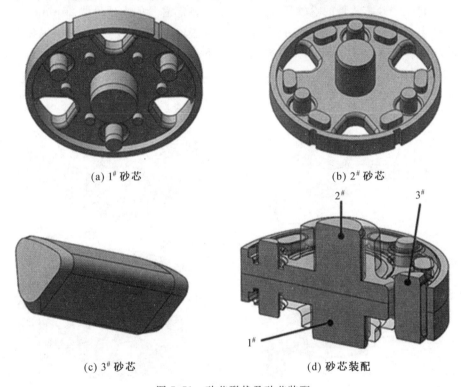

(a) 1# 砂芯　　　　　　　　　　　(b) 2# 砂芯

(c) 3# 砂芯　　　　　　　　　　　(d) 砂芯装配

图 7.71　砂芯形状及砂芯装配

　　c.砂芯的定位。铸件结构不允许 1# 砂芯与 2# 砂芯相对转动,为定位准确,在 1# 砂芯与 2# 砂芯相对位置设计半圆槽及方槽。1# 砂芯与 2# 砂芯定位结构布置示意图如图 7.72 所示。

　　3# 砂型用于形成三角形孔,3# 砂芯不允许绕垂直轴旋转,为方便制芯,将 3# 砂芯上、下芯头设计为三角形。

　　d.芯骨设计。生产中通常在砂芯中埋置芯骨,以提高其强度和刚度。在行星架的砂芯设计中,砂芯芯骨选取直径为 $\phi10$ mm 的圆钢焊接而成。芯骨做成可拆式,便于从铸件中取出。制芯时,先在芯盒内填入和舂实相应吃砂量的一层砂后再放入芯骨,芯骨在放入芯盒中时要用水玻璃提前润湿。

　　设计芯骨时不应阻碍铸件的收缩,因此芯骨要有适当的吃砂量。根据 1#、2# 砂芯尺寸

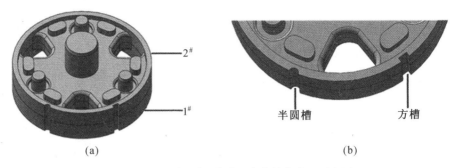

图 7.72　1♯砂芯与 2♯砂芯定位结构布置示意图

为(500 mm×500 mm)～(1 000 mm×1 000 mm),3♯砂芯尺寸小于 300 mm×300 mm,查表 2.34 得,1♯、2♯砂芯芯骨的吃砂量取 30 mm,3♯砂芯芯骨的吃砂量取 20 mm。

为了在生产过程中方便搬运和下芯,1♯、2♯砂芯较大,需要设置吊攀,根据砂芯尺寸查表 2.33,取吊攀直径为 10 mm。3♯砂芯尺寸小,下芯时人工搬运即可。砂芯芯骨结构及装配如图 7.73 所示。

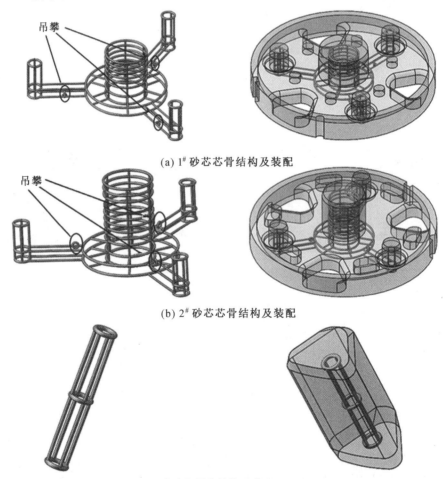

(a) 1# 砂芯芯骨结构及装配

(b) 2# 砂芯芯骨结构及装配

(c) 3# 砂芯芯骨结构及装配

图 7.73　砂芯芯骨结构及装配

e.砂芯排气。采用在砂芯与砂型接触面上、下芯头处设排气孔等方式排出砂芯中的气体,此外,还可以用排气绳或草绳绕芯骨等方法辅助排气。砂芯排气示意图如图 7.74 所示。

（a）排气绳或草绳绕芯骨

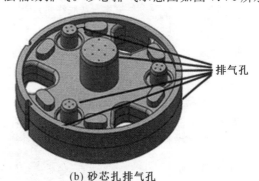

排气孔

（b）砂芯扎排气孔

图 7.74　砂芯排气示意图

（3）浇、冒系统设计。

① 浇注系统的类型选择。根据铸钢件浇注系统的特点和设计铸钢件浇注系统的基本原则,选取底注包浇注行星架铸件,采用开放式浇注系统,取各组元截面积的比例为

$$\sum F_{包}：\sum F_{直}：\sum F_{横}：\sum F_{内}=1.0：2.0：2.2：2.4。$$

② 浇注系统中各组元的布置及数目。行星架铸件属于中型件,单件、小批量生产,所以选择一箱一件进行铸造。考虑两种金属液引入位置的方案。方案一,底注式浇注系统,设置 1 个直浇道、2 个横浇道、4 个内浇道;方案二,阶梯式浇注系统,设置 1 个直浇道,上层 2 个横浇道、4 个内浇道,下层 2 个横浇道、4 个内浇道。两种方案的浇注系统均采用预埋圆形陶瓷管,其布置及结构见表 7.54。

③ 浇注系统的计算。采用钢液上升速度计算法计算行星架用底注包浇注时的浇注系统尺寸。钢液上升速度是否合适是能否获得优质铸钢件的重要因素之一。在浇注过程中应使钢液平稳而又快速地充满铸型。

a.首先根据铸件质量、结构等因素确定铸件所要求的适宜的钢水液面在型腔中的上升速度。

通过计算可知行星架铸件质量为 1 557 kg,且属于中等复杂铸件,查表 3.12 得钢液在型腔中的最小允许上升速度为 20 mm/s。

b.然后再根据选用的包孔尺寸计算出铸件的浇注时间。

首先试选直径为 $\phi45$ mm 的包孔,查表 3.13 得浇注质量速度 $v_{包}=42$ kg/s。选用一个浇包,包孔数为 1,由式（3.17）计算浇注时间

$$\tau=\frac{G}{Nn\,v_{包}}=\frac{1\,557}{42}=37\;(s)$$

c.根据铸件高度和浇注时间计算钢水液面在型腔中的上升速度,并将计算结果与确定的适宜钢水液面在型腔中的上升速度（参考表 3.12 中的数据）进行比较来验证。

表 7.54　底注式和阶梯式浇注系统布置及结构

类型	方案一（底注式）	方案二（阶梯式）
浇注系统布置	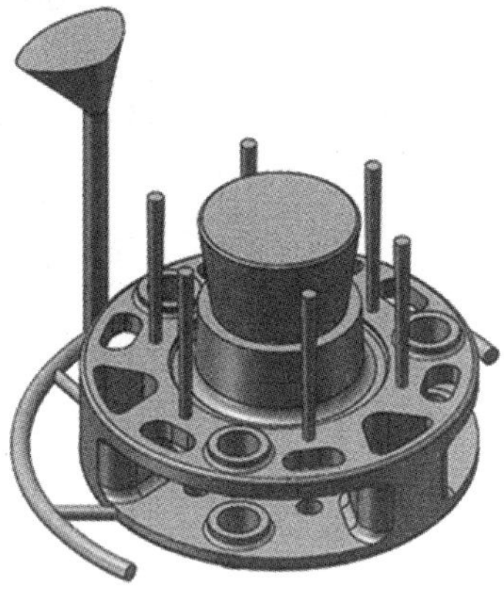	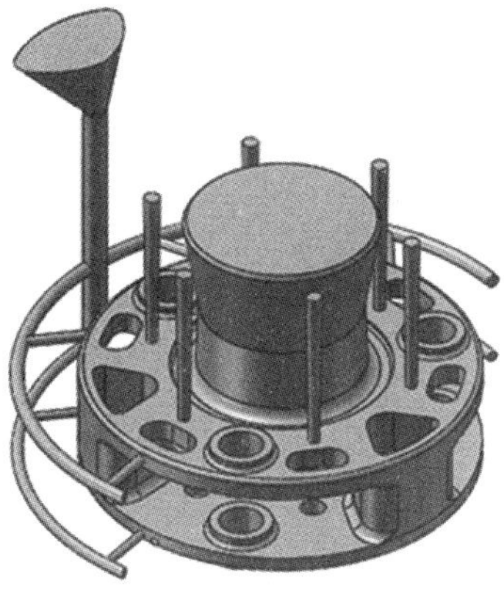
浇注系统结构	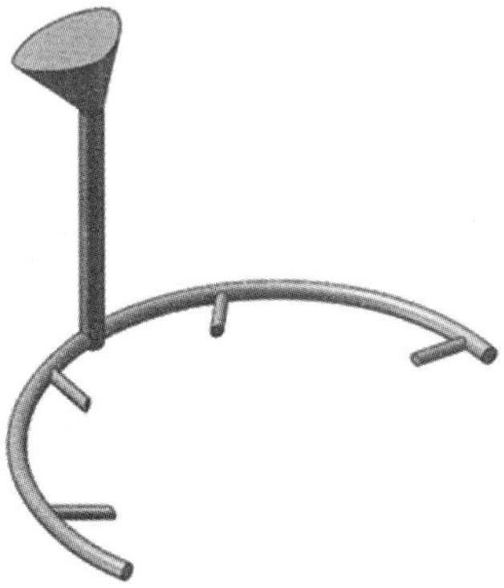	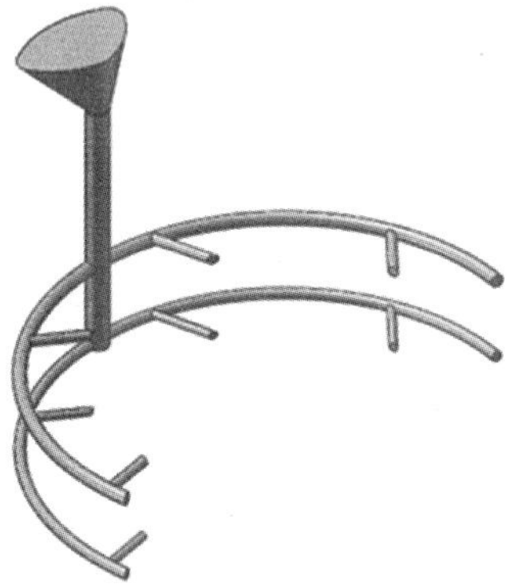

按浇注时的位置，行星架铸件最低点到最高点的距离为 664 mm（包括上、下面的加工余量）。由式(3.18)可计算出钢水液面在型腔中的上升速度为

$$v_L = \frac{C}{\tau} = \frac{664}{37} = 17.9 \text{（mm/s）}$$

计算结果表明，上升速度不满足要求。

再选 ϕ50 mm 包孔，这时 $v_{包} = 55$ kg/s，由式(3.17)计算浇注时间

$$\tau = \frac{G}{N n\, v_{包}} = \frac{1\,557}{55} = 28 \text{（s）}$$

再计算上升速度

$$v_L = \frac{C}{\tau} = \frac{664}{28} = 23.7 \text{（mm/s）}$$

参考表 3.12 中的数据可知其满足要求。确定选包孔直径为 ϕ50 mm。

d. 用钢液上升速度计算浇注系统尺寸时，阻流截面是包孔，选定了包孔尺寸后，再根据选定的浇注系统各组元截面积比，确定其他组元截面积及尺寸。

选定的包孔直径为 ϕ50 mm，所以包孔总截面积为 $\sum F_{包} = \dfrac{\pi \times 50^2}{4} = 1\,963 \text{（mm）}^2$。

$$\sum F_{\text{直}} = 2\sum F_{\text{包}} = 2 \times 1\ 963 = 3\ 926\ (\text{mm})^2, \quad \sum F_{\text{横}} = 2.2\sum F_{\text{包}} = 2.2 \times 1\ 963 =$$

$$4\ 319\ (\text{mm})^2, \quad \sum F_{\text{内}} = 2.4\sum F_{\text{包}} = 2.4 \times 1\ 963 = 4\ 711\ (\text{mm})^2 。$$

方案一:底注式浇注系统,设置 1 个直浇道、2 个横浇道、4 个内浇道。故

$F_{\text{直}} = 3\ 926\ \text{mm}^2$,取 $d_{\text{直}} = 75\ \text{mm}$。

$F_{\text{横}} = 2\ 160\ \text{mm}^2$,取 $d_{\text{横}} = 55\ \text{mm}$。

$F_{\text{内}} = 1\ 178\ \text{mm}^2$,取 $d_{\text{内}} = 40\ \text{mm}$。

行星架铸件底注式浇注系统各组元截面形状和尺寸如图 7.75 所示。

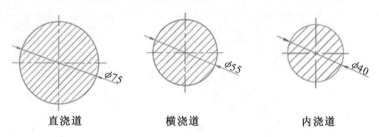

直浇道　　　　　　　横浇道　　　　　　　内浇道

图 7.75　底注式浇注系统各组元截面形状和尺寸

方案二:阶梯式浇注系统,设置 1 个直浇道,上层 2 个横浇道、4 个内浇道,下层 2 个横浇道、4 个内浇道。

$$\sum F_{\text{横上层}} : \sum F_{\text{横底层}} = 1.5 : 1,\ 则 \sum F_{\text{横上层}} = 2\ 592\ \text{mm}^2,\ \sum F_{\text{横底层}} = 1\ 728\ \text{mm}^2。$$

$$\sum F_{\text{内上层}} : \sum F_{\text{内底层}} = 1.5 : 1,\ 则 \sum F_{\text{内上层}} = 2\ 826\ \text{mm}^2,\ \sum F_{\text{内底层}} = 1\ 884\ \text{mm}^2。$$

$$F_{\text{直}} = \sum F_{\text{直}} = 3\ 926\ \text{mm}^2,\ 取\ d_{\text{直}} = 75\ \text{mm}。$$

$$F_{\text{横上层}} = \frac{\sum F_{\text{横上层}}}{2} = 1\ 296\ \text{mm}^2,\ 取\ d_{\text{横上层}} = 42\ \text{mm}。$$

$$F_{\text{内上层}} = \frac{\sum F_{\text{内上层}}}{4} = 707\ \text{mm}^2,\ 取\ d_{\text{内上层}} = 31\ \text{mm}。$$

$$F_{\text{横底层}} = \frac{\sum F_{\text{横底层}}}{2} = 864\ \text{mm}^2,\ 取\ d_{\text{横底层}} = 34\ \text{mm}。$$

$$F_{\text{内底层}} = \frac{\sum F_{\text{内底层}}}{4} = 471\ \text{mm}^2,\ 取\ d_{\text{内底层}} = 25\ \text{mm}。$$

行星架铸件阶梯式浇注系统各组元截面形状和尺寸见表 7.55。

表 7.55　阶梯式浇注系统各组元截面形状和尺寸　　　　　单位:mm

类型	形状
直浇道	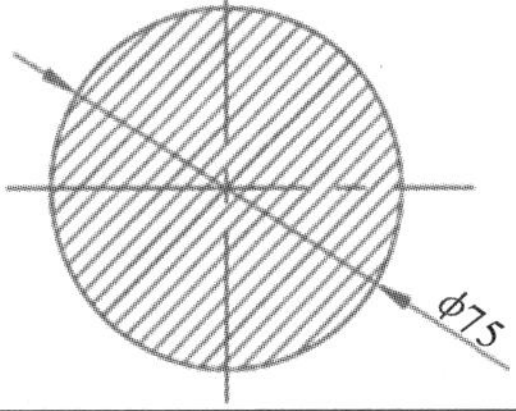 $\phi 75$
横浇道	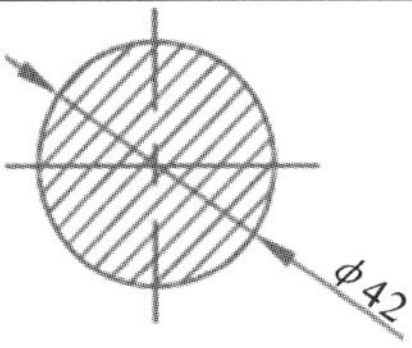 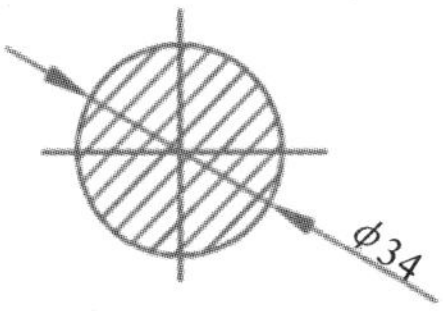 $\phi 42$（上层）　　$\phi 34$（下层）
内浇道	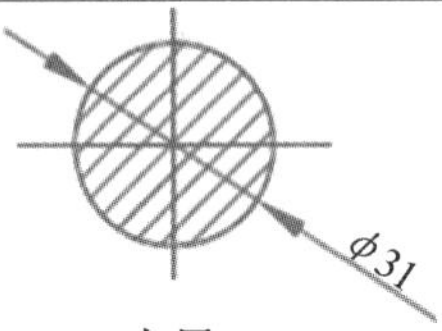 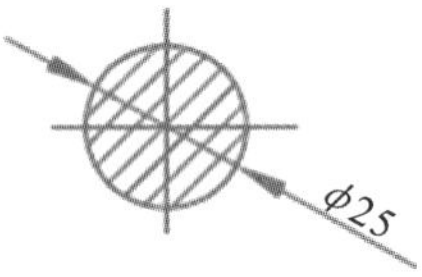 $\phi 31$（上层）　　$\phi 25$（下层）

④ 浇口窝及浇口杯设计。

a.浇口窝设计。金属液流入直浇道底部速度达到最大,到达直浇道尽头后流入横浇道。直浇道与横浇道交接处有很急的转角,这会导致在金属液由直浇道流向横浇道时紊流和搅动加剧,为了减少液流的冲击,一般应在直浇道底部设置浇口窝,浇口窝的直径应为直浇道底部直径的 2～2.5 倍,其深度不小于横浇道的深度。设计的浇口窝尺寸见表 7.56。

表 7.56　浇口窝尺寸　　　　　单位:mm

方案	直浇道直径	浇口窝直径	横浇道深度	浇口窝深度
方案一底注式	75	160	55	60
方案二阶梯式	75	160	34(底层)	40

b.浇口杯设计。选用普通三角形浇口杯,参考文献设计的浇口杯尺寸及结构如图 7.76 所示。

⑤ 冒口设计。行星架铸钢件设置了一个明顶冒口。冒口之下设置补贴造成向冒口方向的顺序凝固,以增加冒口的补缩距离,本次补贴设计采用轮缘补贴的扩大法,用作图法确定补贴尺寸。设计的明冒口结构和尺寸如图 7.77 所示。

⑥ 出气孔设计。行星架铸件的出气孔设置在上辐板上表面上,选择圆形的直接出气孔。直接出气孔截面尺寸不宜过大,其底部尺寸一般等于铸件该处壁厚的 1/2～3/4。故设计的出气孔底部尺寸取 $\phi 35$ mm。为保证出气孔能顺畅地排出型腔中的气体,出气孔根部总截面积应大于或等于内浇道总截面积。内浇道总截面积为 4 711 mm²,因此最少设置 5

个出气孔,本次设置 6 个出气孔。出气孔布置形式如图 7.78 所示。

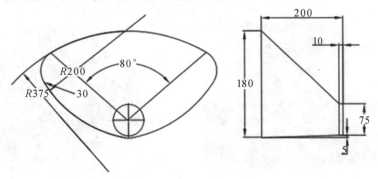

图 7.76　浇口杯结构及尺寸

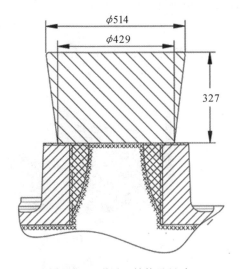

图 7.77　明冒口结构及尺寸

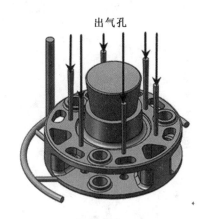

图 7.78　出气孔布置形式

(4)铸造工艺模拟分析及方案优化。

采用 ProCAST 铸件成型过程数值仿真模拟软件对行星架铸件砂型铸造充型过程的速度场、凝固过程的温度场和凝固场及最终缺陷产生进行模拟,对模拟结果进行分析,实现优化工艺的目的。

① 模拟参数设定。在进行浇注模拟时,主要参数包含了浇注温度、浇注时间、浇注材料及各种材料间的换热系数。模拟中浇注温度为 1 560 ℃,浇注时间为 28 s,铸件材料为 ZG35CrMo,砂型为酯硬化水玻璃砂。各种类型接触面换热系数如下:

a.浇注温度:1 560 ℃。

b.浇注时间:28 s。

c.砂初始温度:23 ℃。

d.与型砂的热交换系数:$K = 500$ W/(m² · K)。

e.热冒口与型砂换热系数:$K = 100$ W/(m² · K)。

② 模型导入及网格划分。采用 Solid Works 三维建模软件进行行星架铸件三维实体的绘制,再导入 ProCAST 中 mesh 部分进行网格划分。行星架浇注系统方案一(底注式)和方

案二(阶梯式)的三维模型网格划分如图 7.79 所示。

(a)方案一（底注式）　　　　　　　　　　(b)方案二（阶梯式）

图 7.79　三维模型网格划分

③ 模拟结果及分析。

a.充型速度场分析。方案一,底注式浇注系统充型过程如图 7.80 所示。

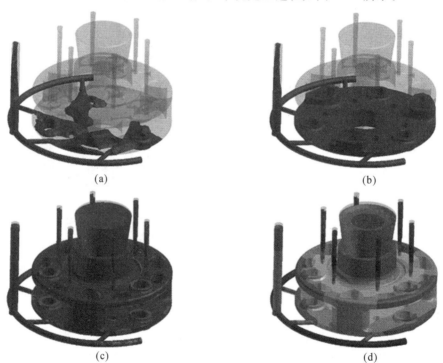

(a)　　　　　　　　　　　　　　　(b)

(c)　　　　　　　　　　　　　　　(d)

图 7.80　底注式浇注系统充型过程

方案二,阶梯式浇注系统充型过程如图 7.81 所示。

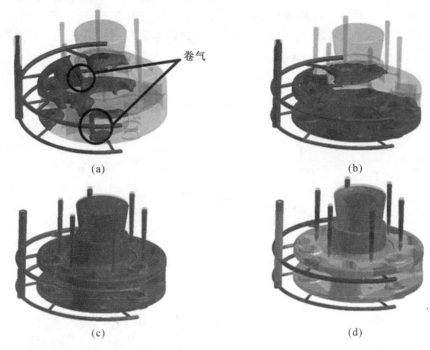

图 7.81　阶梯式浇注系统充型过程

对比方案一和方案二。底注式的引入位置充型时间为 27.2 s,阶梯式的引入位置充型时间为 27.8 s,均与理论计算出的时间相近。两种浇注系统的设计都可使铸件遵循顺序凝固的原则。底注式的引入位置,金属液由下而上充满型腔;阶梯式的引入位置,在型腔内的金属液还未到达上层内浇道的位置时,金属液便从上层内浇道流入型腔。阶梯式的引入位置相对于底注式的引入位置充型不平稳,易卷气。

b.凝固缺陷分析。利用 ProCAST 软件对浇注后铸件缩孔、缩松缺陷进行分析,如图 7.82所示。

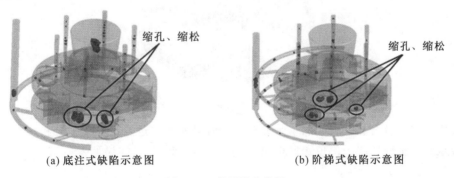

图 7.82　凝固缺陷分析

对比分析方案一和方案二。底注式的引入位置与阶梯式的引入位置铸件的缩孔、缩松均出现在下层辐板与轮缘的交接位置,但阶梯式的引入位置相对于底注式的引入位置,缩孔、缩松出现的位置更多、更分散,缺陷分布面积也更大。综合考虑充型过程、缺陷的分布、大小,以及造型与清理是否方便,选择方案一底注式浇注系统进行工艺优化。

④ 铸造工艺方案优化。

a.暗发热冒口设计。从模拟结果来看,铸件下辐板与轮毂交接部位产生缩孔、缩松。由于上层明冒口无法补缩下层轮毂,因此将下层轮毂的中间孔做成盲孔,并设计暗发热冒口。暗发热冒口布置形式如图 7.83 所示,发热套结构和尺寸如图 7.84 所示,发热套与砂芯装配如图 7.85 所示。

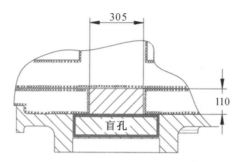

图 7.83　暗发热冒口布置形式

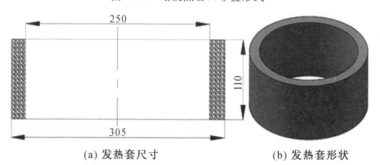

(a) 发热套尺寸　　　　　　　(b) 发热套形状

图 7.84　发热套结构和尺寸

图 7.85　发热套与砂芯装配

b.优化结果及分析。在增加了暗发热冒口后对方案一进行优化模拟分析,对于优化后的结果在原来出现缺陷的部位选择相同步数进行切片对比,其结果见表 7.57。

表 7.57　优化结果对比

类型	优化前	优化后
正视图	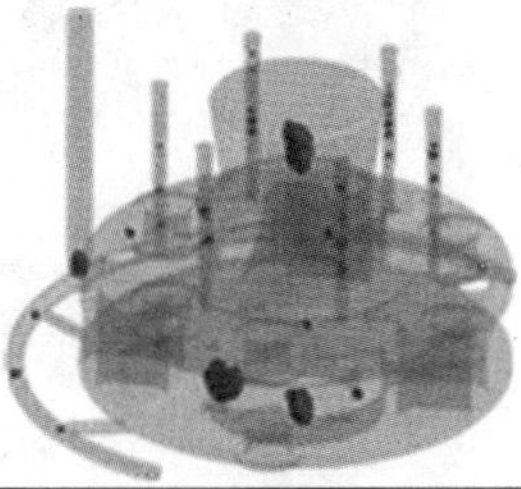	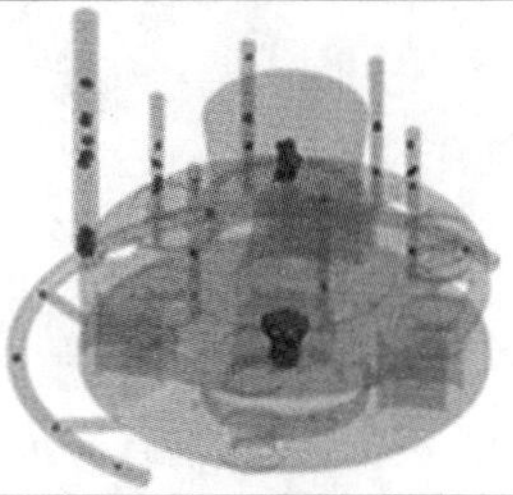
俯视图	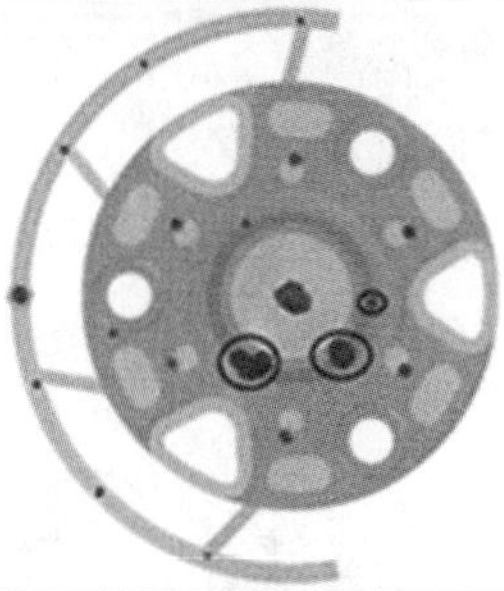	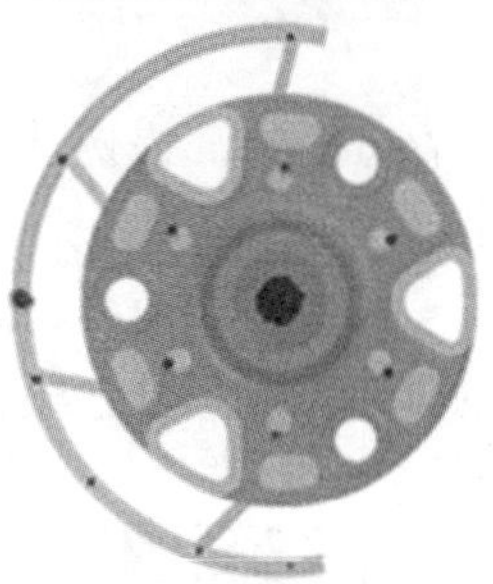
XY 方向切片	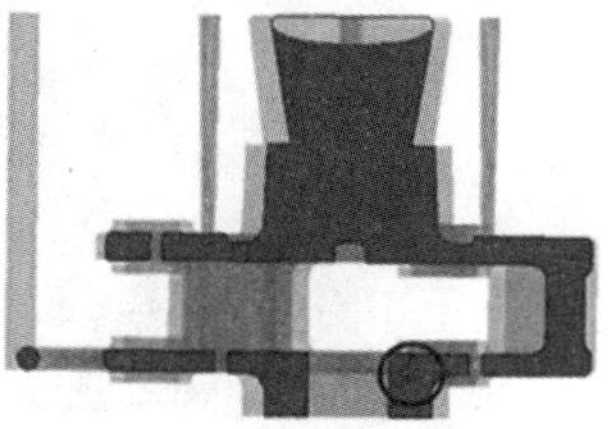	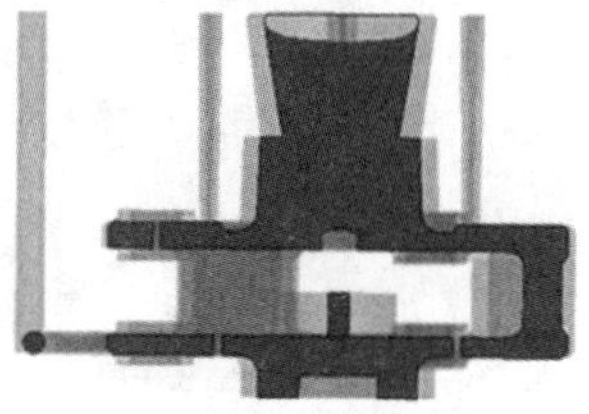

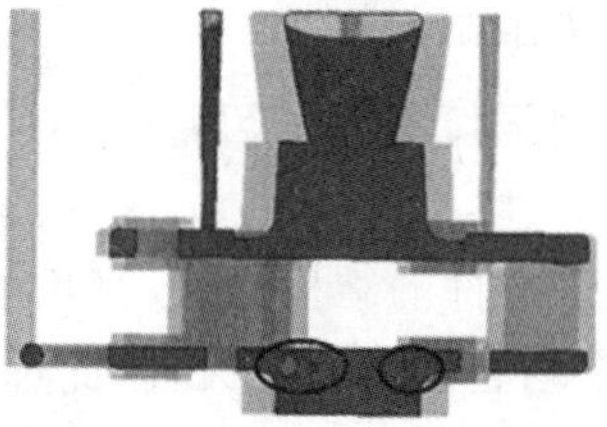

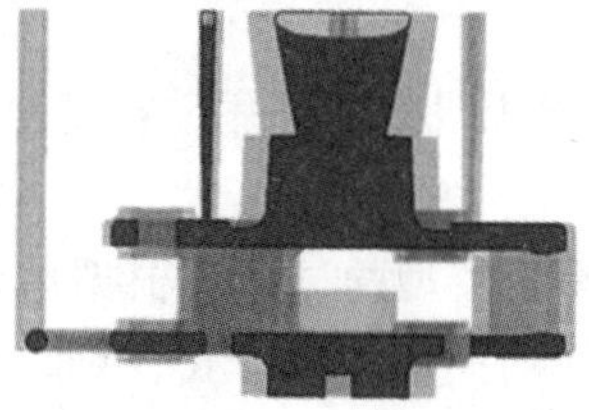

对比分析优化前后的缺陷切片图,可以看出优化后铸件中的缩孔、缩松在暗发热冒口的补缩作用下明显改善。故最优工艺方案为底注式,铸件上层设置一个明冒口,铸件下层的中心孔设置为盲孔,并设置暗发热冒口。

c.砂芯优化。由于增加了补贴以及发热暗冒口,1#、2# 砂芯的形状均需优化,优化后的砂芯结构如图 7.86 所示。

(5)铸造工艺装备设计。

① 模样设计。

a.模样材料。由于行星架铸件的造型方法为手工造型,生产批量为单件、小批量生产,因此模样材质选择木模样。

b.模样结构与尺寸。行星架铸件的结构复杂程度为中等,模样结构选择分体式模样。

(a) 1# 砂芯

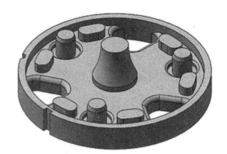
(b) 2# 砂芯

图 7.86　优化后的砂芯结构

以零件高 647 mm 为例计算模样的尺寸。零件材料为 ZG35CrMo,收缩率取 1.5%,铸造工艺尺寸为 17 mm(加工余量值),根据式(6.1)计算模样尺寸为

$$A_{模} = (647 + 17) \times (1 + 1.5\%) = 673.96 \ (mm)$$

其他尺寸的计算以此类推。模样结构如图 7.87 所示。

(a) 上模样

(b) 下模样

图 7.87　模样结构

② 模板设计。采用模板造型可以简化造型工作,提高造型效率,使形成的型腔尺寸更加精确。

a.模板类型的选择。根据单件、小批量生产铸件的结构特点,行星架铸件铸造工艺装备设计选择的模板为装配式、单面,由于模底板平均轮廓尺寸较大,因此选用铸铁模板。

b.模底板的结构尺寸。

(a) 模底板的尺寸。选择模底板外轮廓尺寸与砂箱一致。其中 $A = 1\,800$ mm,$B = 1\,700$ mm,$b = 110$ mm,按式(6.2)和式(6.3)计算得出模底板的平面尺寸为 2 020 mm× 1 920 mm。采用手工造型,选择普通平面式模底板高度 $h = 120$ mm。

模底板平均轮廓尺寸为 1 970 mm,根据模底板平均轮廓尺寸和选用材料,由表 6.7 可查得,模底板的壁厚取 $\delta = 20$ mm,加强筋厚度取 $\delta_1 = 22$ mm,$\delta_2 = 20$ mm,连接圆角半径 $r = 5$ mm,模底板壁厚、加强筋结构图如图 7.88 所示。

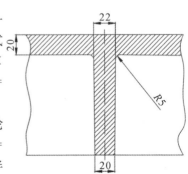
图 7.88　模底板壁厚、加强筋结构图

(b) 模底板和砂箱的定位。为了减少误差引入,模底板

与砂箱的定位采用直接定位法。另外,为了避免砂箱被卡死,同一模板上往往采用一个圆形定位销和一个带有平行平面的导向销。相应的砂箱销套一个为圆孔形,一个为椭圆形。设计的模板与砂箱之间的定位元件有定位销和导向销,模板与砂箱之间定位元件示意图如图7.89所示。

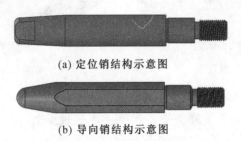

(a) 定位销结构示意图

(b) 导向销结构示意图

图 7.89　模板与砂箱之间定位元件示意图

模底板上的定位销装在销耳上,销耳设在沿中心线长度方向的两端。参考图 6.11,根据模底板平均轮廓尺寸为 1 970 mm,查表 6.9 得定位销耳的结构如图 7.90 所示。

(c) 模底板的搬运结构。设计模底板搬运结构选择整铸式吊轴。因为模底板材料为铸铁,利用 Solid Edge 软件的属性测量功能,估计充满砂时模板、砂箱和型砂的总重量小于 15 kN,查表 6.10 得铸铁模底板整铸式吊轴结构如图 7.91 所示。设计出的模底板结构如图 7.92 所示。

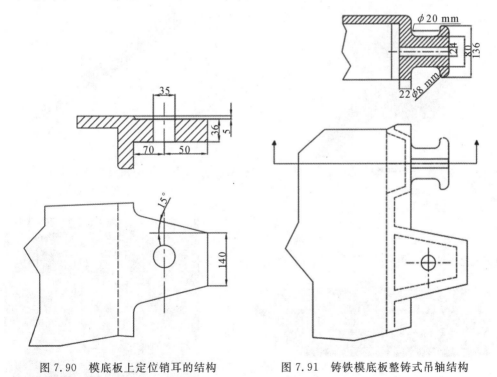

图 7.90　模底板上定位销耳的结构　　　图 7.91　铸铁模底板整铸式吊轴结构

c.模样及浇冒口在模底板上的装配。

(a) 模样在模底板上的装配。模样在模底板上的安装方式选择平放式。对于平放式的

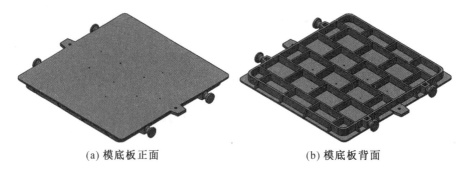

(a) 模底板正面　　　　　　　　　　(b) 模底板背面

图 7.92　模底板结构

模样,每块模样上定位销的数量最少是 2 个,最多不超过 4 个。本次工装设计的平放式结构设计 3 个圆柱销定位。为了不影响铸件形状和表面质量,模样在模底板上的定位形式采用定位销穿过模底板装配在模样上,参照表 6.14,选用直径为 $\phi 12$ mm 的圆柱销定位。

为了不影响铸件形状和表面质量,模样在模底板上的固定方法选用下紧固法,采用螺钉固定。

(b) 浇冒口模样在模底板上的装配。浇注系统采用预埋陶瓷耐火管,造型时不必取出。固定浇道用浇口座及螺钉;出气孔模样采用滑销装配,滑销插入铸件本体模样的一端采用间隙配合;冒口模样采用凹凸面式的定位结构,明冒口模样在起模前先从砂型中拔出。浇冒口模样在模底板上的装配示意图如图 7.93 所示。模样与模底板的装配如图 7.94 所示。

(a) 浇口座及螺钉装配示意图　　　　　　　(b) 出气孔模样结构图

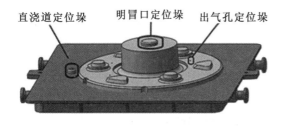

直浇道定位垛　　明冒口定位垛　　出气孔定位垛

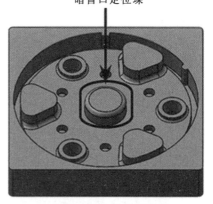

暗冒口定位垛

(c) 浇冒口定位垛示意图　　　　　　　(d) 暗冒口定位垛示意图

图 7.93　浇冒口模样在模底板上的装配示意图

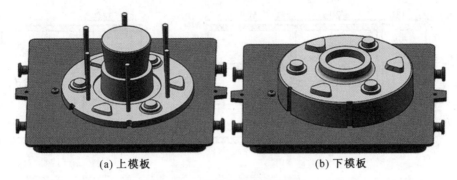

(a) 上模板　　　　　　　　　　(b) 下模板

图 7.94　模样与模底板的装配

③ 砂箱设计。

a. 确定砂箱的材质和类型。根据行星架铸件形状、尺寸及金属合金性能,选择整铸式灰铸铁砂箱。使用手工造型的方法,结合起重机或天车吊运的通用砂箱。

b. 砂箱本体结构设计。

(a) 砂箱内框尺寸。在考虑最优方案的吃砂量之后,上、下砂箱的内框尺寸都取 1 800 mm×1 700 mm×600 mm。

(b) 砂箱壁的结构。砂箱壁的截面形状、尺寸影响砂箱强度和刚度。铸钢件造型用的砂箱,由于浇注的钢液温度较高,所以箱壁应该适当加厚。参照图 6.33 和表 6.18 设计的砂箱箱壁结构及尺寸如图 7.95 所示。

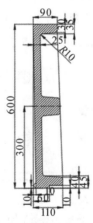

图 7.95　砂箱箱壁结构及尺寸

为了提高箱壁的强度和刚度,节省材料,在砂箱外侧做出加强筋,根据砂箱的高度和内框平均尺寸,设计出的砂箱侧壁加强筋的布置及尺寸如图 7.96 所示。

砂箱的四角容易损坏,砂箱转角的尺寸设计应合理,并适当增加砂箱转角部分的壁厚。根据砂箱内框平均尺寸,参考图 6.35,设计出的砂箱转角部分的尺寸及结构如图 7.97 所示。

为了在烘干和浇注时逸出铸型内产生的气体,根据砂箱内框平均尺寸,在箱壁上设计了圆形排气孔,其尺寸及布置形式如图 7.98 所示。

(c) 箱带设计。根据砂箱内框平均尺寸,参考图 6.36 砂箱箱带布置形式,查表 6.19 设计出的砂箱箱带布置形式及尺寸如图 7.99 所示。

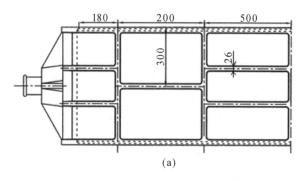
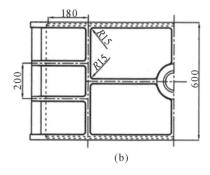

(a)

(b)

图 7.96　砂箱侧壁加强筋的布置及尺寸

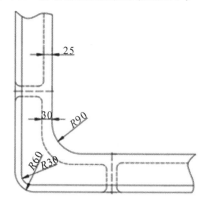

图 7.97　砂箱转角部分的尺寸及结构

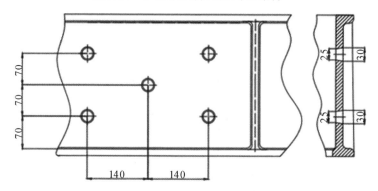

图 7.98　砂箱壁排气孔尺寸及布置形式

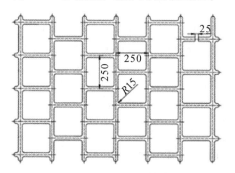

图 7.99　砂箱箱带布置形式及尺寸

c.砂箱定位、紧固、搬运装置设计。

（a）砂箱定位装置。为防止合箱时定位方向混淆,砂箱在生产时在其一侧铸字,有利于合箱时上、下砂箱的方向定位,铸字布置形式如图 7.100 所示。

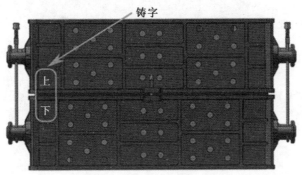

图 7.100　铸字布置形式

为了保证铸件的尺寸精度,在砂箱两端的箱耳上,一端装圆孔的定位销,起定位作用;一端装椭圆孔或长方孔的导向销,可补偿上、下两砂箱定位孔间距的误差,使造型时定位销不被卡死。为了防止定位箱耳上的定位孔磨损,延长砂箱的使用寿命,定位销和导向销需配合定位套和导向套使用,砂箱定位销（套）和导向销（套）如图 7.101 所示。砂箱箱耳如图7.102所示。

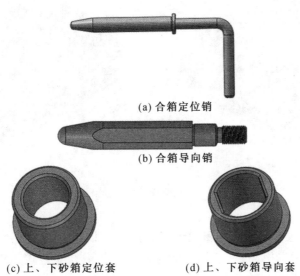

(a) 合箱定位销

(b) 合箱导向销

(c) 上、下砂箱定位套　　(d) 上、下砂箱导向套

图 7.101　砂箱定位销（套）和导向销（套）

（b）砂箱紧固装置。采用 U 型箱卡紧固上、下砂箱，以防止胀箱、跑火等缺陷，U 型箱卡结构如图 7.103 所示。

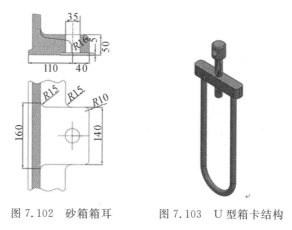

图 7.102　砂箱箱耳　　　　图 7.103　U 型箱卡结构

（c）砂箱搬运装置。为了方便砂箱的搬运，设计吊轴用整铸法同砂箱相连结。最终设计出的砂箱结构如图 7.104 所示。

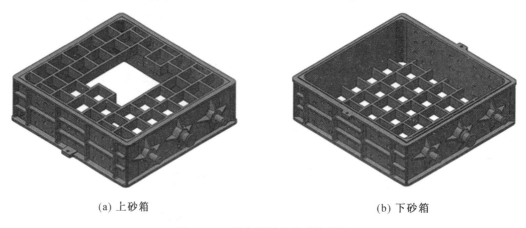

（a）上砂箱　　　　　　　　　　　　　（b）下砂箱

图 7.104　最终设计出的砂箱结构

④ 芯盒设计。

a. 确定芯盒的材质和类型。行星架铸件为单件、小批量生产，为保证芯盒具有一定的强度和耐磨性，芯盒材料选用铸铝。1#、2# 砂芯芯盒采用敞开脱落式，3# 砂芯芯盒采用垂直对开式，制芯方法采用手工制芯。

b. 芯盒定位装置。3# 砂芯芯盒采用的是垂直对开式，设计凹凸面式的定位结构，如图 7.105 所示。

c. 芯盒夹紧装置。对开式芯盒合盒，填砂紧实时，要用夹紧装置锁紧。本次设计选用蝶形螺母铰链式夹紧装置。

d. 芯盒的手柄和吊轴。芯盒应设置手柄或用其他装置，用来搬运、翻转、提取和起芯。手柄和吊轴的安装位置应能使芯盒平稳搬运，同时还应满足芯盒翻转等操作要求。砂芯及芯盒形状见表 7.58。

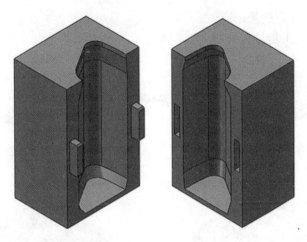

图 7.105　凹凸面式定位结构示意图

表 7.58　砂芯及芯盒形状

编号	砂芯	芯盒
1#		
2#		
3#		

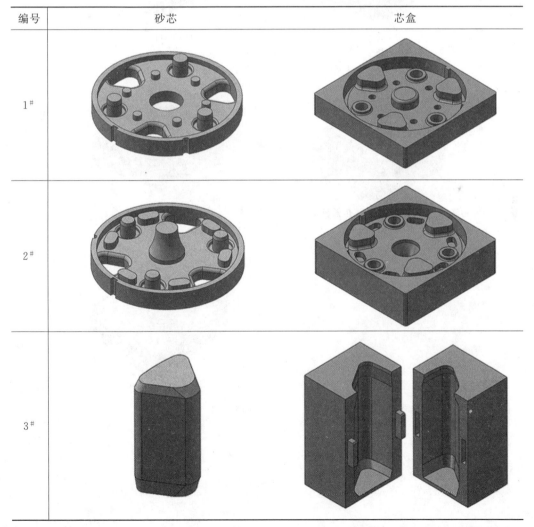

⑤ 造型、下芯、合箱过程。

a. 行星架铸件造上箱过程如图 7.106 所示。

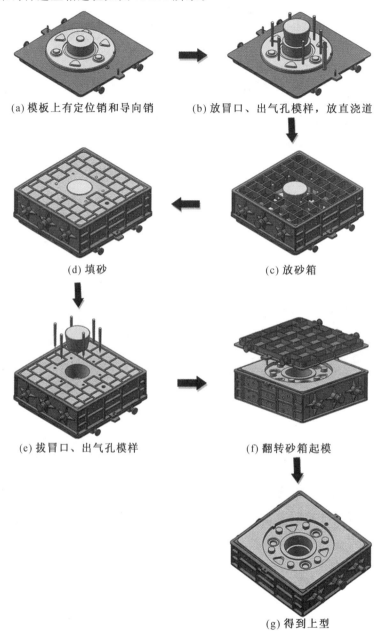

(a) 模板上有定位销和导向销　　(b) 放冒口、出气孔模样，放直浇道

(d) 填砂　　　　　　　　(c) 放砂箱

(e) 拔冒口、出气孔模样　　　　(f) 翻转砂箱起模

(g) 得到上型

图 7.106　造上箱过程

b. 行星架铸件造下箱过程如图 7.107 所示。

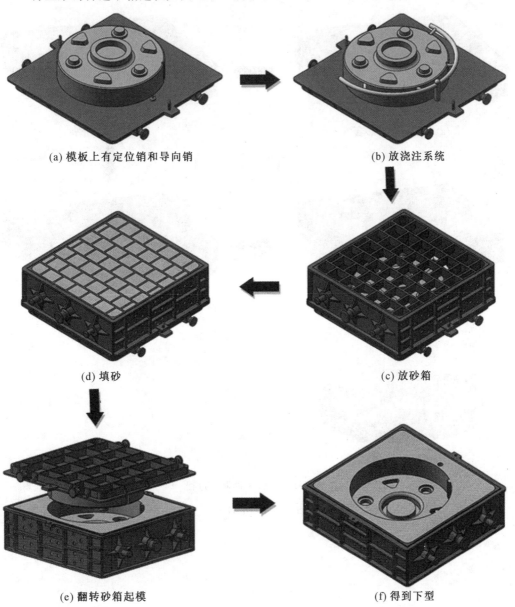

(a) 模板上有定位销和导向销　　　　(b) 放浇注系统

(d) 填砂　　　　　　　　　(c) 放砂箱

(e) 翻转砂箱起模　　　　　　(f) 得到下型

图 7.107　造下箱过程

c.行星架铸件制芯过程,以 1# 砂芯为例制芯,如图 7.108 所示。

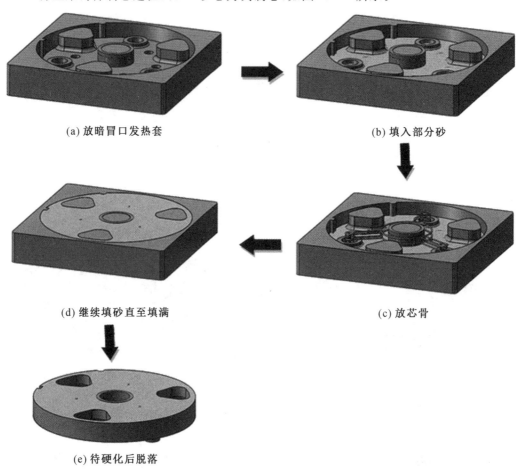

(a) 放暗冒口发热套

(b) 填入部分砂

(d) 继续填砂直至填满

(c) 放芯骨

(e) 待硬化后脱落

图 7.108　1# 砂芯制芯过程

d.行星架铸件下芯、合箱过程如图 7.109 所示。

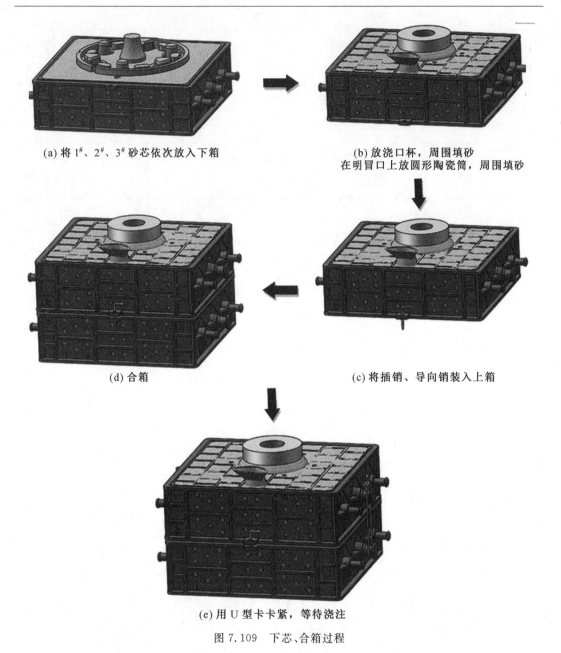

(a) 将 1#、2#、3# 砂芯依次放入下箱

(b) 放浇口杯，周围填砂
在明冒口上放圆形陶瓷筒，周围填砂

(d) 合箱

(c) 将插销、导向销装入上箱

(e) 用 U 型卡卡紧，等待浇注

图 7.109　下芯、合箱过程

(6)工艺文件。

① 行星架铸件铸造工艺二维图如图 7.110 所示。

② 行星架铸件铸造工艺三维图如图 7.111 所示。

③ 行星架铸件铸造工艺卡见表 7.59。

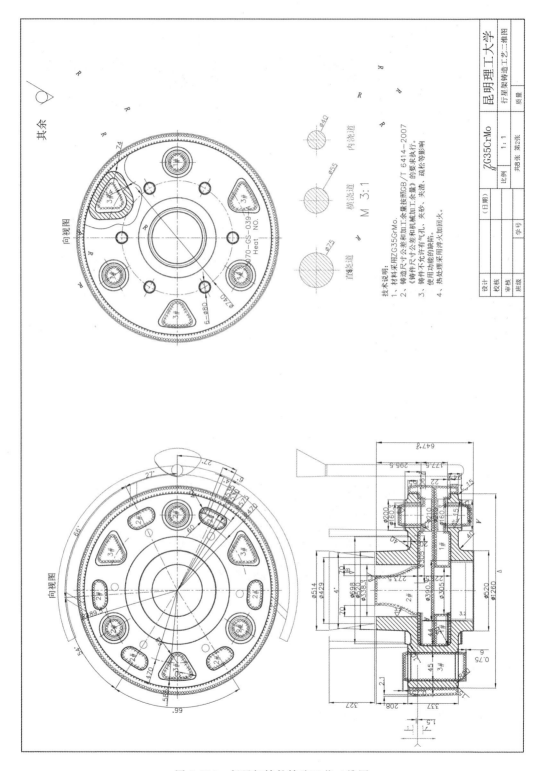

图 7.110　行星架铸件铸造工艺二维图

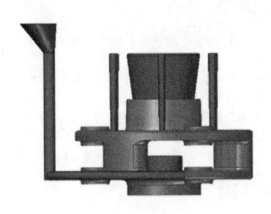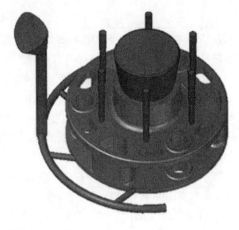

图 7.111　行星架铸件铸造工艺三维图

表 7.59　行星架铸件铸造工艺卡

行星架铸造工艺卡										
材质	ZG35CrMo	浇注系统				砂型种类		收缩率/%		1.5
净重/kg	1 300	形状	尺寸/mm	数量	外型	面砂	酯硬化改性水玻璃砂	模型	种类	木模
毛重/kg	1 557	包孔	圆形	ϕ55	1 个		背砂	酯硬化改性水玻璃砂		数量	2 个
浇冒口质量/kg	654	直浇口	圆形	ϕ75	1 个	泥芯	面砂	酯硬化改性水玻璃砂	芯盒	种类	铸铝
总重/kg	2 211	横浇口	圆形	ϕ55	2 个		背砂	酯硬化改性水玻璃砂		数量	3 个
收得率/%	70	内浇口	圆形	ϕ40	4 个	砂箱尺寸	上、下箱:1 800 mm×1 700 mm×600 mm	造型方法	手工造型
浇注温度/℃	1 560±5	其他	—	—	—	保温时间/h	12±1	其他	—

模型要求(简要对模型质量、材料、制造注意事项等提出要求):

(1)模型材料选择木料。

(2)木材的纹理应平直而整齐;木材的纤维应强韧,变形小且容易加工;木材的结构应致密,收缩性小,不因气候而引起开裂。

(3)木模为防止吸收空气水分而变形,常需用亮漆或树脂及涂料在木模上涂装。

造型操作要求(对造型操作过程、质量、材料、安全、注意事项等进行描述):

(1)造型底板应放平稳和清理干净并擦净模样上的黏砂。

(2)起上型要平稳,起出的砂型要干净、整齐。

(3)起模要平稳,不要塌砂,起出的模样或模板要擦净,待反复使用。

(4)起模后检查型腔各部位紧实度是否符合要求。如有局部松散、缺角,需用同类型砂填补修整。

清理技术要求(对清理操作过程、质量、温度、安全、注意事项等进行描述):

续表 7.59

(1)行星架为铸钢件应在砂型内冷却 12 h,使铸件在砂型内冷却到 250~450 ℃再落砂,可避免引起铸件变形与裂纹。

(2)本次设计造型材料为酯硬化改性水玻璃砂,落砂较困难,因此选择振动电机驱动的惯性振动落砂机。

(3)铸钢件选择氧-乙炔焰气割的方法切除浇冒口、补贴、飞翅和毛刺。

(4)行星架冒口需热割,以防在气割过程中产生裂纹,气割应一次割完,中途不得停顿。热割的冒口,割后应将冒口留在原位保温 24 h 后才能吊走。如果冒口脱离了铸件,应将铸件进炉缓冷或热处理,也可在气割面上覆盖干砂保温缓冷。

(5)铸件清理完毕,将工作现场打扫干净。

浇注方案(对浇注操作过程、温度、安全、注意事项等进行描述):

(1)浇注温度为(1 560±5)℃。

(2)本次设计采用塞杆包浇注,包孔离浇口杯的高度一般控制在 150~200 mm 之间。

(3)浇注时浇口杯应保持常满,正常情况下浇注不应中断。浇注时浇口杯内不得产生旋涡、飞溅和外溢。

(4)浇包应经常保持清洁完整,如损坏或结渣太多则应修好和清理干净后继续使用。

(5)浇注后如有跑铁水现象,应立即用砂将跑铁水处堵住和将由铁水引燃的托板压灭。

7.4　铝合金件工艺设计案例分析

以吸阀壳体零件为例进行铸造工艺及工装设计。吸阀壳体零件材质为 ZL114A,质量为 30 kg,要求采用砂型铸造工艺,生产批量为单件、小批量生产。吸阀壳体零件图如图 7.112所示。

(1)零件的特点及铸造工艺性分析。

① 零件结构及特点分析。吸阀壳体零件轮廓尺寸为 729 mm×368 mm×352 mm,零件结构较对称,零件整体内部为空腔。最大壁厚为 29 mm,最小壁厚为 10 mm,最大孔径为 302 mm,最小孔径为 10 mm。

吸阀壳体主要部位有法兰、内腔及连接孔,如图 7.113 所示。主要部位及使用情况见表 7.60。

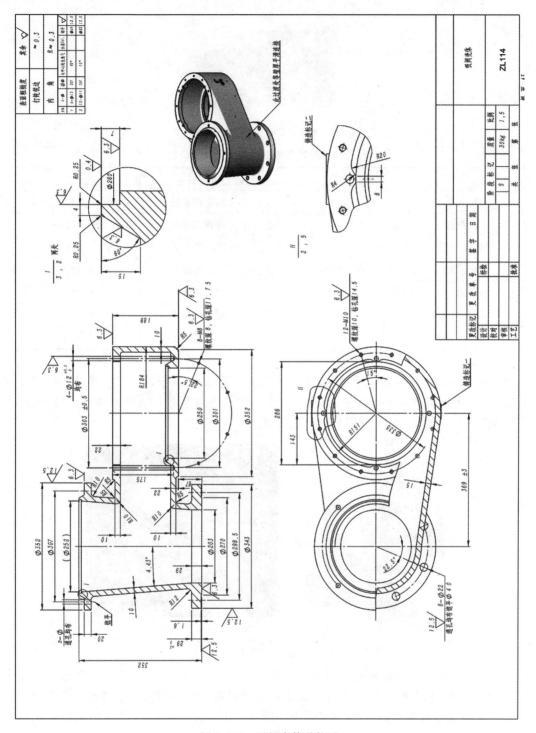

图 7.112　吸阀壳体零件图

图 7.113　吸阀壳体主要部位

表 7.60　吸阀壳体主要部位及使用情况

名称	位置	作用	加工方法
法兰盘	1	与阀罩相连接	铸造及机加工
法兰盘	2	与储罐相连接	铸造及机加工
缸体内腔	3、4	维持内外压力	铸造
$\phi22$ 孔(8)	5	连接储罐	机加工
$\phi13$ 孔(4)	6	连接阀罩	机加工
M10 孔(12)	7	螺纹连接	机加工
$\phi12$ 孔(4)	8	缸体、缸盖连接	机加工

② 零件用途。吸阀壳体是呼吸阀最为重要的一部分,呼吸阀的作用主要是平衡储罐的内外气压。因为阀体主要受力为均匀气压,因此,阀体整体要求铸造性能较高,铸造性能要求各部位均匀。吸阀壳体工作图如图 7.114 所示。

(a)

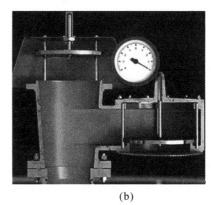

(b)

图 7.114　吸阀壳体工作图

③ 零件材质特点。吸阀壳体的材质为 ZL114A。ZL114A 铸造铝合金为可热处理强化的 Al－Si－Mg 系铸造合金,该合金具有铸造流动性好、气密性好、收缩率低及热裂倾向低等特点,经变质及热处理后,具有良好的力学性能和较好的机械加工性能。ZL114A 化学成分见表 7.61,力学性能见表 7.62。

表 7.61　ZL114A 化学成分　　　　　　　　　　单位：%

元素	Si	Mg	Ti	Al	Be
质量分数	6.5～7.5	0.45～0.75	0.10～0.20	余量	0～0.07

表 7.62　ZL114A 力学性能

抗拉强度/MPa	伸长率/%	布氏硬度/HBW
290	2	85

④ 零件的铸造工艺性分析。吸阀壳体零件轮廓尺寸为 729 mm×368 mm×352 mm，根据文献，最大轮廓尺寸为 400～800 mm，材质为铝合金，故铸件允许的最小壁厚为 4～5 mm，该零件最小壁厚为 10 mm，满足铸件最小允许壁厚要求。

铸件的临界壁厚可用该零件的最小壁厚的三倍来确定，吸阀壳体的最小壁厚是 10 mm，故临界壁厚是 30 mm，而最大壁厚是 29 mm，小于临界壁厚，满足铸件的临界壁厚要求。

吸阀壳体零件过渡处等壁厚均为平滑连接，满足铸造工艺性要求。

(2) 铸造工艺方案的确定。

① 造型制芯材料及方法。

a. 造型、制芯方法。吸阀壳体零件为小型件，单件、小批量生产，因此采用砂型铸造，手工造型、制芯。

b. 造型、制芯材料。根据铸件材质及结构特点，通过对比分析树脂砂和水玻璃砂的特点，可知树脂砂强度高、易溃散且适合铸造非铁合金，故采用树脂砂造型、制芯。常用树脂砂分为酸性呋喃树脂自硬砂、碱性酚醛树脂自硬砂及胺固化酚尿烷自硬砂。呋喃树脂砂发气量大、发气速度高，容易产生气孔，并且含醛量高、对环境污染大，不适合 ZL114A。胺固化酚尿烷自硬砂耐高温性差，并且含氮量高、易产生气孔，因此不考虑。碱性酚醛树脂砂中不含有硫、磷、氮等元素，可防止由于这些元素产生的缺陷；树脂游离醛少，改善环境污染；硬化性能好、溃散性好；缺点主要表现在混砂及成本问题，但考虑到该件为小批量生产，最终选择碱性酚醛树脂砂作为本次铸造工艺用砂。型砂、芯砂配比见表 7.63。

表 7.63　型砂、芯砂配比

类别	新砂质量分数/%	旧砂质量分数/%	碱性酚醛树脂/%	甘油醋酸酯(占树脂)/%
型砂	40～50	50～60	1.5～2.0	30～40
芯砂	50～60	40～50	1.5～2.0	30～40

c. 涂料的选择。选择醇基涂料，醇基涂料干燥迅速，可缩短工作时间，并且可大大降低水基涂料水分对铸件质量的影响。

② 浇注位置的确定。根据吸阀壳体铸件的结构特点，回转体类铸件在铸造过程中易出现不同轴问题，法兰盘部分易出现缩孔、缩松缺陷，且 ZL114A 易产生气孔，必须避免卷气缺陷。本次工艺着重于满足顺序凝固原则，同时考虑造型、取模等问题，主要倾向于以下两种浇注位置方案，见表 7.64。

表 7.64　浇注位置方案

方案编号	浇注位置	优点	缺点
方案一	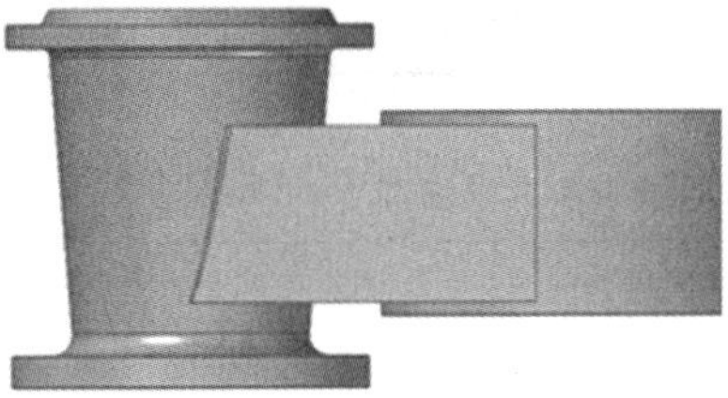	（1）易于保证铸件回转体圆度。 （2）铸件各部分铸造性能易于保证	（1）砂芯数过多。 （2）砂芯设计困难。 （3）造型时不利于取模等
方案二		（1）砂芯设计方便。 （2）取模方便，易于下芯	铸件回转体部分会产生变形，上箱部分会变成椭圆形，并且回转体为非加工面，会改变铸件结构

　　根据吸阀壳体使用环境，必须保证阀体各部分力学性能均匀。对于方案一浇注位置，造型极其不方便，且砂芯设计复杂，砂芯数量过多。对于方案二浇注位置，虽然工艺设计方便，但铸件为回转体，铸件质量无法保证。因此，考虑平做平浇和平做立浇两种方案，具体方案在进行数值模拟分析后再进行选择。

　　③ 分型面的选择。根据吸阀壳体结构特点，用方案二的浇注位置进行造型，则主要分型方案见表 7.65。

表 7.65　分型面方案

方案编号	位置选择	优劣
方案一		优点：容易造型、砂芯设计简单。 缺点：合箱时会产生错箱风险
方案二		优点：可避免错型造成的缺陷。 缺点：砂芯设计复杂，不易取模

　　综上所述，分型面选用方案一。这种方案有利于造型和取模及砂芯设计，但在铸件中间分型，存在错箱风险，因此要采用合理的定位方式（比如设置定位销）来避免错箱。

　　④ 砂箱内铸件数目与排列。根据吸阀壳体结构特点，若采用平做平浇，可用一箱两件

的造型方案;若采用平做立浇,可选用一箱一件的造型方案。吸阀壳体铸件质量为 21～ 50 kg,查表 2.5,按铸件质量确定铸件的吃砂量,平做立浇、一箱一件吃砂量见表 7.66,平做 立浇吃砂量示意图如图 7.115 所示。平造平浇、一箱两件的铸件质量为 51～100 kg,查表 2.5,按铸件质量确定铸件的吃砂量,平造平浇、一箱两件吃砂量见表 7.67。平做平浇吃砂 量示意图如图 7.116 所示。

表 7.66　平做立浇、一箱一件吃砂量　　　　　　　　　　单位:mm

铸件质量 /kg	a （上吃砂量）	b （下吃砂量）	c （模样至箱壁）	d （浇道至箱壁）	f （浇道至模样）
21～50	70	70	50	50	40

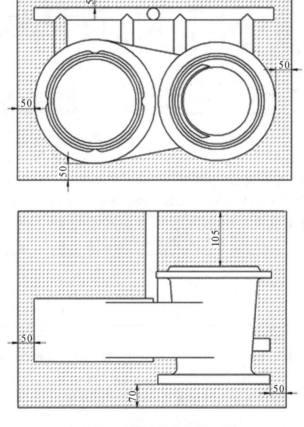

图 7.115　平做立浇吃砂量示意图

表 7.67　平做平浇、一箱两件吃砂量　　　　　　　　　　　单位:mm

铸件质量 /kg	a (上吃砂量)	b (下吃砂量)	c (模样至箱壁)	d (浇道至箱壁)	f (浇道至模样)
51~100	90	90	50	60	50

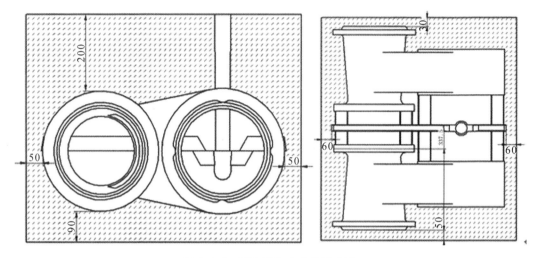

图 7.116　平造平浇吃砂量示意图

⑤铸造工艺参数的确定。

a.铸件尺寸公差。根据表 2.11,砂型铸造手工造型,造型材料为化学黏结剂砂的轻金属合金,尺寸公差等级为 DCTG10~12,故取吸阀壳体铸件的尺寸公差等级为 DCTG11。查表 2.9,铸件尺寸公差数值见表 7.68。

表 7.68　铸件尺寸公差数值

公称尺寸/mm	铸件尺寸公差等级	铸件尺寸公差数值/mm
250~400	DCTG11	6.2
630~1 000		8

吸阀壳体零件轮廓尺寸为 729 mm×368 mm×352 mm,故铸件长度方向尺寸公差数值为 8 mm,铸件宽度和高度方向尺寸公差数值为 6.2 mm。

b.铸件重量公差。铸件重量公差等级与铸件尺寸公差等级应对应选取,选取重量公差等级为 MT11,吸阀壳体零件的公称质量为 30 kg,其铸件质量为 10~40 kg,查表 2.12,得该铸件重量公差数值为 14%。

c.机械加工余量。砂型铸造手工造型轻金属合金的机械加工余量等级由表 2.14 可知为 F~H。根据铸件的浇注位置,对铸件不同部位设置不同的加工余量等级,其浇注位置的上表面、铸出孔需要设置更大的加工余量,因此可以选择高一级的加工余量等级。故吸阀壳体铸件上端面、上法兰盘上表面、圆台侧上法兰盘侧部、圆柱侧上端面的机械加工余量等级设置为 H 级,铸件的圆台侧下端面、圆台侧下法兰盘端面、圆台侧下法兰盘侧面、圆柱侧下端面设置为 F 级。吸阀壳体铸件的最大轮廓尺寸为 630~1 000 mm,查表 2.13,本铸件机械加工位置及加工余量值见表 7.69。

表 7.69　机械加工位置及加工余量值

加工面位置示意图	机械加工位置	加工余量等级	机械加工余量/mm
	铸件上端面、上法兰盘上表面、圆台侧上法兰盘侧部、圆柱侧上端面	H	7
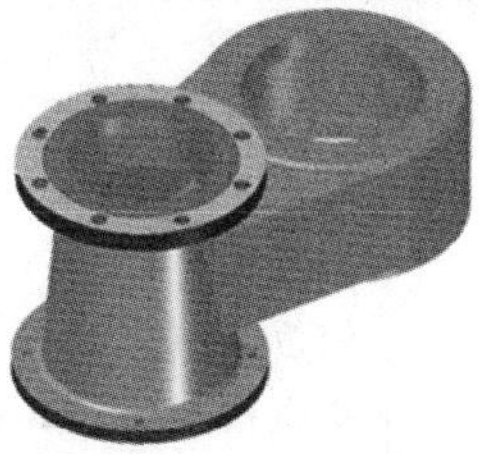	铸件的圆台侧下端面、圆台侧下法兰盘端面、圆台侧下法兰盘侧面、圆柱侧下端面	F	4

注:加工余量的数值要圆整,尽量不要有小数。

d.铸造收缩率。吸阀壳体铸件材质为 ZL114A,零件整体内部为空腔,需设置砂芯,金属液在凝固之后的冷却过程中收缩受阻,根据表 2.17 选取收缩率为 1.0%。

e.起模斜度。根据吸阀壳体铸件需要设计起模斜度面的高度,查文献,根据自硬砂造型时木模样外表面的起模斜度值,得吸阀壳体铸件的起模斜度均设为 1.6 mm。

f.最小铸出孔。当铸件为单件、小批量生产、孔径小于 30 mm 时不必铸出。因此铸件上 8 个 $\phi22$ mm、4 个 $\phi13$ mm、12 个 M10 的孔均不铸出。

g.分型负数。由于吸阀壳体的模样分为上、下两半,为了保证铸件尺寸符合图样要求,所以在下模样上取分型负数 $a=1.5$ mm。

⑥ 砂芯设计。

a.砂芯设计方案。根据吸阀壳体铸件造型时分型面位置,取模时不存在挡砂等阻碍取模的问题,故设计一个砂芯用于成形铸件内腔。

(a) 平做平浇砂芯设计。根据铸件内腔形状和砂芯定位及固定的要求,平做平浇砂芯形状如图 7.117 所示,芯头结构及尺寸见表 7.70。

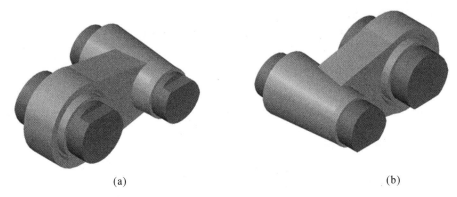

(a)　　　　　　　　　　　　　　　　　(b)

图 7.117　平做平浇砂芯形状

表 7.70　芯头结构及尺寸　　　　　　　　　　　　　　单位:mm

芯头形式	结构尺寸	主要作用
水平定位芯头		下芯时确定砂芯位置,避免砂芯错位;起支撑作用(圆台端水平芯头直径 ϕ180 mm;圆柱端芯头直径 ϕ220 mm)
水平芯头		主要起支撑作用(圆台端水平芯头直径 ϕ180 mm;圆柱端芯头直径 ϕ220 mm)

　　(b) 平做立浇砂芯设计。为了防止平做后翻转立浇过程中砂芯的转动和错位,平做立浇砂芯形状如图 7.118 所示。

　　b. 芯骨设计。为了提高砂芯的强度和刚度,采用铸铁材料设计了芯骨,同时为了便于砂芯的搬运,在芯骨上设置了吊攀。砂芯芯骨结构及装配如图 7.119 所示。

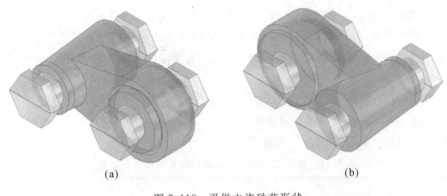

(a) (b)

图 7.118 平做立浇砂芯形状

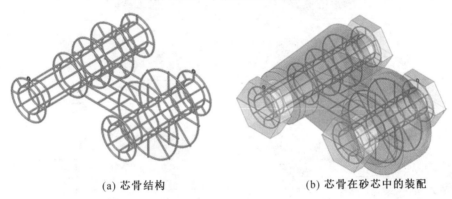

(a) 芯骨结构 (b) 芯骨在砂芯中的装配

图 7.119 砂芯芯骨结构及装配

c.砂芯排气。树脂自硬砂在高温下使砂芯中的水分汽化,产生的气体可能进入金属液,产生难以去除的氧化夹杂物或气孔等,而铝液容易与砂芯高温下产生的气体发生反应。为了砂芯能够有良好的排气通道,采用在非成形面扎排气孔和在芯骨上钻孔的方式排气,将砂芯产生的气体通过排气孔排放到铸型,再从铸型经过砂箱的排气孔,最后排到外面。砂芯排气结构如图 7.120 所示。

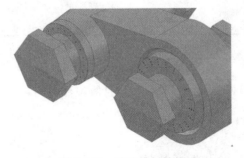

图 7.120 砂芯排气结构

(3) 浇注系统的设计。

① 浇注系统的类型选择。吸阀壳体的材质为铝合金,其有流动性好、密度小、热容量小、温度降低快、性质活泼、易吸气和氧化结皮、凝固体收缩大、有非金属夹杂物、浇不到和冷隔、气孔、缩孔、缩松及裂纹、变形等特点,故采用开放式浇注系统,取各组元截面积的比例为

$$\sum F_直 : \sum F_横 : \sum F_内 = 1 : 2 : 4。$$

② 浇注系统中各组元的排布及数目。铝合金熔液易氧化,形成氧化膜,从而在充型冷却过程中易产生气孔、针孔类缺陷,故浇注系统采用底注式和中间注入式浇注系统。

方案一:平做平浇、一箱两件造型,选用中间注入式浇注系统。设置 1 个直浇道、2 个横浇道、8 个内浇道。

方案二:平做立浇、一箱一件造型,选用底注式浇注系统。设置 1 个直浇道、2 个横浇道、4 个内浇道,浇注系统采用预埋圆形陶瓷管。

两种方案的浇注系统布置及结构见表 7.71。

表 7.71 中间注入式和底注式浇注系统布置及结构

类型	方案一:平做平浇(中间注入式)	方案二:平做立浇(底注式)
浇注系统布置		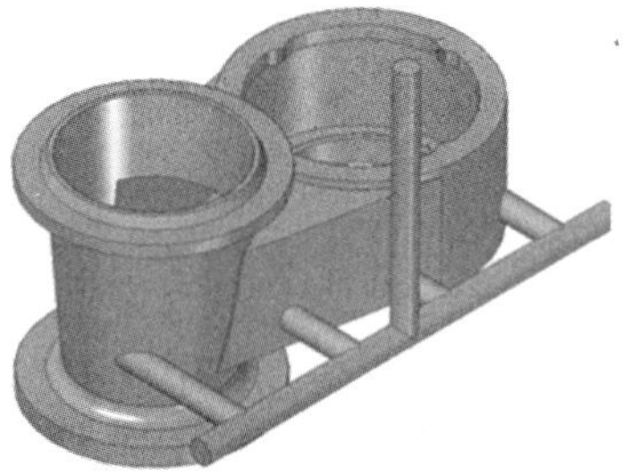
浇注系统结构	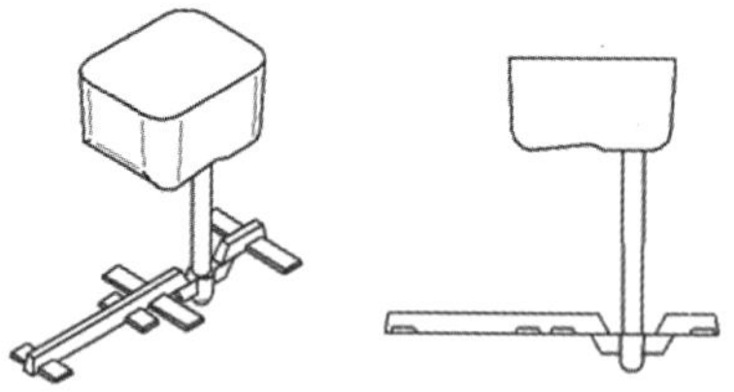	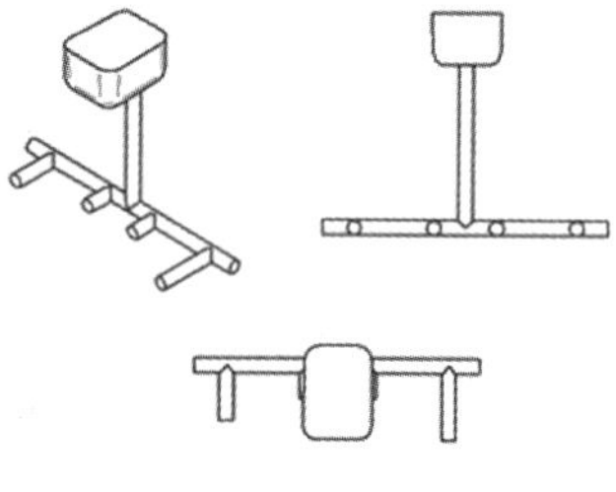

③ 浇注系统的计算。方案一:平做平浇浇注系统的计算。

a.计算浇注时间。根据文献,采用式(7.1)计算浇注时间。

$$\tau = B \delta^p G^n \tag{7.2}$$

式中　τ——浇注时间(s);

G——铸件或浇注金属质量(kg);

δ——铸件壁厚(最小壁厚)(mm);

B、p、n——系数。

平做平浇、一箱两件造型,运用式(7.1)计算出浇注时间 $\tau = 13$ s。

b.浇注系统的设计校核。

(a) 型内液面上升速度的计算。按浇注时的位置,吸阀壳体铸件最低点到最高点的距离为 368 mm,浇注时间为 13 s,代入式(3.6)计算得出金属液面上升速度约为

28.3 mm/s。查表 3.5 可知壁厚为 10 mm，最小上升速度为 20～30 mm/s，满足要求。

（b）最小剩余压头高度 h_M 的计算。铸件吸阀壳体的最小剩余压头高度 h_M ＝ 220 mm。金属液的流程 L＝545 mm，根据铸件壁厚 δ＝10 mm，查表 3.6，取压力角 α＝7°，$L\tan\alpha$＝66.9 mm $\leqslant h_M$，因此最小剩余压头高度 h_M 足够，满足要求。

c.阻流截面及各组元截面面积计算。吸阀壳体铸件采用开放式浇注系统，阻流截面在浇口杯底部，内浇道截面尺寸最大，横浇道次之，因此在充型过程中液流较为平稳。用阻流截面法，通过式（3.13）计算得出 $\sum F_{阻}$＝10.82 mm^2。

因为吸阀壳体铸件采用开放式浇注系统，选取的浇注系统各组元截面比例为 $\sum F_{直}$: $\sum F_{横}$: $\sum F_{内}$＝1 : 2 : 4，阻流截面在直浇道，所以 $\sum F_{直}$＝$\sum F_{阻}$＝10.82 cm^2

有 1 个直浇道，故 $F_{直}$＝$\sum F_{直}$＝10.82 cm^2。

$\sum F_{横}$＝2$\sum F_{直}$＝2×10.82＝21.64（cm^2），有 2 个横浇道，故 $F_{横}$＝10.82 cm^2。

$\sum F_{内}$＝4$\sum F_{直}$＝4×10.82＝43.28（cm^2），有 8 个内浇道，故 $F_{内}$＝5.41 cm^2。

d.确定浇注系统各组元形状和尺寸。$F_{内}$＝5.41 cm^2，选择 I 型内浇道，$F_{横}$＝10.82 cm^2，选择梯形横浇道，$F_{直}$＝10.82 cm^2，选择锥形直浇道，浇注系统各组元如图 7.121 所示。

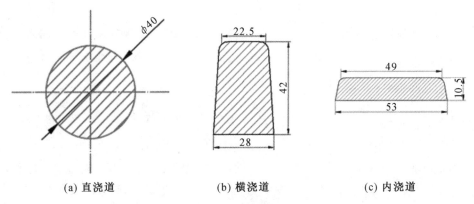

（a）直浇道　　　　　　　（b）横浇道　　　　　　　（c）内浇道

图 7.121　浇注系统各组元

铸造铝合金容易产生氧化，故选择池形砂芯式浇口杯，根据平做平浇、一箱两件造型的铸件质量，查文献，可得适宜浇注 100 kg 铝液的浇口杯形状和尺寸如图 7.122 所示。

方案二：平做立浇浇注系统的计算。

a.计算浇注时间。平做立浇、一箱一件造型，运用式（7.1）计算出浇注时间 τ＝10 s。

b.浇注系统的设计校核。

（a）型内液面上升速度的计算。按浇注时的位置，吸阀壳体铸件最低点到最高点的距离为 352 mm，浇注时间为 10 s，代入式（3.6）计算得出金属液面上升速度约为 35.2 mm/s。查表 3.5 可知壁厚为 10 mm，最小上升速度为 20～30 mm/s，满足要求。

（b）最小剩余压头高度 h_M 的计算。铸件吸阀壳体的最小剩余压头高度 h_M＝200 mm。金属液的流程 L＝444 mm，根据铸件壁厚 δ＝10 mm，查表 3.6，取压力角 α＝7°，$L\tan\alpha$＝54.5 mm $\leqslant h_M$，因此最小剩余压头高度 h_M 足够，满足要求。

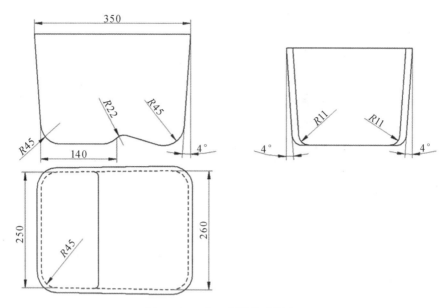

图 7.122　浇口杯形状和尺寸

c.阻流截面及各组元截面面积计算。用阻流截面法,通过式(3.13)计算得出 $\sum F_{阻} = 6.99\ mm^2$。

因为吸阀壳体铸件采用开放式浇注系统,选取的浇注系统各组元截面比例为 $\sum F_{直} : \sum F_{横} : \sum F_{内} = 1 : 2 : 4$,阻流截面在直浇道,所以 $\sum F_{直} = \sum F_{阻} = 6.99\ cm^2$

有 1 个直浇道,故 $F_{直} = \sum F_{直} = 6.99\ cm^2$。

$\sum F_{横} = 2 \sum F_{直} = 2 \times 6.99 = 13.98\ (cm^2)$,有 2 个横浇道,故 $F_{横} = 6.99\ cm^2$。

$\sum F_{内} = 4 \sum F_{直} = 4 \times 6.99 = 27.96\ (cm^2)$,有 4 个内浇道,故 $F_{内} = 6.99\ cm^2$。

d.确定浇注系统各组元形状和尺寸。因为浇注系统采用预埋圆形陶瓷管,通过计算可知 $F_{直} = F_{横} = F_{内} = 6.99\ cm^2$,其直径为 $\phi 29.83\ mm$,取 $\phi 30\ mm$,符合耐火管的要求。浇注系统各组元如图 7.123 所示。

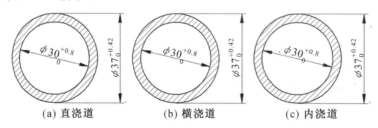

(a) 直浇道　　　　(b) 横浇道　　　　(c) 内浇道

图 7.123　浇注系统各组元

同样选择池形砂芯式浇口杯,根据平做立浇、一箱一件造型的铸件质量,查文献,可得适宜浇注 40 kg 铝液的浇口杯形状及尺寸如图 7.124 所示。

④ 过滤网设计。吸阀壳体材质为 ZL114,铝合金浇注过程中容易产生氧化夹渣,为了过滤夹杂,采用陶瓷过滤网。过滤网处于浇口杯底部过滤网凹槽中。

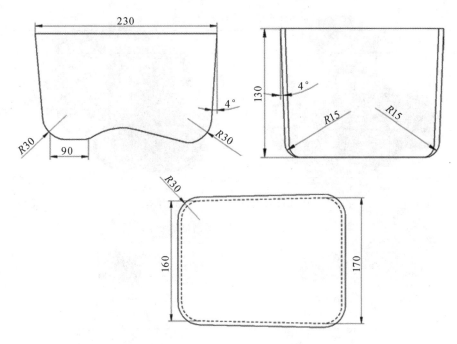

图 7.124　浇口杯形状及尺寸

（4）铸造工艺模拟分析及方案优化。

采用 ProCAST 软件对吸阀壳体方案一（平做平浇、中间注入式）和方案二（平做立浇、底注式）充型过程的流动场、凝固过程的温度场及缺陷的产生进行模拟，并对比分析模拟结果，选择更优的方案做进一步优化。

① 模拟参数设定。模拟参数主要有浇注温度、浇注时间、材料属性及换热系数。模拟中浇注温度为 720 ℃，方案一浇注时间为 13 s，方案二浇注时间为 10 s，铸件材料为 ZL114A，砂型为树脂砂，冷铁为石墨冷铁。各种类型接触面换热系数如下：

a. 铸件与型砂的热交换系数：750 W/(m² · K)。

b. 铸件与冷铁的热交换系数：750 W/(m² · K)。

c. 型砂与冷铁的热交换系数：2 000 W/(m² · K)。

② 模型导入及网格划分。采用 Solid Edge 软件进行吸阀壳体铸件三维建模。将模型导入 ProCAST 软件，在 mesh 界面对三维模型进行网格划分。方案一的三维网格数为 2 058 600，方案二的三维网格数为 1 313 612。方案一和方案二的三维模型网格划分如图 7.125所示。

③ 模拟结果及分析。

a. 充型速度场分析。方案一，平做平浇、一箱两件充型过程如图 7.126 所示。

(a) 方案一（平做平浇，中间注入式）　　　　　(b) 方案二（平做立浇，底注式）

图 7.125　三维模型网格划分

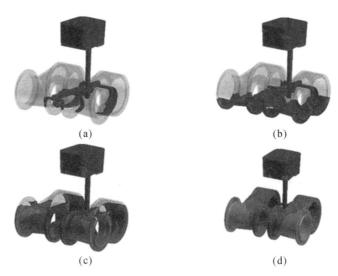

(a)　　　　　　　　　　　　　　(b)

(c)　　　　　　　　　　　　　　(d)

图 7.126　平做平浇、一箱两件充型过程

　　通过充型模拟结果可知,整个充型时间为 13.34 s,充型时间符合浇注系统的计算结果。在充型过程中,金属液在重力的作用下由浇口杯通过直浇道、横浇道和内浇道,然后进入型腔,整个过程充型速度较快但比较平稳,但铸件两端温度差异较大,冷却顺序为从外向内,不符合预期的从下向上的凝固顺序。

　　方案二,平做立浇、一箱一件充型过程如图 7.127 所示。

　　金属液平稳进入型腔,金属液对型腔底部冲击较小。在充型过程中,金属液沿着型腔壁进入型腔的底部,没有明显的卷气现象,对砂型冲击小,最后金属液完全充满型腔,因此也不会产生浇不足和冷隔等缺陷。

　　通过平做平浇方案和平做立浇方案金属液充型的流动状态及温度分布对比可以发现,尽管两种浇注系统充型能力都比较强,均不会发生浇不足和冷隔现象,但是平做平浇、一箱两件浇注系统充型过程中存在比较明显的温度分布不均匀现象,不利于防止缩孔、缩松的出现。

　　b.凝固缺陷分析。利用 ProCAST 软件对浇注后铸件缩孔、缩松缺陷进行分析,如图 7.128所示。

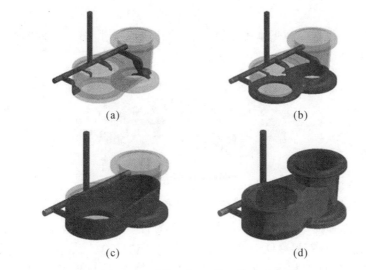

图 7.127　平做立浇、一箱一件充型过程

(a) 平做平浇、中间注入式缺陷示意图

(b) 平做立浇、底柱式缺陷示意图

图 7.128　凝固缺陷分析

　　从充型过程来看,两种方案充型都比较平稳,但方案一存在明显的温度分布不均现象;从缺陷分布看,方案二缩孔、缩松较为集中,易进行工艺改善,且金属塌陷较小,可以节约金属液。因此,最终确定对方案二进行铸造工艺优化。

　　④ 铸造工艺方案优化。

　　a.冒口设计。冒口的形状取决于铸件或铸件热节处的形状和尺寸。针对回转体一般选择圆形冒口或腰型冒口,根据吸阀壳体铸件结构尺寸,查文献选择圆形冒口,冒口形状和尺寸见表 7.72。

表 7.72　冒口形状和尺寸　　　　单位:mm

D_R	$\phi 26$
D_1	$\phi 35$
D_2	$\phi 55$
H_R	70
R	5

b. 出气孔设计。根据吸阀壳体铸件的壁厚，设计底部尺寸 $\phi 8$ mm 的圆形直接出气孔。出气孔布置形式如图 7.129 所示。

图 7.129　出气孔布置形式

c. 冷铁设计。选择使用耐火度高、导热系数大的石墨冷铁。经过对石墨冷铁与铸铁冷铁模拟结果的对比，发现石墨冷铁消除缺陷的效果优于铸铁冷铁。因此，虽然石墨冷铁成本略高，但有利于提高铸件合格率，故采用石墨作为冷铁，冷铁位置及结构尺寸如图 7.130 所示。

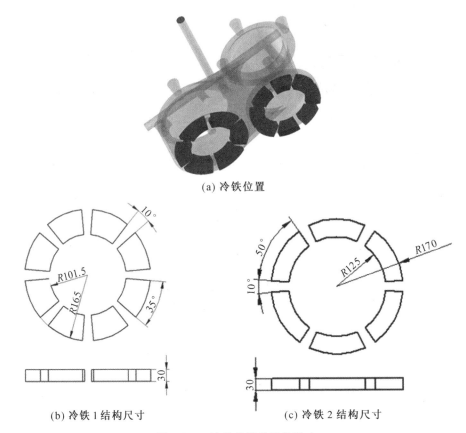

(a) 冷铁位置

(b) 冷铁 1 结构尺寸　　　　　(c) 冷铁 2 结构尺寸

图 7.130　冷铁位置及结构尺寸

d. 优化结果与分析。对方案二原铸造工艺方案进行优化，优化结果如图 7.131 所示。

从图 7.131 可看出，通过设置冒口和冷铁使缩孔、缩松位于冒口、浇道中，消除了铸件缺陷，达到了预期效果，所以采用该优化方案作为最终方案。其工艺参数如下：

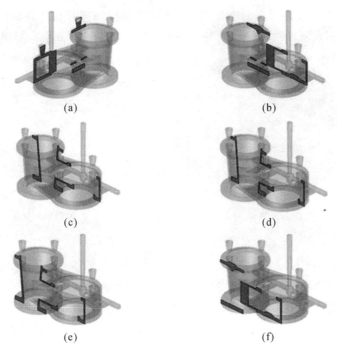

图 7.131 优化结果

(a)铸件毛重 34 kg,浇注金属液质量为 41 kg。

(b)造型方法:手工造型,平做立浇,一箱一件。

(c)造型材料:碱性酚醛树脂砂。

(d)浇注系统:开放式底注式浇注系统。

(e)浇注时间:10 s。

(f)浇注温度:(710±10) ℃。

(g)工艺出品率=铸件质量/(铸件质量+浇冒系统质量)×100% =83%。

(5) 铸造工艺装备设计。

① 模样设计。

a.模样材料。因为吸阀壳体采用手工造型的方法进行单件、小批量生产,因此模样材质选择木模样。

b.模样结构。吸阀壳体铸件的结构复杂程度为中等,模样结构选择分体式模样,如图 7.132 所示。

② 模板设计。吸阀壳体采用手工造型的方法进行单件、小批量生产,所以模板选用木模板制造,采用整铸式模板,模样和模底板同时制造。模板结构如图 7.133 所示。模底板尺寸考虑砂箱的内框和凸缘尺寸并尽量与其契合,因此模底板的尺寸规格为 930 mm× 740 mm×50 mm。

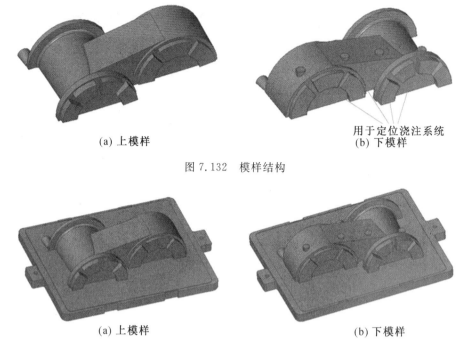

(a) 上模样

用于定位浇注系统
(b) 下模样

图 7.132　模样结构

(a) 上模样

(b) 下模样

图 7.133　模板结构

③ 砂箱设计。

a.确定砂箱的材质和尺寸。砂箱材料采用成本低、制造方便、强度与刚度均较高的铸铁。由于采用平做立浇工艺,且分型面选在铸件中间,因此上、下砂箱内框尺寸相同。采用平做立浇工艺,砂箱在完成水平位置的造型后翻转 90°,将砂箱立起进行浇注,因此,在立起来之后,应给砂箱留出直浇道的位置,完成浇注过程。故设计的砂箱内框尺寸为上砂箱内框尺寸:850 mm×700 mm×320 mm,下砂箱内框尺寸:850 mm×700 mm×400 mm,如图7.134所示。

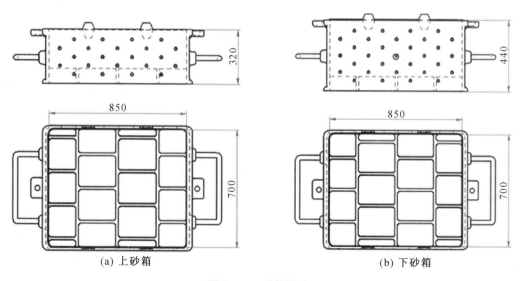

(a) 上砂箱

(b) 下砂箱

图 7.134　砂箱尺寸

　　b.砂箱的紧固和定位设计。平造立浇过程中要将砂箱翻转 90°立起,在这个过程中错箱的可能性增加,故对砂箱的紧固和定位要求更加严格,不仅采用螺栓锁紧结构,同时还增加了上、下砂箱的配合。砂箱定位及锁紧如图 7.135 所示,下砂箱梯形牙与上砂箱的梯形槽进行间隙配合,起导向作用,用螺栓锁紧防止错箱。

　　④ 芯盒设计。吸阀壳体只设计了一个砂芯,如果将此砂芯进行整体制芯,在制芯时砂芯中部位置紧实困难,因此采取分体式制芯。砂芯和芯盒形状见表 7.73。

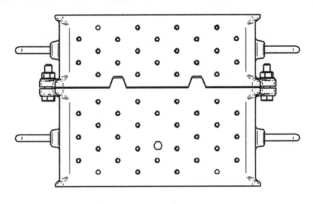

图 7.135　砂箱定位及锁紧

表 7.73　砂芯和芯盒形状

砂芯形状	芯盒
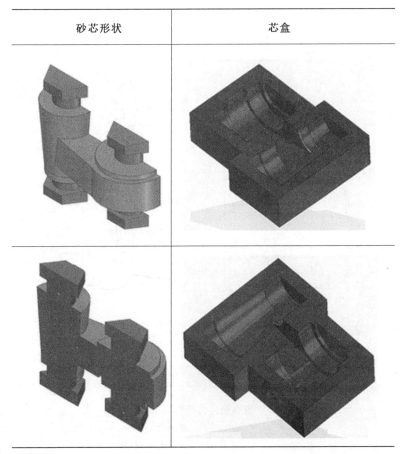	

（6）工艺文件。

① 吸阀壳体铸件铸造工艺二维图，如图 7.136 所示。

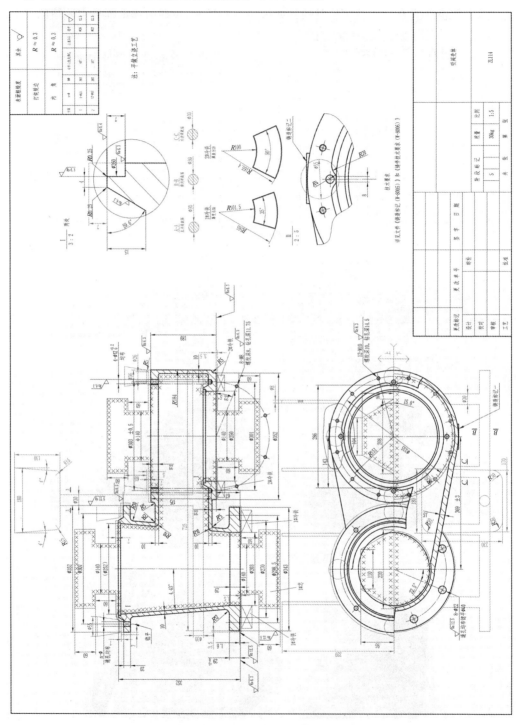

图 7.136　吸阀壳体铸件铸造工艺二维图

② 吸阀壳体铸件铸造工艺三维图如图 7.137 所示。

图 7.137 吸阀壳体铸件铸造工艺三维图

③ 吸阀壳体铸件铸造工艺卡见表 7.74。

表 7.74 吸阀壳体铸件铸造工艺卡

吸阀壳体铸造工艺卡							
零件号			零件名称	吸阀壳体	每台件数		1
材料							
铸件质量/kg			工艺出品率	铸件材质		每个毛坯可切割零件数	
净重	毛重	浇注系统质量					
30	34	7	83%	ZL114A		1	
造型							
造型名称	造型材料	造型方法	砂箱内框尺寸/mm			涂料	
			长	宽	高		
上箱	碱性酚醛树脂砂	手工造型	850	700	320	醇基涂料	
下箱			850	700	400		
制芯							
砂芯	制芯材料	制芯方法	芯盒类型	芯骨材质		涂料	
1#	碱性酚醛树脂砂	手工制芯	木质芯盒	铸铁		醇基石英粉	
浇注系统							
内浇口		横浇口		直浇口		浇口杯形状	过滤器	冒口数
数量	总截面积/cm²	数量	总截面积/cm²	数量	总截面积/cm²			
4	28	2	14	1	7	池形	陶瓷过滤网	8
浇注							
铝液出炉温度/℃	浇注温度/℃	每箱铝液消耗/kg	浇注时间/s	冷却时间/h			

续表 7.74

750±10	710±10	41	10	2～3
铸件落砂与清理				
名称	落砂		落芯	铸件清理
方法	机械振动		机械振动	人工打磨
备注	(1)模型采用木模,表面需光滑,铸造圆角 $R5～R8$。 (2)吸阀壳体铸件不得有夹渣、缩孔和缩松等缺陷。 (3)凡有加工符号的表面需留有加工余量。 (4)下芯时,需人工帮助定位,保证下芯的精度。 (5)为防止砂箱翻转 90°立起的过程中错箱,合箱过程应按要求进行,并用螺栓锁紧。 (6)铸造后需进行 T6 热处理,即固溶处理和人工时效处理,消除内应力。				

参 考 文 献

[1] 中国机械工程学会铸造分会. 铸造手册. 第 5 卷, 铸造工艺[M]. 4 版. 北京:机械工业出版社,2021.

[2] 中国机械工程学会铸造分会. 铸造手册. 第 4 卷, 造型材料[M]. 4 版. 北京:机械工业出版社,2020.

[3] 李晨希. 铸造工艺及工装设计[M]. 北京:化学工业出版社,2014.

[4] 董选普,李继强. 铸造工艺学[M]. 北京:化学工业出版社,2009.

[5] 中国机械工程学会铸造分会. 铸造手册. 第 1 卷, 铸铁[M]. 4 版. 北京:机械工业出版社,2021.

[6] 中国机械工程学会铸造分会. 铸造手册. 第 2 卷, 铸钢[M]. 4 版. 北京:机械工业出版社,2021.

[7] 中国机械工程学会铸造分会. 铸造手册. 第 3 卷, 铸造非铁合金[M]. 4 版. 北京:机械工业出版社,2021.

[8] 全国铸造标准化技术委员会. 铸件 尺寸公差、几何公差与机械加工余量:GB/T 6414—2017[S]. 北京:中国标准出版社,2017:12.

[9] 李魁盛. 铸造工艺设计基础[M]. 北京:机械工业出版社,1981.

[10] 李日. 铸造工艺仿真 ProCAST 从入门到精通[M]. 北京:中国水利水电出版社,2010.

[11] 张国伟. QT500-7 球墨铸铁熔炼过程控制[J]. 铸造技术,2014,35(2):411-413.

[12] 李魁盛,马顺龙,王怀林. 典型铸件工艺设计实例[M]. 北京:机械工业出版社,2008.

[13] 《砂型铸造工艺及工装设计》联合编写组. 砂型铸造工艺及工装设计[M]. 北京:北京出版社,1980.

[14] 李庆春. 铸件形成理论基础[M]. 北京:机械工业出版社,1982.

[15] 王德明,董鄂. 酯硬化碱酚醛树脂砂旧砂多级再生技术探讨[J]. 铸造,2008(10):1088-1090.

[16] 叶荣茂,吴维冈,高景艳. 铸造工艺课程设计手册[M]. 哈尔滨:哈尔滨工业大学出版社,1989.

[17] 徐庆柏,章舟. 现代铸造涂料及应用[M]. 北京:化学工业出版社,2014.

[18] 傅建,彭必友,曹建国. 材料成形过程数值模拟[M]. 北京:化学工业出版社,2009.

[19] 王文清,李魁盛. 铸造工艺学[M]. 北京:机械工业出版社,1998.

[20] 朱华寅,王苏生. 铸铁件浇冒口系统的设计与应用[M]. 北京:机械工业出版社,1991.

[21] 陆文华,李隆盛,黄良余. 铸造合金及其熔炼[M]. 北京:机械工业出版社,1996.

[22] 王莉娜. 风电设备齿轮箱行星架制造技术[J]. 发电设备,2012(3):207-209.

[23] 马跃强,王国恩,李晓光,等. 酯硬化水玻璃砂生产工艺及设备应用[J]. 铸造技术,2006,27(8):786-788.

[24] 黄志光. 铸件内在缺陷分析与防止[M]. 北京:机械工业出版社,2011.

[25] 崔忠圻,覃耀春. 金属学与热处理[M]. 2 版. 北京:机械工业出版社,2007.

[26] 陈宗民.C5116A 车床床身树脂砂铸造工艺[J].铸造,2008(4):391-394.

[27] 蔡震升.造型材料及砂处理[M].北京:化学工业出版社,2010.

[28] 张进,周恒湘.用呋喃树脂砂生产大型铸铁件的工艺分析与质量控制[J].铸造,2009(12):1260-1263.

[29] 魏东,史鉴开,李育恩,等.大型机床床身浇注系统设计的实践[J].现代铸铁,2002,22(4):46-47.

[31] 柳百成.铸造工程的模拟仿真与质量控制[M].北京:机械工业出版社,2001.

[32] 李晨希.铸造工艺设计及铸件缺陷控制[M].北京:化学工业出版社,2009.

[33] 丁殿忠,姜鸿维.金属工艺学课程设计[M].北京:机械工业出版社,1997.

[34] 贾海龙,汤沛.ProCAST 技术在齿轮铸钢件工艺中的热节分析与应用[J].热加工工艺,2014,43(17):79-80,83.

[36] 房文亮,王仲珏,高洪,等.铸造工艺仿真设计前处理及过程处理应用技术[J].安徽工程大学学报,2015,30(2):55-59.

[37] 康进武.采用多热节和即缩即补方法预测铸钢件缩孔的研究[J].铸造,2000(8):478-481.

[38] 陈平昌.材料成形原理[M].北京:机械工业出版社,2001.

[39] 邢甜甜,王桂青,田长文.基于 ProCAST 的大型铝合金横梁铸造过程模拟及工艺方案优化[J].山东科学,2019,32(5):76-80,87.

[40] 李弘英,赵成志.铸造工艺设计[M].北京:机械工业出版社,2005.

[41] 高云鹏,董晟全.ProCast 在铝合金熔模铸造中的应用[J].铸造技术,2019,40(7):712-714.

[42] 沈济民,陆用伟.铸工实用技术手册[M].南京:江苏科学技术出版社,2002.

[44] 张毅.铸造工艺 CAD 及其应用[M].北京:机械工业出版社,1994.

[45] 雷仕强,刘龙杰,陈林辉.对铸造铝合金 ZL114A 熔炼工艺的改进[J].铸造技术,2012,33(1):76-78.

[46] 安阁英.铸件形成理论[M].北京:机械工业出版社,1990.

[48] 李文珍,柳百成,王春乐.铸钢件缩孔缩松预测的试验研究[J].铸造技术,1995,4(4):37-46.

[49] 周延军,宋克兴,张彦敏,等.真空熔铸法制备 ZL101A 合金工艺及性能研究[J].铸造,2011(12):1167-1170.